U0177611

液晶器件的电调波谱成像探测技术

张新宇 刘 侃 陈明策 著

国防工业出版社

·北京·

内 容 简 介

本书主要论述了电控液晶微腔干涉滤光结构及电控液晶聚光调焦微镜的设计、工艺制作、测试、评估的方法和关键技术，建立了电控液晶微腔干涉滤光结构在建模、仿真、测试分析等方面的基本结构和参数体系，详细介绍了通过电控液晶微腔干涉滤光结构获取有效波谱成分、谱图像细节等成像信息的方法与应用。

本书适合从事微纳制造、微纳光学光电器件、光学图像信息处理等领域的科研人员阅读，也可作为高等院校师生的教学参考用书。

图书在版编目（CIP）数据

液晶器件的电调波谱成像探测技术/张新宇，刘侃，陈明策著. —北京：国防工业出版社，2021.9

ISBN 978-7-118-12365-4

Ⅰ.①液... Ⅱ.①张... ②刘... ③陈... Ⅲ.①液晶器件—波谱学 Ⅳ.①TN141.9

中国版本图书馆 CIP 数据核字（2021）第 200760 号

※

*国防工业出版社*出版发行

（北京市海淀区紫竹院南路 23 号　邮政编码 100048）

北京虎彩文化传播有限公司 印刷

新华书店经售

*

开本 710×1000　1/16　印张 14¾　字数 288 千字

2021 年 10 月第 1 版第 1 次印刷　印数 1—1000 册　定价 169.00 元

前　言

本书总结了作者及其研究团队过去 10 余年，针对复杂背景环境和目标的本征谱辐射属性，开展可见光和红外谱域具有高信噪比/信杂比特征的灵巧谱成像探测方面的研究工作。重点论述了以电控液晶（LC-FP）微腔干涉滤光结构以及与其匹配的电控液晶聚光调焦微镜（LC-ML 阵列）为基本控光结构的谱成像探测方法。分析了以多级次微腔光束反射为基础的 LC-FP 微腔干涉滤光的基础理论、基本方法和关键技术，建立了 LC-FP 微腔干涉滤光结构在设计、仿真、工艺、测试与评估等方面的基本结构和参数体系。通过加电驱控 LC-FP 微腔干涉滤光结构，可以有效获取波谱成分丰富、谱图像细节清晰完整、成像波谱参量易于控制的谱目标图像。所进行的主要研究工作表现在以下几个方面：①建立了多级次光束微腔反射干涉为基础，具有微米级特征深度的微腔滤光结构为执行主体，电控出射可见光和红外谱图像的基础理论；②获得了 LC-FP 微腔干涉滤光结构和与其相匹配的 LC-ML 阵列的基本设计方法、制作工艺流程、关键参数体系，谱成像效能的测试和评估方法；③在通过耦合 LC-FP 微腔干涉滤光结构与 LC-ML 阵列构建小/微型化灵巧谱成像器件与微系统方面获得了突破。

本书共 5 章。第 1 章简述了电控液晶微镜技术；第 2 章重点讨论了可见光 LC-FP 微腔干涉滤光成像基本方法；第 3 章主要讨论了基于 LC-FP 微腔干涉滤光结构进行红外谱成像的基本问题和基本方法；第 4 章讨论分析了高谱透射率 LC-FP 微腔干涉滤光结构谱红外成像探测基本问题；第 5 章着重分析了在一体化构建 LC-ML 阵列与 LC-FP 微腔干涉滤光结构方面的基本属性和特征。

本书所涉及的研究工作是在国家自然科学基金重点项目（编号：61432007）和国家自然科学基金面上项目（编号：60777003）等的资助和支持下完成，在此一并表示衷心的感谢！

奉献该书给读者的目的是推动我国微纳光学成像器件技术及其应用的深入发展，满足从事相关学科研究和教学的专业技术人员、教师和研究生的需要，并可供相关领域的管理人员参考。

作者感谢在研究工作开展和本书文稿准备过程中的诸多同事和研究生的贡献，包括对有关问题的讨论分析、建模与模拟仿真、实验计划制定与实施、重要数据获取、软件编制以及文档报告整理、补充、编辑、打印等。参与的研究生有吴立丰、喻迪、梅再红、刘剑锋、郭攀、荣幸、王成、付守国、樊迪、胡伟、可迪群、瞿勇、陈鑫、牛磊磊、吴立、付安邦、戴婉婉、张怀东、林久宁、刘中论、康胜武、刘可微等。

作者感谢相关审稿专家对书稿修改所提出的宝贵而中肯的意见和建议。

由于作者水平有限，书中疏漏与不足之处在所难免，恳请读者不吝赐教。

著者

2021 年 6 月

目　录

第 1 章 电控液晶微镜技术概述

通常意义上的成像探测，仅适用于获取目标的形貌、结构、颜色、位置或运动参数等特征信息。随着目标和背景情况的日趋复杂，基于目标的本征谱辐射属性，开展目标的高信噪比/信杂比成像探测方法和技术研究，在近些年受到广泛关注。常规谱成像方式具有结构相对复杂、需要精密机械驱控、谱成像装置的体积质量惯性较大、环境和目标适应性与可靠性相对不足等缺陷。发展灵巧谱成像器件和成像微系统技术，目前已成为一项迫切需求。本章简述了基于功能化电控液晶微纳结构，开展无机械移动操控的灵巧电控聚光和滤光方面的典型进展、技术特征和基本参数情况。

1.1 功能化液晶材料发展现状

近些年来，随着具有亚毫秒甚至微秒级时间常数的快速响应和调变能力，能覆盖较宽温区以及较大介电变动范围的液晶材料技术，液晶分子空间取向的锚定和受控排布技术，以及液晶材料的微纳封装技术等的持续快速发展，基于电控液晶的宽谱域波束整形、变换与控制方法研究，受到了广泛关注和重视。基于电控液晶的光学调控方法，已广泛应用于阵列化光场模式的选择与产生，光学数据的获取、传输、存储和处理，波前的产生、补偿、分离、恢复、重建、校正与整合，光束的整形、调控与能态调整，频分复用与频谱分离，光互联、耦合与交换，光电探测结构的性能优化、增强与扩展，微腔光学，可调谐光振荡，光波偏振态调制，平板显示以及立体视觉等方面。发展了多种基于光学强度量或波前来构造光场的积分与反演积分算法，建立了功能化液晶结构的基本工艺和参数体系。电控液晶光学结构以其驱控灵活、光场模式及形态的生成与变换稳定可靠、惯性小、功耗低、易与其他功能结构匹配、耦合甚至集成等特征，显示出良好的发展前景。电控液晶微镜或其阵列，在基于光场波束受控变换的成像探测效能增强、小/微型化的电控变焦成像、光学孔径或视场的电控调变、成像视场的静态电扫、光学相控阵以及可寻址谱控阵等方面，也显示了极具潜力的发展势头。聚光与散光兼容的双模电控液晶透镜，在视场电控捷变以及可寻址的动态目标凝视扫描等方面，也已取得显著进展。电控液晶微光学技术，正从早期的基于简单电场进行光调控，向液晶结构由复杂电场驱动与调变，具有光束、能态、偏振、波前、波矢以及频谱等可调节的新一代技术模式转变。

液晶材料作为功能化电控液晶结构的核心组成，一般由长链大分子构成，大体呈细长棒形或扁平形，在不同液晶相中展现特殊的分子排布形态。由棒形分子形成的液晶材料，其液晶相主要分为三大类，即近晶相、向列相和胆甾相。近晶相液晶材料通常由棒形或条形分子组成，以层化方式排布，层内分子长轴相互平行，其方向或垂直于层面或与层面成一定倾角。因分子排列较为整齐，呈现有序性而接近晶体，显示二维有序性，但分子质心位置在层内无序，可以相对平移，做前后或左右滑动，但不能在相邻的上下层间移动，显示出较大流动性和黏滞性。近晶相液晶材料大体可分为 A 相、B 相和 C 相，其典型分子排布形态示意图如图 1.1 所示。

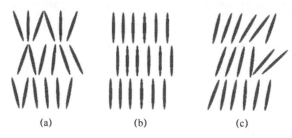

图 1.1　近晶相液晶材料的典型分子排布形态示意图

(a) 近晶 A 相；(b) 近晶 B 相；(c) 近晶 C 相。

向列相液晶材料多由棒形分子构成，显示与分子轴向大体平行的排布形态，无近晶相液晶材料中的层化分布特征。其液晶分子位置分布无序，但指向矢取向大体一致且一般无前后向之分，在分别沿着指向矢和垂直指向矢方向上的材料折射率及介电常数有所不同，呈现各向异性。利用向列相液晶材料在光学上的双折射属性以及电学上的介电各向异性，可通过在液晶层上加载或激励特定形态的空间电场，构建和控制液晶结构的特殊光学性能。向列相液晶材料其黏度小易流动，可使液晶分子较易重排或移动而对外界作用相对敏感，也就是说，通过施加较小外力可控制指向矢的分布形态。目前，在液晶显示器、液晶光电器件和电光器件制造方面，多采用向列相液晶材料。胆甾醇经过酯化或卤素取代后可呈现液晶相，构成胆甾相液晶。其分子呈扁平状并层化排布，层内分子相互平行，不同层面分子其长轴取向稍显不同，沿着每层法线方向排列成螺旋结构。当不同分子长轴沿螺旋向经历 360° 角度变化后，又回到初始螺旋态，其周期性层间距即为胆甾相液晶螺距。向列相和胆甾相液晶材料的典型分子排布形态示意图如图 1.2 所示。

液晶材料具有独特的电光特性，已引起专家学者广泛的基础和应用研究兴趣。随着研发活动的不断深入，液晶在显示器领域已取得巨大成功，在一些新兴的光学、光电和电光领域，也显示出极大发展潜力和应用前景。目前的一个重要研究方向是：利用液晶材料的电控双折射属性，以及易受外场作用使分子指向矢重新排布特性，将液晶材料用于发展多种自适应或智能化控光结构。基于电场驱控液晶分子执行空间有序排布，实现控光基础上的成像探测效能增强这一技术措施，是近些年所提出并获得迅速发展的一项新的面向智能化成像应用的新兴手段。我国在这一技术领域的起步相对滞后，但在新型液晶材料与器件、新的液晶基控光物理效应与应用等方面，均有较为扎实的研发工作展开。

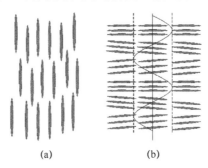

图 1.2　向列相和胆甾相液晶材料的典型分子排布形态示意图

（a）向列相液晶；（b）胆甾相液晶。

迄今为止，全球液晶材料主要由德国 Merck、日本 Chisso 和 Dic 这三家企业提供，市场份额在 80%以上。国内如西安近代化学研究所和清华大学等单位，从 20 世纪 80 年代起即在功能化液晶材料方面有研究活动展开，目前已形成良好的液晶材料技术发展和产业化基础。一般而言，显示用液晶材料其绝大多数的双折射率（Δn）在 0.07～0.18 之间，商用聚合物分散液晶的 Δn 值在 0.2～0.28 之间，超过 0.3 的混合液晶材料目前国内外多处在研发阶段。美国中佛罗里达大学在近些年陆续推出若干有代表性的，双折射率为 0.3～0.4 的异硫氰基混合液晶材料，其在 1.52μm 测试盒中的响应时间（$t_{on}+t_{off}$）不大于 6ms，阈值电压最低约为 $1.2V_{RMS}$。综上所述，获取高双折射率和低黏度液晶材料，在现阶段作为一个重要研究目标，仍处在不断探索中。

1.2　电控液晶微镜

电控液晶聚光或散光微镜是基于特定图案电极激励空间电场，在液晶层内形成梯度折射率分布形态，从而达到聚光、调焦或散光目的的一种功能性控光结构。自 1979 年日本科学家 Sato 完成首个液晶微镜以来，电控液晶微镜技术一直沿着下列方向前进：①发展新型结构，不断改善和提高电控液晶微镜的控光效能；②通过在液晶材料中添加聚合物或大分子结构来优化材料性能，提高控光能力，如大幅提高动态衍射效率、提高色散程度和调控能力、缩短光响应时间等；③探索新的驱控、耦合或集成方式；④不断扩展和深化应用领域和范畴。

在拓展结构方案来改善电控液晶微镜的光学性能方面，典型进展如日本 Sato 课题组于 2004 年提出的双层液晶微镜结构（图 1.3），其光学效能可等效于由两个光学透镜组合而成的一个光学物镜；于 2007 年提出的具备一体化聚光、散光功能的单圆孔电极液晶微镜以及在焦平面上实现电控摆焦的可调焦液晶微镜等。在液晶材料内进行聚合物掺杂来改善液晶微镜性能方面的典型进展，以美国中佛罗里达大学的工作最具代表性。基于所提出的将结构单体与液晶材料混合这一方式，研发了多种新型液晶微镜。典型特征为：使用单体材料可使液晶分子的摆动或旋转受到抑制，但响应时间则相对较长，如典型的 30ms 时间常数、调焦范围为 3～10mm 等。在液晶微镜的驱控方式方面，比较有特色的工作是荷兰 Tu Delft 所发展的无线功率驱控方案。迄今为止，电控液晶聚光、散光微镜技术仍在迅速发展。

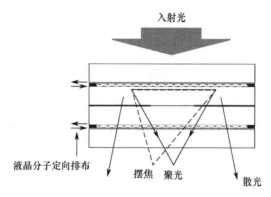

图 1.3　双层液晶微镜示意图

通常情况下，目标或景物的本征电磁辐射及其在环境介质中的反射、透射或散射等特性，以谱宽在纳米甚至皮米级的单峰、双峰、三峰甚至多峰窄谱或者说高光谱/超谱电磁形态表现出来，其电磁波长随物质结构、材料组分、材料活性及能态的不同和环境情况的变化而异；反映在频谱、波前、偏振、能量状态、波列在时空域中的展宽/压缩、频移等物理参数或效应的差异及变动等方面，均有本征的可以对其进行标记的谱电磁信息；在地球环境中，物质结构的本征光谱电磁信息，分布在紫外、可见光、红外及太赫兹等频域；大气对上述频域中的光波具有较强的窗口效应(选通与抑制作用)。这些是采用高光谱/超谱成像探测手段，对图像目标进行谱探测、识别、选择、划分、标记和应用的物理基础。研究和工程实践显示，对高效能成像探测而言，采用高光谱分辨率的谱成像方式是取得理想探测效果的有效手段之一。

基于物质结构的本征谱辐射、反射、透射或者散射特性的谱成像探测技术，即可应用于航空、航天以及军事领域，在国土和矿产资源探查、地质调查，农作物生长评估和病虫害防治，生物学测量，生化参数提取，生态与植被研究，海洋水色分析，城市环境状态监测与规划，考古，艺术品修复，环境污染的早期发现、评估与治理，食品安全检测，动植物检疫防疫，森林防火，遥感及大气（微量）成分探测，灾害监测、预报与预警，沿海及内陆水域环境监测，极区海冰遥感监测与分析，地球气候状态及其变化趋势的监测与预报，天文观测，天地空间环境及深空探测，地球以及多种天文星体物理场环境的探索等方面，也有重要应用并显示了良好的发展前景。进入21世纪以来，地区性军事冲突的蔓延和加剧，低成本恐怖活动的增加，促使人们寻求更为有效的技术措施来侦察和监视战场环境，鉴别恐怖装置，提高公共安全水平。如何有效探测大量使用了工程塑料、高性能陶瓷、有机非金属复合材料，具备电磁隐身功能的飞行器，高超声速飞行器的导航与成像制导，毒品和生化物质快速高效的成像检测，发展能与CT等互补以进一步提高医学诊断水平的谱成像手段等方面的需求，也推动着具有高成像探测效能的谱成像技术的持续进步。

随着谱成像探测技术的发展，研发适用于复杂背景环境、体积质量小、易与成像光学系统耦合、操控灵活、响应迅速、环境适应性好、可靠性高、成本相对低廉的小型化甚至灵巧的光频可调谐谱光学/光电探测结构，已成为该技术继续获得突破性发展的关键性环节。目前所广泛采用的谱成像探测措施，如给光敏器件匹配渐变、电控、光控、声控等滤光结构或者色散型分光装置；安装高性能的谱分光结构，如具有纳米特征尺寸的线列或者面阵衍射光栅、（微）棱镜组和光楔，以及二元光学、傅里叶变换、全息，双路或多路干涉式的频谱分离等结构，均需要配置复杂精密的伺服、驱动或扫描机构。从而造成：谱成像设备的体积和质量大，系统结构复杂，响应速度低，谱状态间的转换时间长，需占用的电子资源量大，可靠性难以继续大幅提升，对运输、升空、高速运动或恶劣环境中的破坏性因素敏感，有些还存在必不可少的精密移动环节，难以适应迅变的目标和场景，难以配置在对空间及结构质量有严格要求的场所，谱成像性能相对有限等缺陷。在现行技术体制下，这些状况在短期内难以有质的突破。为了解决谱成像装置在以上所述的结构尺寸和质量、复杂性以及环境适应性等方面的一系列瓶颈问题，该技术正向小型化/灵巧化方向发展。期望获得结构紧凑、外形尺寸小、结构质量轻、易于配置、操控灵活、具有自适应光学/光电控制能力、光频可以灵活调制的高光谱分辨率等的技术措施。从而显著降低成像探测系统的结构复杂性，将源于目标/背景的特征谱电磁图像信息瞬时或依时间序列，有序、高效、快速、完整地分离出来并用于成像探测。

近些年来，在西方发达国家中出现了以法布里-珀罗（Fabry-Pérot，FP）微腔干涉滤光效应为基础的灵巧谱成像探测方式，如基于电控MEMS结构、电控液晶结构以及电光晶体等的多类型方案，就是尝试解决上述问题的一个新的发展方向。其核心环节是通过诸如电控MEMS谱干涉滤光结构，实现对入射电磁辐射的可调选频探测；通过电控液晶结构实现 FP 调频滤光；通过热光调制进行 FP 型的光频选择；基于超薄光子晶体板构造 FP 型的光频调制结构以及高效的级联微腔 FP 光频调制等。具有结构灵巧，与探测器可以直接集成或单片制作，易与光学系统耦合，控制和驱动方式灵活，与探测器的制备工艺或者标准微电子工艺兼容，谱响应特征可以根据需求灵活设计、匹配或选择等特点。由于采用现代微机械、微（纳）光学及微（纳）光电装置所带来的在性能、可靠性、环境适应性以及性价比等方面的潜在突破，使其具有极其广阔的发展潜力和广泛的应用前景。

在迄今为止所发展的小/微型化谱成像探测技术方面，基于 LC 电控滤光的谱成像方法，已成为受到广泛关注的一项重要技术措施。LC 电调谐滤光技术主要包括 LC-Lyot-Ohman（LC-TF）滤光和 LC-FP 微腔干涉滤光这两种典型的器件化方法。LC-TF 阵列由序列液晶半波片级联而成，通过加电调节液晶延时片的晶轴，实现透射光波长的选择与调变。当未加载任何驱控信号电压时，液晶盒的光波传输延时最大，当施加的信号电压最大时，液晶盒的光波输运延时最小。单一液晶盒的光透射率和由液晶材料引入的光波相位延迟，满足关系式 $T = \cos^2\left(\dfrac{\delta}{2}\right)$，其中，

$\delta = 2\pi d \Delta n / \lambda$ 依赖于光波长和液晶盒内所封装的液晶材料折射率，N 级级联的 LC-TF 阵列其透射率也满足上述关系，从而使液晶盒内的传输光波其延时连续可调，即透射光波的波长可调。

图 1.4 给出了采用美国 CRI 公司的 LC-Lyot 电控液晶级联滤光超谱成像仪拍摄华中科技大学南一楼的时间序列超谱图像，所选定的光谱范围为 420～720nm，谱图像的波长间隔取为 10nm。由谱图像可见，随着光波长的减小，南一楼及周围树木的图像清晰度逐渐降低，距南一楼约 2km 处的背景楼群其图像也逐渐模糊。在这一波长减小的过程中，南一楼与周围树木的图像对比度呈渐次变化的行为特征。浙江大学于 2008 年发表了基于液晶可调谐的宽光谱窄带六级 Lyot 滤光片，在 430～700nm 范围内实现通带半高宽 12～18nm。在电控 LC-FP 微腔干涉滤光方面，该方法在多年前即已获得原理性突破。本书作者课题组于 2009 年在美国圣地亚哥由国际光学工程学会（Society of Photo-Optical Instrumentation Engineers，SPIE）举办的国际光学与光子学年会上，与来自美国 Scientific Solutions 公司和波士顿大学的联合研发团队同时独立报道了阵列型 LC-FP 成像光谱仪情况，该技术在国际和国内目前仍处在快速发展阶段。

720nm   710nm   700nm   690nm

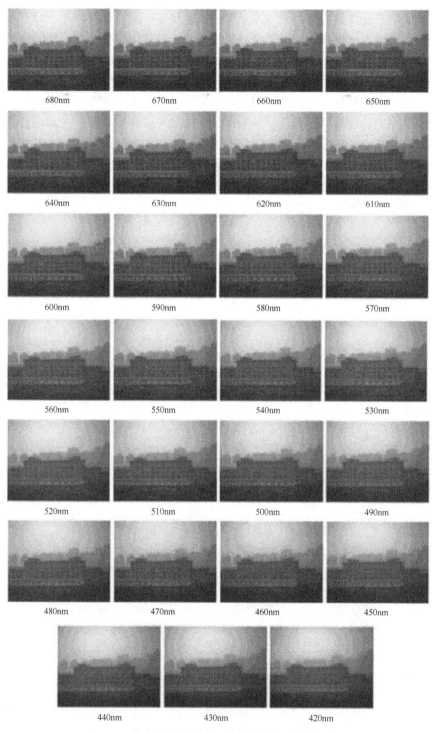

图 1.4　华中科技大学南一楼的时间序列超谱图像

随着焦平面成像探测技术在近年来的快速发展，具有接插方便、与光学系统耦合灵活、模块化组成、片上数字信息预处理、自适应调控等功能的大面阵焦平面探测组件，已获得广泛应用。通过将大面阵 CCD、CMOS、FPAs 等光电结构与微光机电结构（MOEMS）整合，构成灵巧智能型的，可以进行自适应谱调制的芯片级谱成像探测装置，也已显示出良好的发展前景。主要基于光热效应，能覆盖紫外、可见光、红外甚至太赫兹等频域的广谱纳米管基光电探测技术，目前也在迅猛发展。基于量子效应的大面阵量子点/量子线（非纳米管结构）光敏器件，也已成为下一代光电探测结构的有力竞争者。我国在高性能焦平面光电探测结构这一技术层面，迄今为止已进行了卓有成效的工作，为发展新型的光频可调制灵巧谱成像探测技术奠定了坚实的基础。

第 2 章　电控液晶可见光微腔干涉滤光成像探测

本章主要讨论和分析液晶（LC）基法布里-珀罗（Fabry-Pérot，FP）微腔干涉滤光的建模、功能化结构和参数体系构建、工艺路线和测试评估方法确定等问题。主要涉及建立适用于可见光谱域，基于 LC-FP 微腔干涉滤光进行谱成像探测的基础理论和基本方法；获得可寻址 LC-FP 微腔干涉滤光结构、电控液晶聚光调焦折射微镜（Micro-Lens，ML）、可寻址灵巧谱成像探测结构等的设计方法和关键工艺流程；LC-FP 微腔干涉滤光结构以及相匹配的 LC-ML 阵列的测试和评估方法，以及特征微纳光学及电光参数体系等，并给出设计实例。

2.1　液晶基微腔干涉滤光

基于 LC-FP 微腔干涉滤光进行可见光谱域的谱成像探测，主要利用 FP 微腔内的多级次腔间光束反射和干涉所导致的谱光波共振透射效应，以及微腔中填充的 LC 材料在空间电场驱控下，其折射率变动引发的谱透射波长移动属性，实现谱透射波谱的电控选取与调变。所构建的一种典型的可寻址加电 LC-FP 微腔干涉滤光结构示意图如图 2.1 所示。图 2.1 中的 FP 微腔由两片对偶电极紧密耦合并在其间充分填充 LC 材料构成。面电极（电极 A）为公共电极，图案电极（电极 B）由 4×4 元（区块）有序排布的可寻址子电极阵构成。各子电极既可以并行加电，或者说被同时施加均方根值相同的电驱控信号电压，也可以执行可寻址的空变加电操控，即给各子电极独立施加所需均方根值的驱控信号电压。图 2.1 中给出的矩阵型子电极排布，仅为一种典型的电极结构和排布形态，子电极图案特征和排布方式由具体成像环境和目标情况而定。将面电极与图案电极耦合成微腔并充分填充 LC 材料后，可形成一个腔深在几至几十微米尺度，适用于可见光谱域的 LC-FP 微腔干涉滤光结构。

上述面阵结构中的单元 LC-FP 微腔干涉滤光结构的典型特征如图 2.2 所示。工艺过程：首先在石英基片表面制作一层氧化铟锡（Indium Tin Oxide，ITO）薄膜作为电极材料，分别制作成电极 A 和电极 B；然后在成形电极表面继续制作一层高反射率的光反射膜；在上述基础上进一步在高反膜表面制作用于锚固液晶材料初始分布取向的聚酰亚胺（Polyimide，PI）定向层，完成基片制备。将两片经过上述处理的石英基片以电极面对偶结合方式，构建成微米级间隔或深度的微腔即液晶盒。通过在微腔中充分填充液晶材料并密封，完成 LC-FP 微腔干涉滤光结构主体成形。在液晶盒中填充的液晶材料受腔间空间电场作用改变其折射率值，使行进在上下反射镜面间的波束呈现电控可调的光程及光程差，实现透射光波的干涉选谱。为提高光利用率，在 LC-FP 微腔干涉滤光结构的光入射和光出射端面上还分别制作有一层增透膜。

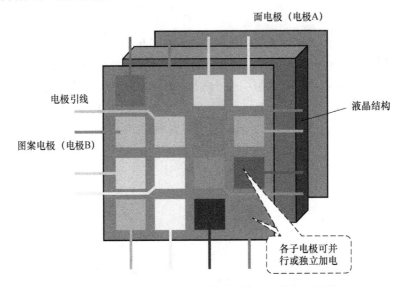

图 2.1　可寻址加电 LC-FP 微腔干涉滤光结构示意图

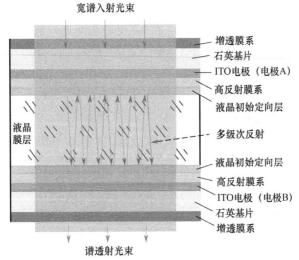

图 2.2　单元 LC-FP 微腔干涉滤光结构的典型特征

10

将 LC-FP 微腔干涉滤光结构配置在成像光路中，构建成灵巧谱成像探测架构，包含 3 方面内容：①根据成像光学系统和光敏阵列情况，确定可寻址加电 LC-FP 微腔干涉滤光结构及其与光学和光电结构的耦合参数体系；②研制与 LC-FP 微腔干涉滤光结构耦合的可寻址加电液晶聚光调焦微镜阵列，用于进一步压缩从 LC-FP 微腔干涉滤光结构出射的谱光场用于光敏与成图；③在上述基础上，研制由 LC-FP、LC-ML 阵列以及光敏阵列耦合集成的灵巧谱探测组件。将 LC-FP 微腔干涉滤光结构配置在成像光路中的情形如图 2.3 所示。考虑到可见光一般具有较高能态这一特征，可将 LC-FP 微腔干涉滤光结构直接插入成像物镜的光出射端面后的成像光路中，完成从成像光学系统汇聚的宽谱目标光场中选择特定波谱成分，并汇聚送入光敏阵列，进行谱成像这一操作，如图 2.3（a）所示；或将 LC-FP 微腔干涉滤光结构紧密置于光敏阵列前，完成谱汇聚光波选取与光敏阵列耦合，如图 2.3（b）所示。相对图 2.3（a）的 LC-FP 微腔干涉滤光结构而言，将其配置在成像光路中的不同位置所需要的面形尺寸不同，越接近成像物镜，则需要越大的面形结构来包络成像物镜所出射的汇聚光场，图 2.3（b）所示的 LC-FP 微腔干涉滤光结构则具有与光敏芯片几乎相同的较小外形尺寸，展现芯片状结构的灵巧外貌特征。

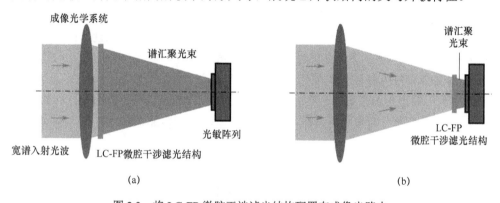

图 2.3　将 LC-FP 微腔干涉滤光结构配置在成像光路中

（a）成像光路中插入 LC-FP 微腔干涉滤光结构；（b）LC-FP 与光敏阵列耦合。

为了缩短谱汇聚光波进入光敏阵列前的光路，以及对基于可寻址加电操控所构建的谱成像通道进行接通或关闭操作，以调控能流密度方式调整通过该通道的图像对比度和灰度值等，需要进一步在光敏阵列表面布设 LC-ML 阵列，但主要针对图 2.3（b）所示情形。所需配置的 LC-ML 阵列如图 2.4 所示。电控液晶微镜的主体结构尺寸与 LC-FP 微腔干涉滤光结构类似，其电极 B 同样由 4×4 元（区块）有序排布的可寻址子电极阵列构成，各子电极同样既可以并行加电，也可以进行可寻址的独立加电操作。电极 A 与电极 B 耦合后也形成微米级深度的微腔。在电极 A 与电极 B 间，同样通过填充液晶材料构成可寻址加电的 LC-ML 阵列。电极 B 阵列中的单元电极结构，均对应结构尺寸较大的单元液晶微镜或子液晶微镜阵如典型的 32×32 元子阵列等。LC-FP 微腔干涉滤光镜与 LC-ML 阵列中的电极 B，具有相同的面形尺寸但独立加电驱控。电极 B 阵列中的单元电极结构，如对应结构尺寸较大的单元液晶微镜，则呈现中心开孔形态，其图案特征因目标情况而定，如为圆孔、矩形孔或椭圆孔等。如对应子液晶微镜阵，则呈现结构尺寸在微米尺度的微孔阵图案形态，各微孔图案同样可为微圆孔、微矩形孔或为椭圆孔等。

考虑到 LC-FP 微腔干涉滤光结构与 LC-ML 阵列间的配置距离在微米尺度，子液晶微镜阵的子孔径成像效应已不明显，可忽略，主要起到将 LC-FP 微腔干涉滤光结构中的一个独立加电单元所出射的谱成像光场，做进一步压缩后送出这一作用。LC-ML 阵列的典型结构特征、光汇聚作用及其成像情形，如图 2.4 所示。图 2.4（a）仅显示了 4×4 元电控 LC-ML 阵列的可寻址加电图案电极的结构形态情况，包括所给出的子液晶微镜阵中的若干单元液晶微镜的战机成像图案。图 2.4（b）给出了较大结构尺寸的单元液晶微镜或子液晶微镜阵中单元液晶微镜的典型结构与聚光情况。

将 LC-FP、LC-ML 阵列与光敏阵列耦合集成，构建可寻址加电 LC-FP 微腔干涉滤光结构灵巧谱探测组件示意图如图 2.5 所示。图 2.5（a）显示了组件的耦合配置特征，图 2.5（b）给出了将其布置在成像光路中通过替代常规的宽谱光敏阵列，进行电控谱成像的典型情形。在不改变成像探测系统基本光学配置的前提下，用该组件替换常规的宽谱阵列探测器，可以将常规的宽谱成像探测方法，改进甚至升级为谱响应可电控调制的灵巧谱成像探测模式。由于采用了可寻址加电方式，图 2.4 所示的电极 B 中的 16 个子电极所分别驱控的液晶结构，既可以同时给出所涉及的各频谱成分的谱透射光波，获取瞬时的目标谱图像序列，也可以按照时间

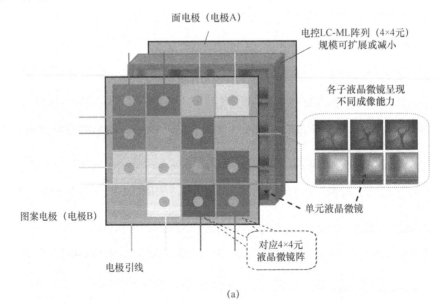

面电极（电极A）

电控LC-ML阵列（4×4元）
规模可扩展或减小

各子液晶微镜呈现
不同成像能力

单元液晶微镜

图案电极（电极B）

对应4×4元
液晶微镜阵

电极引线

（a）

12

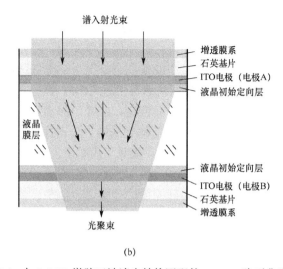

（b）

图 2.4　与 LC-FP 微腔干涉滤光结构匹配的 LC-ML 阵列典型结构

（a）面阵 LC-ML 阵列的区块化聚束；（b）单元电控液晶聚光微镜的光会聚作用。

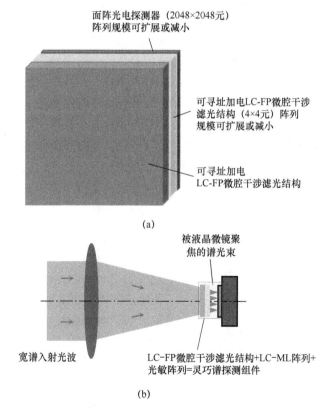

（a）

（b）

图 2.5　可寻址加电 LC-FP 微腔干涉滤光结构灵巧谱探测组件示意图

（a）可寻址加电 LC-FP 微腔干涉滤光结构灵巧谱探测组件；（b）基于可寻址加电 LC-FP 微腔干涉滤光结构谱探测
组件的谱成像探测架构。

13

顺序加电，获取时间序列的目标谱图像。同样可以使电极阵中的若干子电极进行瞬时谱成像探测，剩余电极则继续进行时序谱成像探测。在先验知识指导下或者依据数字图像处理结果，通过在某个或某几个甚至全部电极阵列上，施加具有特定均方根值和频率的电驱控信号电压，通过上述 LC-FP 微腔干涉滤光结构灵巧谱探测组件，基于目标的谱辐射特性将其锁定，或者仅探测感兴趣的特定谱域的谱电磁目标信息。由于在 LC-FP 微腔干涉滤光结构灵巧谱探测组件中配置的液晶微镜的光学性能，如焦长、有效通光孔径、能量利用率及波前等呈现良好电控属性，使 LC-ML 阵列中的各子阵列或单元微镜，可工作在能够进行可寻址电控调制的光学状态下，以显著提高所探测的局部图像的信噪比、信杂比甚至图像清晰度。如上所述的 4×4 元 LC-FP 微腔干涉滤光结构的阵列化规模、4×4 元电控 LC-ML 阵列规模、2048×2048 元光敏阵列规模、单元控制电极或单元 LC-FP 微腔干涉滤光结构所对应的子光敏阵列规模，均可以进一步扩展或减小。对阵列化 LC-ML 而言，电极阵列中的各子电极，既可以由 32×32 元规模的子电极组成，面向形成 32×32元子液晶微镜阵，也可以是单个电极，面向基于成像且具有较大结构尺寸的单元液晶微镜。换言之，该单元电控液晶微镜将与 32×32 元子光敏阵列对应。

将 LC-FP 微腔干涉滤光结构应用于可见光谱域的谱成像探测如图 2.6 所示，图中配置在单元 LC-FP 微腔干涉滤光结构前的是一个带通滤光片，位于其后的是液晶聚光调焦微镜和光敏阵列。通过在 LC-FP 微腔干涉滤光结构上加载特定均方根值的驱控信号电压，控制微腔内的液晶分子指向矢偏转角度，可以有效改变液晶材料折射率以及腔间反射光束的光程，实现可调谐干涉滤波。通过在液晶聚光调焦微镜上加载所需的驱控信号电压，可以有效选择聚光焦长以及改变微镜焦距，从而有效耦合 LC-FP 微腔干涉滤光结构与光敏阵列。

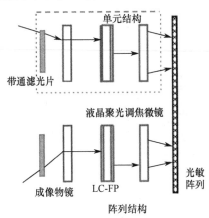

图 2.6　耦合 LC-FP 微腔干涉滤光结构、液晶聚光调焦微镜和光敏阵列可见光谱成像探测

基于电控液晶材料制作的 LC-FP 灵巧谱探测组件的特点是可以在典型的 5 V_{RMS} 或 12V_{RMS} 这一较低电压下工作，也可以将电压提高到 0～30V_{RMS} 这一较高

的电压下工作，以获取较高的谱调节精度。由于液晶器件在上述工作电压范围内功耗通常在微瓦级，较其他如压电或声光调制器件动辄需要瓦级驱动功率来说，无疑具有较大优势。目前我们所发展的 LC-FP 微腔干涉滤光结构由于结构尺寸小、液晶厚度在几微米至几十微米尺度，结构端面为平面，可与其他光学元件有效搭配使用或集成，可有效用于提高甚至升级传统成像探测装置或设备。所发展的原理性 LC-FP 微腔干涉滤光结构如图 2.7 所示。其中的标识Ⅰ指单体 LC-FP 微腔干涉滤光结构，标识Ⅱ指 4×4 元（区块）可寻址加电 LC-FP 微腔干涉滤光结构。

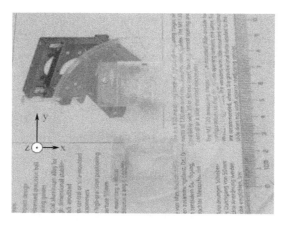

图 2.7　原理性 LC-FP 微腔干涉滤光结构

Ⅰ一单体结构；Ⅱ一可寻址加电结构。

2.2　建模与仿真

向列相液晶材料具有分子势能趋向于向低能态转变的典型属性。作为一种具有自发极性的晶相介电材料，在所加载或激励的空间电场作用下，呈现沿电场取向受迫排布的空间分布行为。光波在液晶材料中传播时，表现出双折射属性。一般而言，液晶分子处在低势能态时，其分子指向矢趋向于与驱控电场方向保持一致。图 2.8 所示为菲涅耳提出的一种液晶折射率椭球表示法，其中，$n_x = n_y = n_o$，$n_z = n_e$，$x'y'z'$ 为表征分子长短轴取向的坐标轴，z' 给出分子长轴取向，k 表示光波矢给出光能传播方向，以 k 为法线的平面经过折射率椭球中心截取出曲线Ⅱ。在液晶分子中以光轴方向为分子长轴方向，当光束入射到液晶结构上时，可依据其入射角及偏振方向求出等效折射率。

若光线 k 平行于 z' 轴入射，曲线Ⅱ为圆形并位于 $x'y'$ 平面上，半径为 n_o。此时的液晶材料折射率为 n_o，入射光经过液晶结构后其偏振方向不变。若光线 k 沿着 x' 轴方向入射，曲线Ⅱ为位于 $y'z'$ 平面上的椭圆，短轴为 n_o，长轴为 n_e。入射光经过液晶结构后，由于 x' 轴和 y' 轴存在方向差异，会转变为椭圆偏振光。若入射光 k 与 z' 轴存在夹角，则曲线 II 为位于倾斜面上的椭圆，其短轴为 n_o，长轴为 n_{eff}，解析关系式为

$$n_{eff}^2(\theta) = \frac{n_o^2 n_e^2}{n_e^2\cos^2\theta + n_o^2\sin^2\theta} \tag{2.1}$$

向列相液晶材料大多为长链大分子结构，$\Delta\varepsilon = \varepsilon_\parallel - \varepsilon_\perp$ 可用于表征其介电常数的各向异性。$\Delta\varepsilon$ 越大，各向异性越强。如果液晶分子指向矢与所加载或激励的空间电场方向存在夹角，则可在电场驱控下转动，趋向于沿电场方向重新排布，液晶材料折射率也会产生相应改变。我们所使用的向列相液晶材料，$n_o \leqslant n_{eff}(\theta) \leqslant n_e$，光波经过这样的液晶结构后，其波前和偏振方向均将产生一定变化。

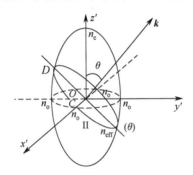

图 2.8　液晶的折射率椭球表示

　　将液晶材料封闭在微腔中呈现特殊控光物性的情形如图 2.9 所示。由于液晶分子被布设在微腔内表面与液晶材料直接接触的 PI 层锚定，使分布在腔中的液晶分子均沿平行于微腔内表面 PI 沟槽方向排布，呈现典型的有序化取向晶相结构特征，如图 2.9（a）所示。在微腔内激励起空间电场后，液晶分子在大于阈值强度的空间电场驱控下转动，趋向于沿电场方向排布而达到新的平衡态，表现出较为规则的空间排布形态，如图 2.9（b）所示。调变加载在电极上的驱控信号电压，即改变在微腔内所激励的空间电场，包括电场方向和强度，随着均方根值信号电压的逐渐升高或降低，垂直入射的非常光其折射率将逐渐从 n_e 变化到 n_o，可穿透微腔的入射光波中的共振光波长（$\lambda_m = 2n\lambda / m$），也将随驱控信号电压的增大或降低，逐渐从 $2n_e\lambda / m$ 变化到 $2n_o\lambda / m$。这样，各波长成分混杂在一起的多谱入射光波，通过 LC-FP 微腔干涉滤光结构的波长电选与电调作用，被遴选出可满足共振透射波长条件的谱光波成分，并以透射方式从微腔出射，并且可以电调方式进一步改变所透射的光波的波长值。

　　封闭在 FP 微腔中的液晶分子其指向矢的空间排布形态与空间电场的解析关系如下。一般而言，被 PI 层强锚定的向列相液晶材料的平衡态分布特征可由亥姆霍兹自由能方程表征。考虑到该方程难以取得解析解这一情况，这里采用有限差

16

分和变分法，得到 FP 微腔中液晶分子指向矢的空间排布的数值解。亥姆霍兹自由能方程为

$$F_{\mathrm{H}} = \frac{1}{2}[k_{11}(\nabla \cdot \hat{\boldsymbol{n}})^2 + k_{22}(\hat{\boldsymbol{n}} \cdot \nabla \times \hat{\boldsymbol{n}})^2 + k_{33}(\hat{\boldsymbol{n}} \times \nabla \times \hat{\boldsymbol{n}})^2 + F_{\mathrm{e}}] \qquad (2.2)$$

式中：k_{11} 为展曲弹性常数；k_{22} 为扭曲弹性常数；k_{33} 为弯曲弹性常数；$\hat{\boldsymbol{n}}$ 为液晶分子指向矢；F_{e} 为自由能密度。当 FP 微腔的亥姆霍兹自由能达到极值并满足边界条件时，LC-FP 微腔干涉滤光结构达到平衡态。当在微腔中激励起空间电场，也就是在液晶分子上施加电场作用时，液晶指向矢因电场诱导的取向改变会导致液晶材料的弹性自由能出现变化，因总自由能趋于极值而达到新的平衡态，即达到通过激励空间电场改变液晶指向矢分布形态的目的。相应地，由式（2.1）获得在空间电场作用下量化改变液晶材料折射率这一目的。LC-FP 微腔干涉滤光结构中的液晶指向矢的空间排布特征如图 2.10 所示。

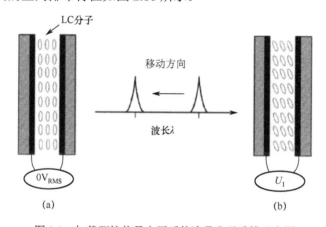

图 2.9　加载驱控信号电压后的液晶分子重排示意图

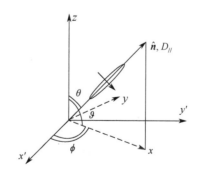

图 2.10　液晶指向矢的典型空间排布特征

按照图 2.10 所示，可将液晶分子指向矢表示为

$$\hat{\boldsymbol{n}} = \{\hat{n}_x, \hat{n}_y, \hat{n}_z\} = \{\cos\vartheta \cdot \cos\phi, \cos\vartheta \cdot \sin\phi, \sin\vartheta\} \qquad (2.3)$$

将式（2.3）代入式（2.2）求解过于复杂，需进行适当简化。若假设液晶分子指向

17

矢的偏转角 θ 和 ϕ 仅由图 2.10 中的 z 值决定，则 ϕ 角为零。可以使用图 2.10 中的虚线坐标表示液晶指向矢的空间排布行为。对入射到 LC-FP 微腔干涉滤光结构上的非常偏振光而言，可以获得其一维驱控信号电压与液晶分子指向矢倾角间的解析关系。首先，作上述简化后的 $\hat{n}=(\cos\vartheta,0,\sin\vartheta)$，由于电位移矢量 $\boldsymbol{D}=\varepsilon_0\boldsymbol{E}(\varepsilon_{\parallel}\sin^2\theta+\varepsilon_{\perp}\cos^2\theta)$，亥姆霍兹自由能可用式（2.4）表示，即

$$F_{\mathrm{H}}\left[z,\vartheta(z),\vartheta'(z),U(z),U'(z)\right]=\frac{1}{2}[(k_{11}\cos^2\vartheta+k_{33}\sin^2\vartheta)\left(\frac{\partial\vartheta}{\partial z}\right)^2$$

$$+\left(-\frac{\partial U}{\partial z}\right)^2\varepsilon_0(\varepsilon_{\parallel}\sin^2\vartheta+\varepsilon_{\perp}\cos^2\vartheta)] \tag{2.4}$$

将式（2.4）代入欧拉-拉格朗日方程组 $\dfrac{\mathrm{d}}{\mathrm{d}z}\left(\dfrac{\partial F_{\mathrm{H}}}{\partial\vartheta'}\right)=\dfrac{\partial F_{\mathrm{H}}}{\partial\vartheta}$ 和 $\dfrac{\mathrm{d}}{\mathrm{d}z}\left(\dfrac{\partial F_{\mathrm{H}}}{\partial U'}\right)=\dfrac{\partial F_{\mathrm{H}}}{\partial U}$ 中，可得出在平衡态条件下，液晶分子指向矢分布分别满足的方程式（2.5）和方程式（2.6），即

$$\left(\frac{\partial\vartheta}{\partial z}\right)^2\cos\vartheta\sin\vartheta(k_{33}-k_{11})+\left(k_{11}\cos^2\vartheta+k_{33}\sin^2\vartheta\right)\left(\frac{\partial^2\vartheta}{\partial z^2}\right)-\left(\frac{\partial U}{\partial z}\right)^2\varepsilon_0\varepsilon_{\mathrm{a}}\cos\vartheta\sin\vartheta=0$$

$$\tag{2.5}$$

$$\frac{\partial^2 U}{\partial z^2}\varepsilon_0\left(\varepsilon_{\parallel}\sin^2\vartheta+\varepsilon_{\perp}\cos^2\vartheta\right)+2\frac{\partial U}{\partial z}\varepsilon_0\varepsilon_{\mathrm{a}}\cos\vartheta\sin\vartheta\frac{\partial\vartheta}{\partial z}=0 \tag{2.6}$$

进而可采用有限差分迭代法求解这两个方程。方程的有限差分表达式分别为

$$\vartheta_i^{(n+1)}=[2f(\vartheta_i^{(n)})\frac{\vartheta_{i+1}^{(n)}+\vartheta_{i-1}^{(n)}}{h^2}+f'(\vartheta_i^{(n)})\left(\frac{\vartheta_{i+1}^{(n)}-\vartheta_{i-1}^{(n)}}{2h}\right)^2-g'n(\vartheta_i^{(n)})\left(\frac{\phi_{i+1}^{(n)}-\phi_{i-1}^{(n)}}{2h}\right)^2$$

$$-k_{22}\frac{8\pi}{p}\cos\vartheta_i^{(n)}\sin\vartheta_i^{(n)}\left(\frac{\phi_{i+1}^{(n)}-\phi_{i-1}^{(n)}}{2h}\right)+2\left(\frac{U_{i+1}^{(n)}-U_{i-1}^{(n)}}{2h}\right)^2\varepsilon_{\mathrm{a}}\sin\vartheta_i^{(n)}\cos\vartheta_i^{(n)}]\frac{h^2}{4f(\vartheta_i^{(n)})}$$

$$\tag{2.7}$$

$$\phi_i^{(n+1)}=\left[g(\vartheta_i^{(n)})\frac{\phi_{i+1}^{(n)}+\phi_{i-1}^{(n)}}{h^2}+g'(\vartheta_i^{(n)})\left(\frac{\phi_{i+1}^{(n)}-\phi_{i-1}^{(n)}}{2h}\right)\left(\frac{\vartheta_{i+1}^{(n)}-\vartheta_{i-1}^{(n)}}{2h}\right)\right.$$

$$\left.+2k_{22}\frac{2\pi}{p}\cos\vartheta_i^{(n)}\sin\vartheta_i^{(n)}\left(\frac{\vartheta_{i+1}^{(n)}-\vartheta_{i-1}^{(n)}}{2h}\right)\right]\frac{h^2}{2g(\vartheta_i^{(n)})} \tag{2.8}$$

$$U_i^{(n+1)}=\left[\left(\varepsilon_{\parallel}\sin^2\vartheta_i^{(n)}+\varepsilon_{\perp}\cos^2\vartheta_i^{(n)}\right)\frac{U_{i+1}^{(n)}+U_{i-1}^{(n)}}{h^2}\right.$$

$$\left.+2\left(\frac{U_{i+1}^{(n)}-U_{i-1}^{(n)}}{2h}\right)\varepsilon_{\mathrm{a}}\sin\vartheta_i^{(n)}\cos\vartheta_i^{(n)}\left(\frac{\vartheta_{i+1}^{(n)}-\vartheta_{i-1}^{(n)}}{2h}\right)\right]\frac{h^2}{2(\varepsilon_{\parallel}\sin^2\vartheta_i^{(n)}+\varepsilon_{\perp}\cos^2\vartheta_i^{(n)})}$$

$$\tag{2.9}$$

18

基于上述关系对所利用的德国 Merk E44 液晶材料进行数值模拟情况如图 2.11 所示。E44 液晶材料的主要参数指标为：$n_e = 1.7904$，$n_o = 1.5277$，$k_{11} = 15.5 \times 10^{-7} \text{dyn}$，$k_{22} = 13.0 \times 10^{-7} \text{dyn}$，$k_{33} = 28.0 \times 10^{-7} \text{dyn}$，$\varepsilon_{\parallel} = 22.0$，$\varepsilon_{\perp} = 5.2$。图 2.11 中虚线代表液晶材料分子在统计上处于 z 轴向深度为 FP 腔体 1/8 处的倾角 θ（1/8），实线代表 FP 腔体中的最大倾角，也即处于 z 轴向深度为 FP 腔体 1/2 处的倾角 θ（1/2）。所加载的均方根值驱控信号电压从 0 起逐渐升高至 10V_{RMS}。由图 2.11 可见，当所加载的驱控信号电压从 0 起逐渐加大到一定程度后，液晶分子指向矢才开始出现明显偏转。该均方根值信号电压，即成为封闭在 FP 微腔中的液晶材料，可有效产生功能性控光作用时的阈值驱控信号电压（U_{th}）。

具体计算和评估液晶材料的阈值驱控信号电压可考虑一种特殊情况，即所加载的驱控信号电压 $U = U_{\text{th}} + \Delta\varepsilon$，在其刚越过阈值时表现为一个很小的数值，此时液晶分子指向矢的偏转角度很小，可得到 $(\partial\vartheta/\partial z)^2 \approx 0$ 和 $\sin 2\vartheta \approx 0$，式（2.5）可简化为

$$k_{11}\left(\frac{\partial^2 \vartheta}{\partial z^2}\right) - \left(\frac{\partial U}{\partial z}\right)^2 \varepsilon_0 \varepsilon_a \cos\vartheta \sin\vartheta = 0 \tag{2.10}$$

此时，LC-FP 微腔干涉滤光结构的阈值驱控信号电压可表示为 $U_{\text{th}} = \pi\sqrt{k_{11}/(=10\varepsilon_0\varepsilon_a)}$。将 E44 液晶材料的相关参数代入后，即可得到阈值驱控信号电压约为 1V_{RMS}，该值与图 2.11 所示的仿真结果基本一致。

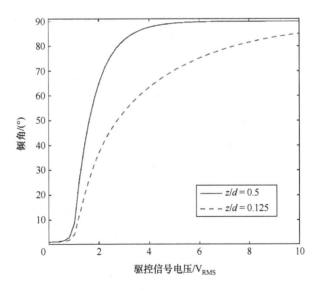

图 2.11 驱控信号电压与液晶分子指向矢倾角间的仿真关系曲线

基于 LC-FP 微腔干涉滤光结构进行可见光谱域的谱透射光束选择如图 2.12 所示。由图 2.12 可见，通过光线在特定深度微腔内的多级次反射叠加的相干干涉效应，

获取特定波长的谱透射光束，可用理想情况下的平行平板近似来表征，具体为

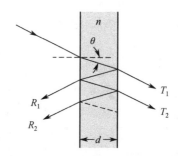

图 2.12　基于 LC-FP 微腔干涉滤光结构进行可见光谱域的谱透射光束选择

$$I^{(t)} = \frac{T^2}{(1-R)^2 + 4R\sin^2\dfrac{\delta}{2}} I^{(i)} \tag{2.11}$$

式中：$\delta = 4\pi n d\cos(\theta)/\lambda_0$ 为相邻反射光线间的相位差。考虑到目前主要针对可见光谱域入射光波进行谱调谐滤波透射，需要使谱透射率峰间的波长间隔即自由波谱范围（Free Spectrum Range，FSR）尽量大。此时，两相邻谱透射率峰间距可由 $\sin^2(\delta/2)=0$ 导出。以正入射为例，此时 $\theta=0$，FSR 可由式（2.12）表示为

$$\text{FSR} = \lambda_{k+1} - \lambda_k = \frac{\lambda_{k+1}\lambda_k}{2nd} \tag{2.12}$$

式中：λ_k 和 λ_{k+1} 为相邻谱透射率峰值波长。在 λ_k 和 λ_{k+1} 较为接近时，d 应该和 λ_k 处在同一量级甚至更小，以使 FSR 尽可能大。因此，需要尽量减少介质间隔层包括 LC 层厚度。当厚度 d 减小到微米级时，光束的高反射膜系的单层膜厚度 $\lambda_k/4$ 即应在 100～200nm 之间，介质间隔层相对多层高反射膜已不可忽略。此时，可使用薄膜光学方法模拟光线在 FP 微腔中的分布和传播行为。高反射膜系中的各薄膜层可通过特征矩阵，把其两侧的场边界条件联系起来。进而通过特征矩阵连乘，得到入射光场和通过膜系后的出射光场间的递推关系。式（2.13）～式（2.15）给出了高反射膜系中各膜层的特征矩阵与最终的谱透射率间的定量关系，即

$$\begin{bmatrix} B \\ C \end{bmatrix} = \left\{ \prod_{r=1}^{q} \begin{bmatrix} \cos\delta_r & (\mathrm{i}\sin\delta_r)/\eta_r \\ \mathrm{i}\sin\delta_r\eta_r & \cos\delta_r \end{bmatrix} \right\} \begin{bmatrix} 1 \\ \eta_m \end{bmatrix} \tag{2.13}$$

$$\delta_r = \frac{2\pi N_r d_r \cos\vartheta_r}{\lambda} \tag{2.14}$$

$$T = \frac{4\eta_0 Re(\eta_m)}{(\eta_0 B + C)(\eta_0 B + C)^*} \tag{2.15}$$

　　基于上述分析设计了中心波长为 800nm，FP 微腔内的上下层光波高反射膜系的反射率控制在约 88%，腔深控制在约 7μm 的 LC-FP 微腔干涉滤光结构。光束在

该 LC-FP 微腔干涉滤光结构中所产生的多级次反射干涉如图 2.12 所示,谱透射率仿真结果如图 2.13 所示。考虑到所设计的导电 ITO 膜厚度以及 PI 定向层厚度情况,利用式(2.13)～式(2.15)所模拟的谱透射率曲线在 500～900nm 谱域内呈多峰分布形态,在高于 900nm 的近红外谱域尽管呈现高约 80%的谱透射率,但基本丧失选谱能力。在所仿真的可见光谱域内,各谱透射率峰的峰高大体相同,但谱透射率的峰值波长变动呈现不均匀性。图 2.13 中以 100%计的谱透射率数据均已进行加权平均处理。通常情况下,针对可见光谱域光波在 FP 微腔中所灌注的液晶材料厚度,一般在几微米至几十微米尺度。腔中液晶结构可视为由折射率一致的层化液晶分子堆叠而成,以方便模拟计算腔间多级次光波的反射干涉效果。

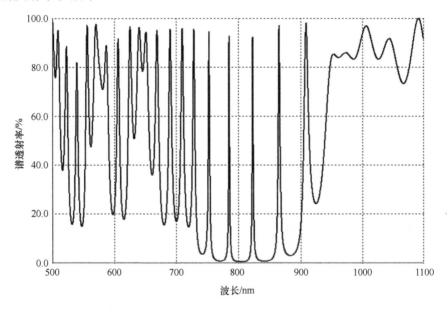

图 2.13　腔深 7μm 时 LC-FP 微腔干涉滤光结构的谱透射率仿真结果(波长 800nm)

将滤光波段控制在 800～900nm 谱域,观察腔深 7μm 时的 LC-FP 微腔干涉滤光结构的谱透射率仿真结果如图 2.14 所示。由图 2.14 可见,谱透射率峰以半高宽计的宽度约为 4nm,已达到在可见光谱域进行高光谱成像的谱性能指标要求。相邻谱透射率峰波长间距约为 47nm,呈现出较大的自由波长移动范围。

进一步设计了中心波长为 800nm,微腔内的上下层光波高反射膜的反射率仍控制在约 88%,微腔深度控制在 15.3μm 的 LC-FP 微腔干涉滤光结构,其谱透射率仿真结果如图 2.15 所示,图 2.15 与图 2.14 显示了类似的谱透射率特征。进一步调变加载在腔深为 15.3μm 的 LC-FP 微腔干涉滤光结构上的驱控信号电压,所获得的谱透射率仿真结果如图 2.16 所示。由图 2.16 可见,随着所加载驱控信号电压的变化,谱透射率峰以大致相同的分布形态沿波长轴做整体平移,所加载的驱控信号电压变动情况越大，谱透射率峰的波长整体平移程度也越大。图 2.16 仅给出了一个典型平移效果。

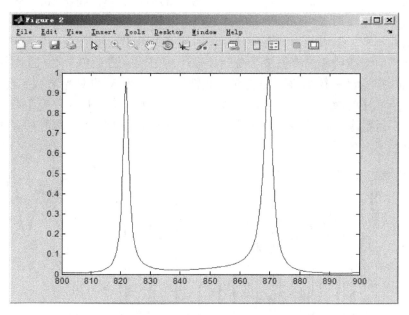

图 2.14　腔深 7μm 时的 LC-FP 微腔干涉滤光结构的谱透射率仿真结果（波长 800～900nm）

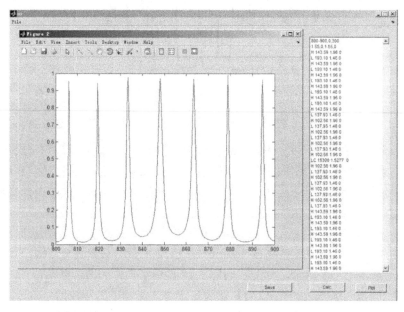

图 2.15　腔深 15.3μm 时的 LC-FP 微腔干涉滤光结构谱透射率仿真结果（波长 800nm）

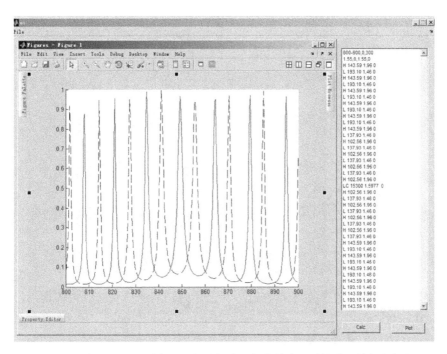

图 2.16　腔深 15.3μm 并施加不同均方根值驱控信号电压时的谱透射率仿真结果

为了对比所构建的理论模型的谱透射率仿真效能情况，图 2.17 还给出了通过我们所建立的理论模型，仿真国外文献数据的实验结果对比情况。图 2.17 中的上图为国外文献所给出的谱实验曲线，下图为本书的仿真情形。如图 2.17 所示，在 1400～2500nm 谱域内，通过改变微腔深度可有效实现高谱透射率，实验数据和谱

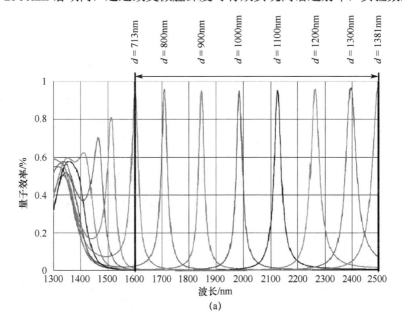

(a)

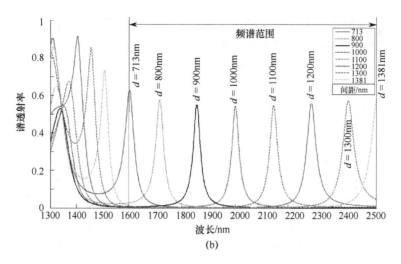

图2.17 仿真国外文献数据的实验结果对比情况

透射率趋势与本书所仿真的能谱情况以及谱透射光波的移动趋势大体相当。依据国外文献所选择的典型微腔深度分别为713nm、800nm、900nm、1000nm、1100nm、1200nm、1300nm 和 1381nm，加权谱透射率峰值高于 90%，谱透射率峰的波长分布大体呈均匀态，显示了近红外与可见光谱域存在明显差异。上述结果表明，所建立的理论模型为开展 LC-FP 微腔干涉滤光结构的设计和制作奠定了方法基础和参数配置依据。

2.3 液晶层中的空间电场

在 LC-FP 微腔干涉滤光结构的上下 ITO 电极板间所填充的液晶材料，受空间电场驱控产生折射率改变，使谱透射波长移动。用于光束汇聚或成像的液晶微镜，则在其上电极板或下电极板上蚀刻有电极图案，用于形成可有序驱控液晶分子产生特定排布形态的空间电场。通常情况下，面向可见光的 FP 微腔深度在微米级，所适用的深度范围从几微米到几十微米不等。通过将电极板阵列化，可实现基于单元电极独立加电的可寻址控光驱控，实现成像目标与视场的谱光波空变检索，可寻址加电谱选取、谱凝视与谱调变；阵列化电极协同加电下的一体化谱透射光波选取、凝视与调变；可寻址的局部子电极加电驱控谱检索、谱凝视与谱调变，周围子电极的协同加电控光，实现感兴趣局域视场或局部目标的谱特征测量分析。

一般而言，设置图案形态不同的电极结构，可在液晶层中激励起空间分布形态各异的电场。置放在电场中的液晶材料折射率及其空间分布形态，也将随所激励的空间电场强度和分布形态的变化而改变。趋向于沿着电场方向排布的振动态极性液晶分子，通过施加不同幅值和频率的信号电压激励起时变空间电场，驱使液晶材料形成与所加载信号电压相关联的折射率分布形态，可选择性固定与改变

FP 微腔中所封闭的液晶材料其等效折射率以及腔中的多级次反射光束的光程。由于所激励的空间电场具有电可调性，受空间电场作用的液晶材料其折射率的空间分布形态也呈现电控性，为发展无机械运动部件的电调控光 LC-FP 微腔干涉滤光结构奠定了方法基础。对阵列化结构而言，在相邻结构单元上施加不同均方根值的驱控信号电压时会存在相互影响甚至光串扰。通过建立数学模型，量化评估空间电场及其对液晶层的诱导作用，就成为发展 LC-FP 微腔干涉滤光方法的关键性环节。

在正负电极上加载驱控信号电压 U_0，两电极间将激励起特定形态和强度的空间电场。驱控信号稳定后，电极间所形成的空间电场也将稳定下来。填充在电极间的液晶材料在所激励的空间电场作用下，其指向矢将依电场强度和方向情况产生程度不同的偏转而重新定向，一般经历亚毫秒甚至微秒时序，从一个稳定态转变到另一个稳定态。一般而言，稳定态间的转换时间越短，液晶结构的电光响应越迅速，控光效能在时间因素上的性能会越好。在空间电场作用下呈现不同指向矢分布行为的液晶材料，对入射光束将表现出不同的弯折和光程调变能力，展现出液晶材料折射率为一空间函数的属性。

根据经典电磁场理论，电场强度可表示为 $E=-\nabla U$，式中的 U 为电位函数。作为一种电介质的液晶材料具有极性，根据麦克斯韦电磁场方程有 $\nabla \cdot (\varepsilon E)=0$。考虑到液晶分子指向矢被重新定向前的电场分布情况，可以得到静态电位分布的拉普拉斯方程，即

$$\nabla^2 \varphi = 0$$
$$\frac{\partial^2 \varphi}{\partial x^2} + \frac{\partial^2 \varphi}{\partial y^2} + \frac{\partial^2 \varphi}{\partial z^2} = 0 \qquad (2.16)$$

该方程可在给定边界条件下，通过特定数学手段如典型的分离变量法或镜像法等得到解析解。在许多实际问题中，由于边界条件过于复杂而无法获得解析解时，一般借助数值法如有限差分法或有限元法等，获得静态场域的电位情况。这里采用基于 Matlab 的有限差分法，计算场域中的电位分布情况。在关于电磁场数值分析计算法中，有限差分法最早获得应用，有效性已得到工程验证。

设函数 $f(x)$ 的变量 x 存在一个小增量 $\Delta x = h$ 时，函数增量为

$$\Delta f(x) = f(x+h) - f(x) \qquad (2.17)$$

即为函数 $f(x)$ 的一阶差分。一阶差分 $\Delta f(x)$ 与增量 h 的商即为一阶差商，有

$$\frac{\Delta f(x)}{\Delta x} = \frac{f(x+h) - f(x)}{h} \qquad (2.18)$$

一阶差分仍是变量 x 的函数。按式（2.17）计算一阶差分的差分，可得到二阶差分 $\Delta^2 f(x)$，即

$$\Delta^2 f(x) = \Delta f(x+h) - \Delta f(x) \qquad (2.19)$$

由式（2.19）可见，只要 h 足够小，差分 $\Delta f(x)$ 与微分间的差异将很小。由于

一阶导数

$$\frac{\mathrm{d}f(x)}{\mathrm{d}x} = \lim_{\Delta x \to 0} \frac{\Delta f(x)}{\Delta x} \qquad (2.20)$$

是微分 $\mathrm{d}f(x) = \lim\limits_{\Delta x \to 0} \Delta f(x)$ 除以微分 $\mathrm{d}x = \lim\limits_{\Delta x \to 0} \Delta x$ 后的商，$f(x)$ 的导数可依次用前向差分、后向差分及中心差分这 3 种形式来分别表示，即

$$\frac{\mathrm{d}f(x)}{\mathrm{d}x} \approx \frac{\Delta f(x)}{\Delta x} = \frac{f(x+h) - f(x)}{h} \qquad (2.21)$$

$$\frac{\mathrm{d}f(x)}{\mathrm{d}x} \approx \frac{\Delta f(x)}{\Delta x} = \frac{f(x) - f(x-h)}{h} \qquad (2.22)$$

$$\frac{\mathrm{d}f(x)}{\mathrm{d}x} \approx \frac{\Delta f(x)}{\Delta x} = \frac{f(x+h) - f(x-h)}{2h} \qquad (2.23)$$

在上面 3 种表达式中，以式（2.23）的差商其截断误差为最小。二阶导数同样可近似为差商的差商，即

$$\begin{aligned}\frac{\mathrm{d}^2 f(x)}{\mathrm{d}x^2} &\approx \frac{1}{\Delta x}\left(\frac{\mathrm{d}f(x)}{\mathrm{d}x}\bigg|_{x^+} - \frac{\mathrm{d}f(x)}{\mathrm{d}x}\bigg|_{x^-} \right) \approx \frac{1}{h}\left[\frac{\Delta f(x+h)}{h} - \frac{\Delta f(x)}{h} \right] \\ &\approx \frac{1}{h}\left[\frac{f(x+h) - f(x)}{h} - \frac{f(x) - f(x-h)}{h} \right] \\ &\approx \frac{f(x+h) - 2f(x) + f(x-h)}{h^2}\end{aligned} \qquad (2.24)$$

式（2.24）相当于把泰勒级数展开，即

$$f(x+h) - f(x-h) = 2f(x) + h^2 \frac{\mathrm{d}^2 f(x)}{\mathrm{d}x^2} + \frac{2}{4!}h^4 \frac{\mathrm{d}^4 f(x)}{\mathrm{d}x^4} + \cdots \qquad (2.25)$$

截断于 $h^4 \dfrac{\mathrm{d}^4 f(x)}{\mathrm{d}x^4}$ 项处，并略去 h^4 项以及更高幂次项，其误差也大致和 h 的二次方成正比。

二维拉普拉斯方程可以用有限差分法近似计算。具体做法：首先把待求解的区域划分为网格；然后把求解区域连续的场分布用网格节点上的离散数值解替代。网格划分越细，求解精度越高。在此仅讨论基本的正方形划分法。如图 2.18 所示，将正方形划分成边长为 h（步长）的多个正方形网格，两组平行线的交点为网格节点。设中心点处的电位为 $\varphi_{i,j}$，中心点周围网格节点处的电位分别为 $\varphi_{i,j-1}$、$\varphi_{i,j+1}$、$\varphi_{i-1,j}$ 和 $\varphi_{i+1,j}$。当 h 充分小时，可以 $\varphi_{i,j}$ 为基点进行泰勒级数展开，即

$$\varphi_{i,j+1} = \varphi_{i,j} + \frac{\partial \varphi}{\partial y}h + \frac{1}{2}\frac{\partial^2 \varphi}{\partial y^2}h^2 + \frac{1}{6}\frac{\partial^3 \varphi}{\partial y^3}h^3 + \cdots \qquad (2.26)$$

$$\varphi_{i,j-1} = \varphi_{i,j} - \frac{\partial \varphi}{\partial y}h + \frac{1}{2}\frac{\partial^2 \varphi}{\partial y^2}h^2 - \frac{1}{6}\frac{\partial^3 \varphi}{\partial y^3}h^3 + \cdots \qquad (2.27)$$

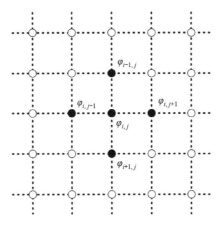

图 2.18 二维网格划分

$$\varphi_{i+1,j} = \varphi_{i,j} + \frac{\partial \varphi}{\partial x}h + \frac{1}{2}\frac{\partial^2 \varphi}{\partial x^2}h^2 + \frac{1}{6}\frac{\partial^3 \varphi}{\partial x^3}h^3 + \cdots \qquad (2.28)$$

$$\varphi_{i-1,j} = \varphi_{i,j} - \frac{\partial \varphi}{\partial x}h + \frac{1}{2}\frac{\partial^2 \varphi}{\partial x^2}h^2 - \frac{1}{6}\frac{\partial^3 \varphi}{\partial x^3}h^3 + \cdots \qquad (2.29)$$

把式（2.26）～式（2.29）相加，略去 h^4 项及更高阶项，有

$$\varphi_{i,j-1} + \varphi_{i,j+1} + \varphi_{i+1,j} + \varphi_{i-1,j} = 4\varphi_{i,j} + h^2\left(\frac{\partial^2 \varphi}{\partial x^2} + \frac{\partial^2 \varphi}{\partial y^2}\right) + \cdots \qquad (2.30)$$

由于场中的任何点 (i, j) 均满足泊松方程，即

$$\nabla^2 \phi = F(x, y)$$

$$\frac{\partial^2 \phi}{\partial x^2} + \frac{\partial^2 \phi}{\partial y^2} = F(x, y) \qquad (2.31)$$

式中：$F(x,y)$ 为场源，对于无源场 $F(x,y)=0$，则二维拉普拉斯方程的有限差分为

$$\varphi_{i,j} = \frac{1}{4}(\varphi_{i,j-1} + \varphi_{i,j+1} + \varphi_{i+1,j} + \varphi_{i-1,j}) \qquad (2.32)$$

式（2.32）表示任意点的电位，等于围绕它的 4 个等距离点的电位的平均值。h 越小，则结果越精确。用式（2.32）可以近似求解二维拉普拉斯方程，故二阶偏微分方程可用差分代数方程近似。给定边界条件后，只要任意设定网格点电位的初值，用迭代法即可以不断更新各网格点的电位值，直至达到所要求的精度为止。

根据式（2.32）可获得简单迭代法。首先对某一网格点设一初值，然后按照固定顺序，如从左到右和从下到上等，依次计算各点的电位值。当所有点均被计算后，用它们的新值代替旧值，即可完成一次迭代计算。然后再进行下一次迭代计算，直到各点的新值和旧值间的差值小于指定值为止。图 2.19 中的中心点在执行 $n+1$ 次迭代时的计算式为

$$\varphi^{n+1}_{i,j} = \frac{1}{4}(\varphi^n_{i,j-1} + \varphi^n_{i,j+1} + \varphi_{i+1,j}{}^n + \varphi^n_{i-1,j}) \tag{2.33}$$

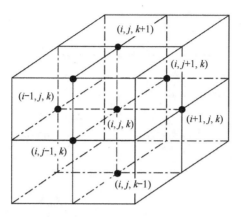

图 2.19　执行迭代法所用的三维网格划分

一般而言，简单迭代法收敛速度较慢。为减少迭代次数、加快收敛，通常采用松弛迭代法。首先在计算每一网格点时，把计算所得的电位新值代入，即在计算点(i,j)处的电位时，把它左边的点$(i-1,j)$电位新值代入，即

$$\varphi^{n+1}_{i,j} = \frac{1}{4}(\varphi^n_{i,j-1} + \varphi^n_{i,j+1} + \varphi_{i+1,j}{}^{n+1} + \varphi^{n-1}_{i-1,j}) \tag{2.34}$$

由于提前使用了新值，因此收敛速度加快。然后把式（2.34）写成增量形式，即

$$\varphi^{n+1}_{i,j} = \varphi^n_{i,j} + \frac{1}{4}(\varphi^n_{i,j-1} + \varphi^n_{i,j+1} + \varphi_{i+1,j}{}^{n+1} + \varphi^{n-1}_{i-1,j} - 4\varphi^n_{i,j}) \tag{2.35}$$

这时每次的增量即式（2.35）右边的第二项，就是要求方程局部达到平衡时所应补充的量。为了加快收敛，引进一个松弛因子ω，将式（2.35）改写为

$$\varphi^{n+1}_{i,j} = \varphi^n_{i,j} + \frac{\omega}{4}(\varphi^n_{i,j-1} + \varphi^n_{i,j+1} + \varphi_{i+1,j}{}^{n+1} + \varphi^{n-1}_{i-1,j} - 4\varphi^n_{i,j}) \tag{2.36}$$

其中松弛因子ω的最佳值为

$$\omega_{\text{opt}} = \frac{2}{1 + \sqrt{1 - \rho^2(J)}} \tag{2.37}$$

式中：$\rho(J)$为对应矩阵的 Jacobi 谱半径。为了保证迭代过程的收敛性，要求$0<\omega<2$。在加速迭代的超松弛算法中取 $1<\omega<2$。如果所计算的电场空域足够大，可以保证计算矩形区域的边界条件近似于无穷远处的电位，即$\varphi_{i1} = \varphi_{im} = \varphi_{1j} = \varphi_{ni} = 0$，其中的$i$为从 1 到$n$的整数，$j$为从 1 到$m$的整数。联立该式与式（2.34），可发现它们正好构成 Jacobi 迭代矩阵的特征值问题。可得到的特征值为$\frac{1}{2}\left(\cos\frac{p\pi}{n} + \cos\frac{q\pi}{m}\right)$，

其中 p 为从 1 到 $n-1$ 的整数，q 为从 1 到 $m-1$ 的整数。于是 $\rho(J) = \dfrac{1}{2}\left(\cos\dfrac{p\pi}{n} + \cos\dfrac{\pi}{m} \right)$，

矩形网格中取 $\omega = \dfrac{2}{1+\sqrt{1-1/4\cdot\left[\cos(\pi/m)+\cos(\pi/n)\right]^2}}$ 时，收敛速度较佳。m 和 n

分别为 x 和 y 方向上的网格数且符合 $1<\omega<2$ 这一约束性要求。

根据以上分析可知，针对三维情况可把三维空间场域划分成若干个小的立方体空间网格，然后把空域内的电位值用网格节点值代替。网格划分越细，迭代计算结果的精度越高。由此可建立三维情况下的差分迭代计算模型。在图 2.19 所示的三维网格中，中心点的电位值可用周围 6 个点的电位值的平均来取代，即

$$\varphi_{i,j,k}, = \frac{1}{6}(\varphi_{i,j-1,k} + \varphi_{i,j+1,k} + \varphi_{i+1,j,k} + \varphi_{i-1,j,k} + \varphi_{i,j,k-1} + \varphi_{i,j,k+1}) \tag{2.38}$$

同理，将其离散化后，有

$$\varphi^{n+1}_{i,j,k} = \frac{1}{6}(\varphi^{n}_{i,j-1,k} + \varphi^{n}_{i,j+1,k} + \varphi_{i+1,j,k}{}^{n+1} + \varphi^{n-1}_{i-1,j,k} + \varphi^{n+1}_{i,j,k+1} + \varphi^{n+1}_{i,j,k-1}) \tag{2.39}$$

式（2.39）即为三维情况下的差分迭代方程。

根据上述分析，首先对阵列结构中的相邻两个单元间的电场区域建模，如图 2.20 所示，在 xy 平面上，两个结构尺寸为 4mm×4mm 的正方形工作单元间的距离为 80μm，其液晶层厚度反映在光轴方向上。从有利于迭代计算出发，将整个单元结构划分为 1μm×1μm×1μm 的正方体网格。上电极被光刻为阵列化图案形态，下电极是一块完整平板。在 Matlab 中采用一个三维数组来存储空间网格各节点上的电位值。由于所划分的网格已足够小，当进行迭代过程中的精度控制时，只需对相关各节点前后两次迭代得到的电位值差值约定小于 0.0001 即可。迭代计算流程框图如图 2.21 所示，在执行程序运算中需要注意的是，立方体中一个面上的点的电位值，为与其相邻的 5 个点的电位值的均值；侧面交线上点的电位值为相邻 4 个点的电位值的均值。一般性的非表面处的点的迭代计算式为

$$\begin{aligned} va2(i,j,k) = \frac{1}{6}\,(&va1(i,j+1,k) + va1(i+1,j,k) + va1(i,j,k+1) \\ &+ va2(i-1,j,k) + va2(i,j-1,k) + va2(i,j,k-1)) \end{aligned} \tag{2.40}$$

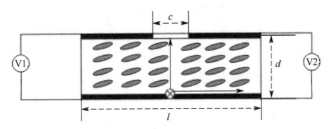

图 2.20　两相邻两个单元间的电场区域建模

经过计算可得到两个电极间的空间电位值分布数据，再利用 Matlab 将数据图形化。阵列结构中相邻两个单元间的电场区域分布如图 2.22 所示。将图 2.23 所示的图案化电极的光刻数据代入边界条件，可得到整个液晶层中的电场分布。在图 2.22 所示中，从左至右的 4 个电极上所加载的差分电压依次是 $\pm 2.1 V_{RMS}$、$\pm 3.0 V_{RMS}$、$\pm 0.7\,V_{RMS}$ 和 $\pm 5.0\,V_{RMS}$，图中的 a 和 b 分别表示上下电极板在 z 方向上的坐标位置，c 和 d 分别表示图中 4 个电极在 x 方向上的边界位置。

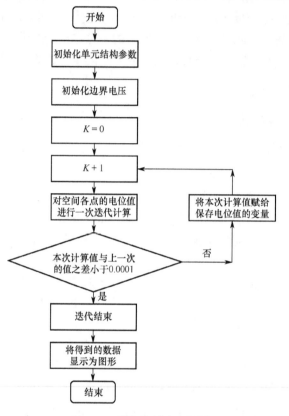

图 2.21　迭代计算流程框图

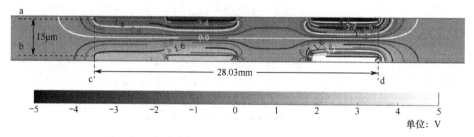

图 2.22　阵列结构中相邻两个单元间的电场区域分布

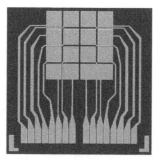

图 2.23　图案化电极的光刻数据示意图

　　典型的电控液晶微镜阵列如图 2.24 所示。图 2.24 中的右下角子图给出了单元液晶微镜的电极结构。由图 2.24 可见，液晶微镜包括上、中、下三层微结构。上层微结构依次为玻璃衬底、ITO 导电膜和 PI 层；中层微结构为液晶层，目前主要采用 E44 向列相液晶材料制作，用玻璃微球间隔子精确隔离上下层微结构；下层微结构依次为 PI 层、ITO 导电膜和玻璃衬底。面阵 LC-ML 的上层微结构中的电极板，通过将 ITO 导电膜进行紫外光刻和盐酸湿法刻蚀得到如典型的 128×128 元微圆孔阵图案而形成，下层微结构中的电极板为 ITO 导电膜。一种结构配置方案为：微圆孔阵中的各微圆孔直径为 $50\mu m$，相邻微圆孔间距为 $100\mu m$，填充在上、下电极板间的液晶层厚度为 $20\mu m$，所加载的方波驱控信号电压频率为 1kHz，其均方根值在 $0 \sim 10V_{RMS}$ 间变动，所仿真的单元液晶结构的空间电场分布如图 2.25 所示。图 2.25（a）给出了单元电控液晶微镜中的电势分布情况，图 2.25（b）显示了单元电控液晶微镜中的电场分布特征，所加载的驱控信号电压为 $10V_{RMS}$。加载不同驱控信号电压所仿真的 LC-ML 阵列的空间电场特征如图 2.26 所示。由图 2.26 可见，随着所加载驱控信号电压的增大，在液晶层中激励的空间电场在逐渐增强。

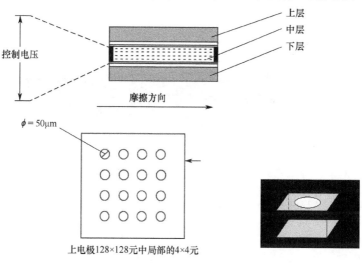

图 2.24　电控液晶微镜阵列

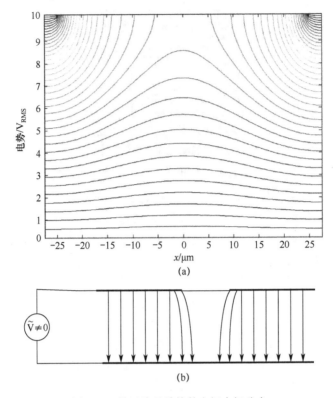

(a)

(b)

图 2.25 单元液晶结构的空间电场分布

(a) 电势分布；(b) 电场分布特征。

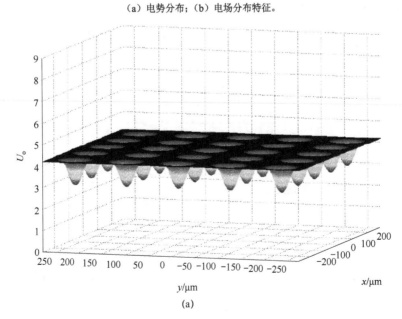

(a)

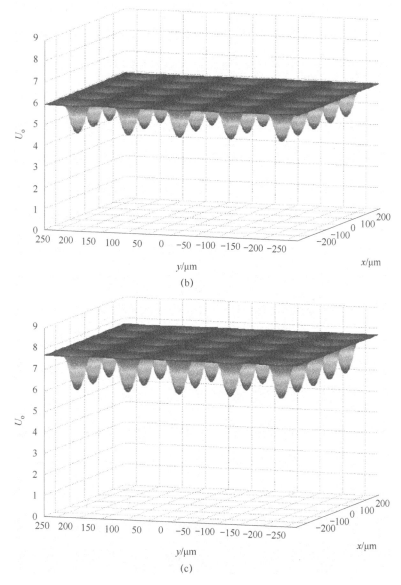

图 2.26   加载不同驱控信号电压所仿真的 LC-ML 阵列的空间电场特征

（a）5.0V$_{RMS}$；（b）7.0V$_{RMS}$；（c）9.0V$_{RMS}$。

2.4   微腔中的液晶指向矢分布与光学属性

针对单元电控 LC-FP 微腔干涉滤光结构中的液晶分子指向矢分布，通过构建亥姆霍兹方程已获得在 z 轴向上的一维指向矢分布属性。对 LC-FP 微腔干涉滤光结构而言，考虑到电极上所加载的信号电压间存在串扰，相邻单元电极间的空间电场存在较大梯度分布等情况，需要将液晶指向矢的一维数值模拟扩充到三维空间中的 xz 平面上。解决合理布设电极来有效激励空间电场，使基于电极划分的相邻液晶层可有效独立工作问题。三维空间电场和介电常数的解析关系如式（2.41）所示，通过求解液晶材料的二维自由能密度 f，并得到如式（2.42）所示的解析表征，代入欧拉方程后可得到关于扭转角 φ、空间坐标以及驱控信号电压间的关系式，如式（2.43）～式（2.45）所示。

$$\boldsymbol{D} = \varepsilon \cdot \boldsymbol{E} = \begin{bmatrix} \varepsilon_\perp + \varepsilon_a n_x^2 & \varepsilon_a n_x n_y & \varepsilon_a n_x n_z \\ \varepsilon_a n_x n_y & \varepsilon_\perp + \varepsilon_a n_y^2 & \varepsilon_a n_y n_z \\ \varepsilon_a n_x n_z & \varepsilon_a n_y n_z & \varepsilon_\perp + \varepsilon_a n_z^2 \end{bmatrix} \cdot \boldsymbol{E} \tag{2.41}$$

$$
\begin{aligned}
f =& \frac{1}{2} k_{11} \sin^2 \delta \cos^2 \phi \left(\frac{\partial \delta}{\partial x} \right)^2 + \frac{1}{2} k_{11} \cos^2 \delta \sin^2 \phi \left(\frac{\partial \phi}{\partial x} \right)^2 + \frac{1}{2} k_{11} \cos^2 \delta \left(\frac{\partial \delta}{\partial z} \right)^2 \\
&+ k_{11} \sin \delta \cos \delta \sin \phi \cos \phi \frac{\partial \delta}{\partial x} \frac{\partial \phi}{\partial x} - k_{11} \sin \delta \cos \delta \cos \phi \frac{\partial \delta}{\partial x} \frac{\partial \delta}{\partial z} \\
&- k_{11} \cos^2 \delta \sin \phi \frac{\partial \phi}{\partial x} \frac{\partial \delta}{\partial z} + \frac{1}{2} k_{22} \cos^4 \delta \left(\frac{\partial \phi}{\partial z} \right)^2 + \frac{1}{2} k_{22} \sin^2 \phi \left(\frac{\partial \delta}{\partial x} \right)^2 \\
&+ \frac{1}{2} k_{22} \cos^2 \delta \sin^2 \delta \cos^2 \phi \left(\frac{\partial \phi}{\partial x} \right)^2 - k_{22} \cos^3 \delta \sin \delta \cos \phi \frac{\partial \phi}{\partial x} \frac{\partial \phi}{\partial z} \\
&- k_{22} \sin \delta \cos \delta \sin \phi \cos \phi \frac{\partial \delta}{\partial x} \frac{\partial \phi}{\partial x} + k_{22} \cos^2 \delta \sin \phi \frac{\partial \delta}{\partial x} \frac{\partial \phi}{\partial z} \\
&+ \frac{1}{2} k_{33} \cos^4 \delta \cos^2 \phi \left(\frac{\partial \phi}{\partial x} \right)^2 + \frac{1}{2} k_{33} \cos^2 \gamma \sin^2 \delta \left(\frac{\partial \phi}{\partial z} \right)^2 \\
&+ \frac{1}{2} k_{33} \cos^2 \delta \cos^2 \phi \left(\frac{\partial \delta}{\partial x} \right)^2 + \frac{1}{2} k_{33} \sin^2 \delta \left(\frac{\partial \delta}{\partial z} \right)^2 + k_{33} \cos^3 \delta \sin \delta \cdot \\
&\cos \phi \frac{\partial \phi}{\partial x} \frac{\partial \phi}{\partial z} + k_{33} \sin \delta \cos \delta \cos \phi \frac{\partial \phi}{\partial z} \frac{\partial \delta}{\partial x} \\
&- \frac{1}{2} \varepsilon_\perp \left[\left(\frac{\partial U}{\partial x} \right)^2 + \left(\frac{\partial U}{\partial z} \right)^2 \right] - \frac{1}{2} \varepsilon_a \left(\cos \delta \frac{\partial U}{\partial x} + \sin \delta \frac{\partial U}{\partial z} \right)^2
\end{aligned}
\tag{2.42}
$$

$$
\begin{aligned}
\frac{\partial f}{\partial \phi} =& -k_{11} \sin^2 \delta \sin \phi \cos \phi \left(\frac{\partial \delta}{\partial x} \right)^2 + k_{11} \cos^2 \delta \sin \phi \cos \phi \left(\frac{\partial \phi}{\partial x} \right)^2 + k_{11} \sin \delta \cos \delta \cdot \\
&\left(\cos^2 \phi - \sin^2 \phi \right) \frac{\partial \delta}{\partial x} \frac{\partial \phi}{\partial x} + k_{11} \sin \delta \cos \delta \sin \phi \frac{\partial \delta}{\partial x} \frac{\partial \delta}{\partial z} - k_{11} \cos^2 \delta \cos \phi \frac{\partial \phi}{\partial x} \frac{\partial \delta}{\partial z} \\
&+ k_{22} \sin \phi \cos \phi \left(\frac{\partial \delta}{\partial x} \right)^2 - k_{22} \cos^2 \delta \sin^2 \delta \sin \phi \cos \phi \left(\frac{\partial \phi}{\partial x} \right)^2 \\
&+ k_{22} \cos^3 \delta \sin \delta \sin \phi \frac{\partial \phi}{\partial x} \frac{\partial \phi}{\partial z} - k_{22} \sin \delta \cos \delta \left(\cos^2 \phi - \sin^2 \phi \right) \frac{\partial \delta}{\partial x} \frac{\partial \phi}{\partial x}
\end{aligned}
$$

$$+k_{22}\cos\phi\cos^2\delta\frac{\partial\delta}{\partial x}\frac{\partial\phi}{\partial z}-k_{33}\cos^4\delta\sin\phi\cos\phi\left(\frac{\partial\phi}{\partial x}\right)^2$$

$$-k_{33}\cos^2\delta\sin\phi\cos\phi\left(\frac{\partial\delta}{\partial x}\right)^2-k_{33}\cos^3\delta\sin\delta\sin\phi\frac{\partial\phi}{\partial x}\frac{\partial\phi}{\partial z} \qquad (2.43)$$

$$-k_{33}\sin\delta\cos\delta\sin\phi\frac{\partial\phi}{\partial z}\frac{\partial\delta}{\partial x}-\varepsilon_a\left(\cos\delta\cos\phi\frac{\partial U}{\partial x}+\sin\delta\frac{\partial U}{\partial z}\right)\frac{\partial U}{\partial x}\cos\delta\sin\phi$$

$$\frac{\partial f}{\partial\left(\frac{\partial\phi}{\partial z}\right)}=k_{22}\cos^4\delta\frac{\partial\phi}{\partial z}-k_{22}\cos^3\delta\sin\delta\cos\phi\frac{\partial\phi}{\partial x}+k_{22}\cos^2\delta\sin\phi\frac{\partial\delta}{\partial x}$$
$$\qquad (2.44)$$

$$+k_{33}\cos^2\delta\sin^2\delta\frac{\partial\phi}{\partial z}+k_{33}\cos^3\delta\sin\delta\cos\phi\frac{\partial\phi}{\partial x}$$

$$\frac{\partial f}{\partial\left(\frac{\partial\phi}{\partial x}\right)}=k_{11}\cos^2\delta\sin^2\phi\frac{\partial\phi}{\partial x}+k_{11}\sin\delta\cos\delta\sin\phi\cos\phi\frac{\partial\delta}{\partial x}-k_{11}\cos^2\delta\sin\phi\frac{\partial\delta}{\partial z}$$

$$+k_{22}\cos^2\delta\sin^2\delta\cos^2\phi\frac{\partial\phi}{\partial x}-k_{22}\cos^3\delta\sin\delta\cos\phi\frac{\partial\phi}{\partial z}$$

$$-k_{22}\sin\delta\cos\delta\sin\phi\cos\phi\frac{\partial\delta}{\partial x}+k_{33}\cos^4\delta\cos^2\phi\frac{\partial\phi}{\partial x}+k_{33}\cos^3\delta\sin\gamma\cos\phi\frac{\partial\phi}{\partial z}$$
$$\qquad (2.45)$$

一般而言，如果扭转角 φ 的初始值取为 0°，扭转角在迭代运算中会保持不变，这样就不会影响到指向矢倾角和驱控信号电压的迭代结果。可把扭转角初始值均设为 0°，然后经过解析推导得出计算二维指向矢分布的迭代方程组，如式（2.46）和式（2.47）所示，即

$$(k_{11}\sin^2\delta+k_{33}\cos^2\delta)\frac{\partial^2\delta}{\partial x^2}+(k_{33}\sin^2\delta+k_{11}\cos^2\delta)\frac{\partial^2\delta}{\partial z^2}-2\cdot$$

$$(k_{11}-k_{33})\sin\sin\delta\cos\cos\delta\frac{\partial^2\delta}{\partial x\partial z}-(k_{33}-k_{11})\sin\sin\delta\cos$$

$$\cos\delta\left(\frac{\partial\delta}{\partial x}\right)^2-(k_{11}-k_{33})\sin\sin\delta\cos\cos\delta\left(\frac{\partial\delta}{\partial z}\right)^2 \qquad (2.46)$$

$$-(k_{11}-k_{33})(\cos^2\delta-\sin^2\delta)\frac{\partial\delta}{\partial z}\frac{\partial\delta}{\partial x}+\varepsilon_a\cdot$$

$$\left(\cos\cos\delta\frac{\partial U}{\partial x}+\sin\sin\delta\frac{\partial U}{\partial z}\right)\left(\cos\cos\delta\frac{\partial U}{\partial z}-\sin\sin\delta\frac{\partial U}{\partial x}\right)=0$$

$$(\varepsilon_\perp\sin^2\delta+\varepsilon_\parallel\cos^2\delta)\frac{\partial^2 U}{\partial x^2}+(\varepsilon_\parallel\sin^2\delta+\varepsilon_\perp\cos^2\delta)\frac{\partial^2 U}{\partial z^2}$$

$$+2\varepsilon_a\sin\sin\delta\cos\cos\delta\frac{\partial^2 U}{\partial x\partial z}-2\varepsilon_a\sin\sin\delta\cos\cos\delta\frac{\partial U}{\partial x}\cdot$$

$$\frac{\partial \delta}{\partial x} + \varepsilon_a (\cos^2 \delta - \sin^2 \delta) \frac{\partial U}{\partial z} \frac{\partial \delta}{\partial x} + \varepsilon_a (\cos^2 \delta - \sin^2 \delta) \frac{\partial U}{\partial x} \cdot$$

$$\frac{\partial \delta}{\partial z} + 2\varepsilon_a \sin \sin \delta \cos \cos \delta \frac{\partial U}{\partial z} \frac{\partial \delta}{\partial z} = 0 \tag{2.47}$$

最后利用基于式（2.25）～式（2.30）的有限差分迭代法，计算指向矢以及空间电场在相邻电极缝隙处的 xz 平面上的二维分布，如图 2.27 和图 2.28 所示。在图中可观察到，当两相邻电极距离为 80μm 时，分布在电极间的指向矢受到干扰的区域为 20～30μm，对单元尺寸达到 4mm×4mm 的电极结构来说，处在可接受的范围内。针对 LC-ML 阵列中的液晶指向矢分布求法，也与上述过程类似。

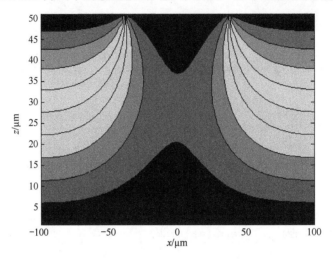

图 2.27　放大后的相邻电极间液晶层内的电位分布

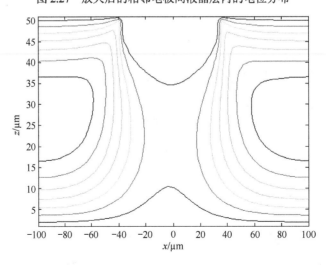

图 2.28　相邻电极上均加载 $2V_{RMS}$ 电压时的液晶指向矢倾角分布

基于所建立的理论模型可得到图 2.29 所示的液晶材料折射率分布形态，该形态与梯度折射率透镜中的折射率分布趋势相类似，构建成单元或面阵电控液晶微镜。典型聚光操作：无限远目标的平面入射光波，由通过单元液晶微镜中心区域的光线经历高折射率液晶区，光波表观速度较慢；通过单元液晶微镜外围区域的光线，则经历较小折射率影响，光波表观速度较快。从不同液晶区域出射的光波，最终形成可用类球面汇聚光波拟合或表征的出射波面形态，形成光汇聚甚至光聚焦。图 2.29（a）中显示了阵列化液晶微镜聚光情形，图 2.29（b）显示了单元微镜的光汇聚行为。

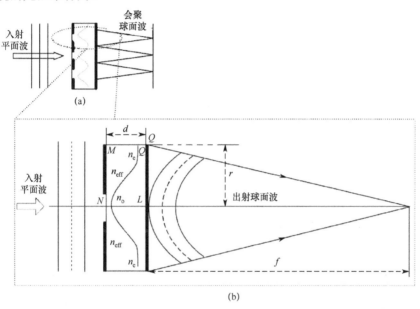

图 2.29　基于梯度折射率分布的 LC-ML 阵列聚光/聚焦示意图

如图 2.29 所示，由传输态光波的等光程性可知

$$MQ' + QP = NL \tag{2.48}$$

由于 $NL = n_{\max}d$，$MQ' = dn(r)$，其中的 $QP = OQ - OP$，$OQ = \sqrt{QL^2 + LO^2} = \sqrt{r^2 + f^2}$，$QP = \sqrt{r^2 + f^2} - f$，将它们代入式（2.48）后，有

$$n(r)d + \sqrt{r^2 + f^2} - f = n_{\max}d \tag{2.49}$$

考虑到

$$\sqrt{r^2 + f^2} = f\sqrt{\left[\frac{r}{f}\right]^2 + 1} \approx f\left(1 + \frac{1}{2}\frac{r^2}{f^2}\right) \tag{2.50}$$

整理后，有

$$f = \frac{r^2}{2(n_{\max} - n(r))d} \tag{2.51}$$

相位变换函数 $\phi(x,y)$ 为

$$\phi(x,y) = \frac{2\pi}{\lambda} MQ' \tag{2.52}$$

式中：$MQ' = n(r)d$，由式（2.49）可知 $n(r) = \left(n_{\max} - \frac{r^2}{2df}\right)$，将其代入后，得

$$MQ' = \left(n_{\max} - \frac{r^2}{2df}\right)d \tag{2.53}$$

因此，有

$$\phi(x,y) = \frac{2\pi}{\lambda}\left(n_{\max} - \frac{r^2}{2df}\right)d = \frac{2\pi}{\lambda}\frac{(2dfn_{\max} - r^2)}{2f} \tag{2.54}$$

在近轴区，理想光学薄透镜的相位变换函数为 $\phi(x,y) = -\frac{2\pi}{\lambda}\frac{(x^2+y^2)}{2f}$。LC-ML
阵列的相位变换函数与其大体一致，显示了 LC-ML 阵列具有光学聚光/聚焦能力
这一特征。LC-ML 阵列的聚光模型与上述关系类似。由于在面阵微镜中的各单元
微镜上所激励的空间电场相同，所产生的液晶材料折射率分布形态也呈现类似特
征，LC-ML 阵列的折射率分布情形，只需将一个单元微镜的折射率分布推广到面
阵结构中即可。

2.5　级联 LC-FP 微腔干涉滤光结构

在可见光谱域，LC-FP 微腔干涉滤光结构的可调谐光谱范围较窄，封闭在微
腔内的液晶材料的最大折射率一般不超过 3。若微腔深度在 10μm 级时，根据前述
解析表征可计算出 FSR 在十几到几十纳米程度。提高 FSR 可采用两条技术路线：
一是进一步将腔深缩小至 1μm 级，在现代条件下可采用物理溅射法实现，但对 FP
微腔的镜面平整度会提出更高要求，考虑到现有原理性样片的镜面平整度的加工
精度在 $\lambda/10$ 量级，还不能满足技术指标要求；二是采用级联法，将两个 LC-FP 微
腔干涉滤光结构前后串接，如图 2.30 所示。如果两个级联在一起的 LC-FP 有不同
腔深，那么这两个微腔的 FSR 值就不同，谱透射率峰会彼此交错，故仅有少数波
长在这两个结构中均处在透射状态时才能透过级联器件，从而增大 FSR 值。因此，
理想的级联 LC-FP 微腔干涉滤光结构应该由两个腔深各异的 FP 微腔组成，其中的
一个微腔应该有较大的 FSR 值和较小的 FWHM 值，另一个则应有较大的 FWHM
值和较小的 FSR 值。基于上述思路的一种典型谱透射率仿真如图 2.31 所示。
图 2.31 中曲线 1 代表腔深 7μm，等效折射率为 1.6255，FP 镜面反射率约为 93%，
吸收率约为 1% 的 LC-FP 微腔干涉滤光结构。曲线 2 代表腔深 15.3μm，等效折射
率 1.7904，FP 镜面反射率约为 70%，吸收率约为 2% 的 LC-FP 微腔干涉滤光结构。

曲线 3 归结于将上述两种 LC-FP 微腔干涉滤光结构级联后的混合结构。从模拟结果看，FSR 值分别为 30nm 和 13.6nm 的两个独立 LC-FP 微腔干涉滤光结构级联后，其 FSR 值被扩展到约为 131nm。

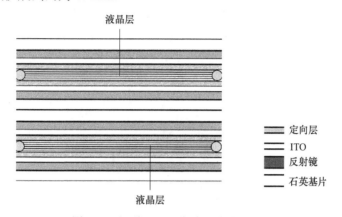

图 2.30 级联 LC-FP 微腔干涉滤光结构

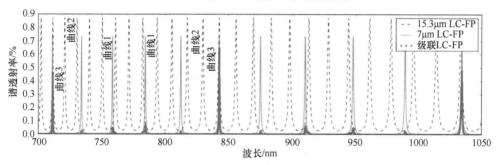

图 2.31 级联 LC-FP 微腔干涉滤光结构的谱透射率仿真

1. 有线驱控

图 2.11 所示的模拟数据显示，E44 液晶材料在约 $5V_{RMS}$ 驱控信号电压作用下，即可使处在液晶层中心部位的指向矢偏转角接近最大值。但在距液晶初始定向层约 1/8 腔深处的液晶分子层，驱控信号电压约 $10V_{RMS}$ 时才能达到约80°偏转角。如需控制从中心部位起到初始定向层，使所有液晶层中的指向矢产生从 0° 起到尽可能接近90°的变化，需要加载较高的信号电压。经验表明，这个数值在 30～$40V_{RMS}$ 间。换言之，驱控系统需要提供的最佳驱控信号电压范围是 0～$40V_{RMS}$。实验显示，当驱控信号电压大于$15V_{RMS}$ 时，封闭在微腔中的大部分液晶层的指向矢偏转角已接近90°。继续升高信号电压所能带来的液晶总体折射率的变化已很小。在目前条件下实际使用的驱控信号电压被控制在 0～$30V_{RMS}$ 内。因此，在实现高效驱控 LC-FP 微腔干涉滤光结构方面所须解决的关键问题是：对面阵结构中的不同结构单元，如何使驱控系统能够同时精确改变施加在其上的信号电压。

尽管所发展的原理性可寻址加电液晶结构的阵列规模不大，但所需提供的驱控信号电压较高，最大达到30V$_{RMS}$。考虑到LC-FP微腔干涉滤光结构要求内表面具有极高的平整度，制造大面积高平整性光学反射膜代价极高这一情况，目前通过光刻法将ITO导电层分隔成4×4区块来减小面形尺寸，同时将16个单元的电极引脚逐一引出到器件一侧，如图2.32所示。使用静态寻址法驱控LC-FP微腔干涉滤光结构，将其通过标准PCI-E×8插槽连接到自研的阵列液晶器件控制器中，如图2.33所示。图2.33（a）所示为在LC-FP微腔干涉滤光结构上加载驱控信号电压，图2.33（b）所示为可手调最多驱控16组液晶结构的阵列液晶器件控制器的形貌结构特征。

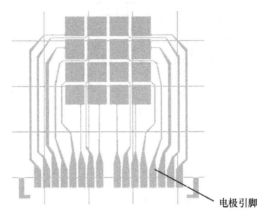

电极引脚

图2.32　16个单元的电极引脚

(a)

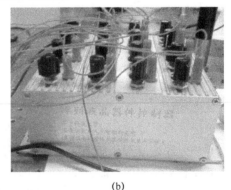

(b)

图2.33　灵巧谱成像器件的有线手调驱控系统

首先使用Tektronix公司的TDS2012B型示波器测量输出电压，通过MSP430控制输入信号和运放电路中的数字电位器阻值，得到频率和幅值均不同的输出信号，图2.34和图2.35所示为示波器屏幕截图。由图2.34可见，它的4个输出信号电压幅值基本相同，约为40V$_{RMS}$，从图2.34（a）～（d）可见，方波信号频率依次为0.3kHz、1.5kHz、12.3kHz和24.6kHz,满足1～10kHz频率范围要求。图2.35中的两个输出方波信号频率均为1kHz，信号电压均方根值分别为750mV$_{RMS}$和

30V$_{RMS}$。当 MSP430 阻值为 0 时，输出信号电压为 0.5V$_{RMS}$。综上所述，所设计的驱控系统可为 LC-FP 微腔干涉滤光结构提供 0.5～40V$_{RMS}$ 的驱控信号电压。

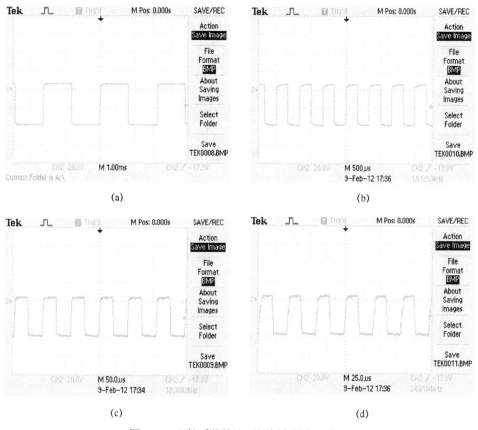

图 2.34　驱控系统输出不同频率的信号电压

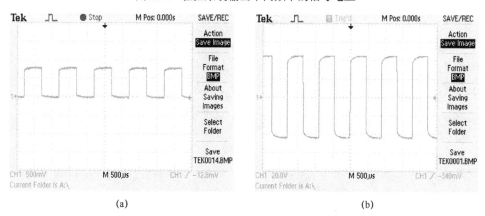

图 2.35　驱控系统输出不同均方根值的信号电压

（a）均方根值为 750mV　（b）均方根值为 30V。

2. 无线功率传输驱控

为了适应更为复杂的工作环境，进一步发展了无线功率传输模块用于无线驱控 LC-FP 微腔干涉滤光结构的滤光操作。无线功率传输模块仅使用了两个简单的 RLC 回路，通过空心线圈的无接触耦合，在约 1.5V 直流供电条件下，使输出电压最高可达到 $15V_{RMS}$。典型特征：①驱控系统相对低廉，驱动和控制电路简单，结构制作简便并易于集成；②基于谐振方式工作不需要配置除噪电路；③输出电压高，调节范围大，可以从 $0V_{RMS}$ 连续调升到约 $15V_{RMS}$，相邻输出电压间可以实现纳秒级转换或切换；④两个谐振回路间非接触耦合，可有效克服线圈间的距离限制或约束，实现无线功率交换、高效驱控和调节液晶结构的电学和电光行为。一般而言，无线功率传输和无线信号传输无本质差别，发射端以一定功率把信号发射出去，接收端收到一定功率的发射信号。区别仅在于接收端获取信号的侧重点有所不同，前者侧重于接收更大功率用于驱动负载，后者侧重于以失真尽可能少的形式在发射端和接收端间建立信息传播链路。

所发展的无线功率传输系统原理电路如图 2.36 所示，主要由一对不同孔径和匝数的线圈和一个金属氧化物场效应功率管（MOSFET）组成。通过改变开关信号

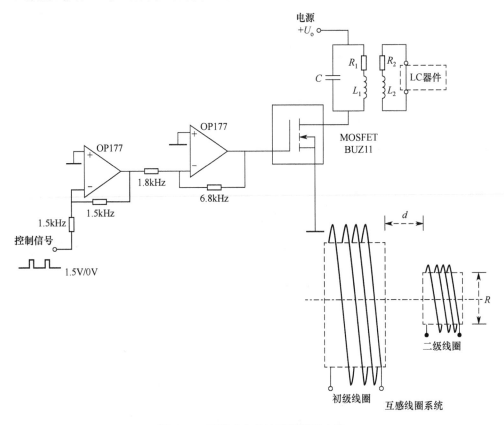

图 2.36　无线功率传输系统原理电路

42

频率和占空比，调节连接在液晶器件上的小线圈所输出的信号电压。连接在液晶器件上的小线圈与一个不高于 1.5V_{RMS} 开关信号激励的大线圈互感，然后在一个短暂过程中持续累积电压至几个到十几个甚至几十伏程度。

所有小线圈或二级线圈半径均为 4mm，匝数分别取为 10、20、30、40、50、60、70、80、90 和 100。连接开关电路的初级线圈典型参数：①用于产生足够磁通量的线圈直径分别为 16mm、22mm、32mm、44mm 和 50mm；②线圈匝数分别为 10、15、20、30 和 40；③漆包线可通过的最大电流分别为 0.35A、0.7A、1A 和 2A。在线圈系统中的 μ_0 为真空磁导率，a_1 为初级线圈半径，a_2 为二级线圈半径，N_1 为初级线圈匝数，N_2 为二级线圈匝数，ℓ_1 为初级线圈有效长度，$\beta_1(r)$ 为由初级线圈在位置 r 处产生磁场的等效系数，$\gamma_1(r)$ 为由二级线圈在位置 r 处产生磁场的等效系数，i_1 是通过初级线圈的电流。设 S_1 为初级线圈的横截面积，$S_1=\pi a^2$，线圈内磁感应强度为 $B=\mu_0 N_1/\ell_1$，通过线圈每一匝的磁场 $\phi_1=BS_1$，通过整个二级线圈的磁场 $N_1\phi_1=\mu_0\pi a^2 N^2 i_1/\ell_1$，则初级线圈的自感 L_1 为

$$L_1 = \frac{N_1\phi_1\beta_1(r)}{i_1} = \mu_0\pi a_1^2\beta_1(r)\frac{N_1^2}{\ell_1} \tag{2.55}$$

初级线圈通过单匝二级线圈的磁场 $\phi_{21}=B_{21}S_2=\mu_0 N_1 i_1 S_2\beta_1(r)\gamma_1(r)/\ell_1$，则二级线圈的互感为

$$M = \frac{\phi_{21}N_2}{i_1} = \mu_0\pi a_2^2\beta_1(r)\gamma_1(r)\frac{N_1 N_2}{\ell_1} \tag{2.56}$$

二级线圈对初级线圈的磁场使用效率由式（2.57）定义，即

$$k = \gamma_1\frac{a_2^2}{a_1^2} = \frac{N_1}{N_2}\frac{U_2(t)}{U_1(t)} \tag{2.57}$$

式中：$U_1(t)$ 为初级线圈的瞬时电压；$U_2(t)$ 为二级线圈的瞬时电压。

由于 $U_1(t) = L_1\dfrac{\mathrm{d}i_1(t)}{\mathrm{d}t}$，其中的 $i_1(t)$ 为线圈中的瞬时电流，由初级线圈和等效电容构成的二阶差分方程可由式（2.58）表示，即

$$\frac{\mathrm{d}^2 i_1(t)}{\mathrm{d}t^2} + \frac{R}{L_1}\frac{\mathrm{d}i_1(t)}{\mathrm{d}t} + \frac{1}{L_1 C}i_1(t) = 0 \tag{2.58}$$

式中：R 为依赖线圈振荡频率的线圈内阻。

初级线圈的总电压由式（2.59）表示，二级线圈产生的信号电压由式（2.60）表示，即

$$L_1\frac{\mathrm{d}i_1(t)}{\mathrm{d}t} + Ri_1(t) = U_0 \tag{2.59}$$

$$U_2(t) = M\frac{\mathrm{d}i_1(t)}{\mathrm{d}t} \tag{2.60}$$

所制作的初级线圈和二级线圈的实物照片如图 2.37 所示。当开关信号频率控

制在 2.5～25kHz 内时，针对不同半径的初级线圈，所获得的改变开关信号频率后的二级线圈输出电压的均方根值如图 2.38 所示。图 2.38 所示的 100 匝二级线圈半径为 4mm，40 匝初级线圈半径分别为 8mm、11mm、16mm、22mm 和 25mm。由图 2.38 可见，半径为 8mm 和 11mm 的初级线圈显示与其他半径线圈不同的输出特性。当开关频率逐渐增加时，在 2.5～12.5kHz 内所输出的均方根值信号电压缓慢增长，在约 2.5kHz 这一较为窄频谱对应的均方根值电压迅速出现约 6.7V_{RMS} 的增长，然后在约 25kHz 处出现约 7V_{RMS} 的下降。

(a)   (b)

图 2.37 无线功率传输系统中的原理线圈样品

（a）初级线圈；（b）二级线圈。

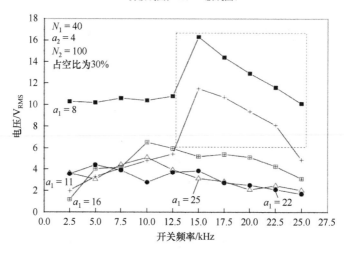

图 2.38 开关信号频率在 2.5～25kHz 内的二级线圈输出电压

为了进一步增大线圈系统的信号电压输出范围，把信号源开关频率的最大值从 25kHz 扩展到约 200kHz 后，基于图 2.39 所示的 40 匝 11mm 半径的初级线圈的无线功率传输系统，展现出不同于 2.5～25kHz 时的输出特性。首先，虽然在 15～25kHz 内出现了局部下降，但在整个 2.5～30kHz 内的变化趋势则显示：输出信号电压的 RMS 值明显上升，直至约 12V$_{RMS}$；在 30～50kHz 内所输出的 RMS 电压则基本维持不变，在 50～60kHz 时的 RMS 值则滑落到约 7.7V$_{RMS}$，在 60～80kHz 内又处在一个相对平稳的过渡区，然后直至 95kHz 附近，输出电压又逐步上升到下一个平台电压，约 15.2V$_{RMS}$，并相对平稳地保持到约 130kHz 处；将频率继续升高到约 170kHz，电压输出基本保持单调下降趋势至 6V$_{RMS}$ 左右，然后随着频率的继续提高，又快速上升并进入平台区。

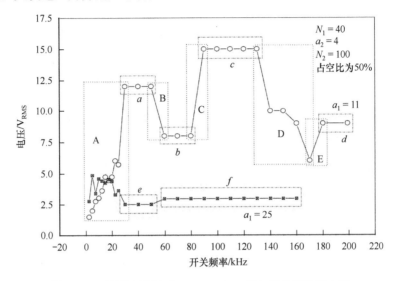

图 2.39　开关信号频率在 2.5～210kHz 时初级线圈输出电压

　　基于上述测试结果可将频率控制区分为：2.5～30kHz，为 A 类，50～60kHz，为 B 类，80～95kHz，为 C 类，130～170kHz，为 D 类，170～180kHz，为 E 类。2.5～210kHz 的剩余频率区段依次标记为 a、b、c、d。可以明显观察到，在小写字母标示的频率区段，由无线功率传输系统驱动的液晶结构，相对于开关信号显示良好的频率稳定性。因此，需要对液晶分子指向矢的偏转角进行连续调节时，可以选择大写字母标记的频率区段。根据图 2.39 所示数据，可得出 40 匝 11mm 半径的初级线圈，配合 100 匝 4mm 半径的二级线圈，可得到输出驱控信号电压值范围为 0～15V$_{RMS}$。

3. 透射波谱选择策略

　　针对复杂背景环境中的弱信号目标，可以借助目标的本征谱辐射特征及其与环境介质的谱辐射差异性，开展高效能的谱成像探测和模式识别，减少软件识别算法对目标图像的强度和形貌特征的过度依赖，大幅降低算法复杂度，提高实时性和快速响应能力。阵列化 LC-FP 微腔干涉滤光结构具备连续调节谱透射光波长，以亚毫秒级时间常数"跳跃"式地调变谱透射光波长，以空变方式将谱透射光波呈现为基于阵列化电极的马赛克排布图样，并可独立和动态调变，通过与光敏阵列耦合直接读取目标谱图像成像探测能力。因此，如何有效利用和展示上述能力，需要匹配相应的光谱选择策略。

传统的机械扫描式成像光谱仪，只能按照升序或降序得到波长连续变化的谱图像，会产生大量冗余光谱数据，给数据处理和传输带来巨大负担。通常情况下，自然或人工打造的物质结构的本征谱辐射和谱吸收，在波长方面并不呈现连续性。例如，典型的 224 波段的 AVIRIS 图像分辨率为 614×512 和 16bit 灰度，其典型的高光谱图像数据可达到 140MB。TRW 的 HIS 数据产生率为 313Mb/s，192kHz 波段对地观测 EOS 系统的高光谱数据产生率为 512Mb/s。迄今为止，针对感兴趣的成像目标除采用降低图像数据量外，还发展了多种成像波段选择法，如典型的 K-Order 统计、随机或归一化分类器及角谱映射等。同时发展了多种图像压缩算法，如较为常见的基于预测的压缩方法，利用高光谱图像的空间、时间和波段相关性来削减空间与光谱冗余，矢量化压缩，基于变换的压缩如 K-L（Karhunen-Loeve）/PCA 变换、离散余弦变换及小波变换等。

通过 LC-FP 微腔干涉滤光结构获得的谱图像，既可以如同传统图像一样获得谱图像立方体，也可以在单帧图像的二维空间上分布不同波长的谱子图来获取高光谱数据，如图 2.40 所示。图 2.40（a）所示为典型的谱立方体，图 2.40（b）（c）分别给出了时序波谱展开的谱图像特征，图 2.40（d）（e）分别显示了执行波谱跳跃与空变子孔径谱图像（需通过微镜阵列实现）。针对图 2.40（d）（e）所示的一种典型做法是亚毫秒级时延跳频，通过调制所加载的驱控信号电压驱控液晶材料的介电常数变化，基于亚毫秒级时间常数，完成从一个关注波长态跳转到工作波长范围内的任意其他波长态。在这种模式下，所获取的图像数据和采集时间将显著减少。例如，所关注目标的特征辐射或吸收谱的中心波长在 3470nm、3480nm、4632nm、4718nm 或 4795nm 等处，规划其强度权重分别为 1.2、5.3、4.6、2.9 或 8.7。为了简化问题，假设传统机械扫描方式在上述 5 个相邻波长间的转换时间是 0.5s，达到可接受的识别率则至少要获得目标的 3 个权重最强的特征谱图像信息，需进行从 4795nm 顺序到达 3480nm 内的 4 个波长点的时序扫描。

所发展的 LC-FP 微腔干涉滤光结构具有等时跳频特性，能以最省时方式获得及调变谱图像，如按照权重由大到小的顺序获取图谱，即沿着 4795nm、3480nm…4632nm 这一顺序执行。该方案一方面较传统机械扫描方式减少了一个波长采样点；另一方面由于波谱转换时间在亚毫秒级，可以采集更为丰富的图像数据，进一步结合目标识别算法，在基于 LC-FP 微腔干涉滤光结构获取这 3 个谱图像后即开始识别，将显著提高成像探测识别效能。在前面提到的单元器件的基础上，进一步研发阵列化电控液晶高光谱成像器件，一般通过 LC-FP 微腔干涉滤光结构执行目标的电调谱图像获取，仍归属于时间序列 $\lambda(t)$，即以串行方式工作。利用可寻址独立加电的阵列 LC-FP 微腔干涉滤光结构并匹配微镜阵列即构建子成像孔径，则可将时间序列的谱成像扩展到时间序列和空间序列上。也就是说，在同一时刻并行获取多谱段即多波长的目标谱图，可用坐标 $(x_t, y_t, \lambda(t))$ 表示，如图 2.40（e）所示。

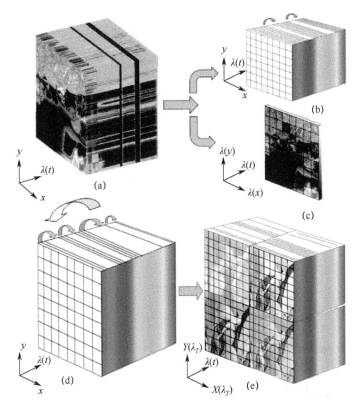

图 2.40　基于 LC-FP 微腔干涉滤波结构的谱选择策略示意图

以谱成像检测图 2.41 所示的编号为 TM8896 的蛋白石为例，已知这种 SiO_2：

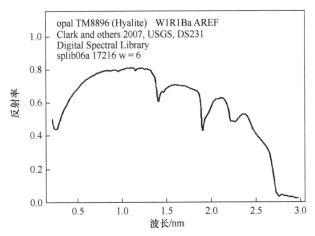

图 2.41　一种蛋白石反射光谱

$n\mathrm{H_2O}$ 材料的典型吸收峰在 1408nm、1904nm 和 2214nm 等波长处。若使用一个 4×4 阵列或区块化的 LC-FP 微腔干涉滤波结构进行谱探测识别，只需将液晶微腔干涉滤光结构中工作单元–1 至工作单元 7 的中心工作波长分别设置为 1408nm、1904nm、2214nm、1300nm、1700nm、2100nm 和 2350nm，即可在一帧图像中获取足够多的验证信息。由于这 7 组子图由同一帧成像操作获取，受环境因素影响最小。上述谱选择方案仅对基于特定 LC-FP 微腔干涉滤光结构进行成像波谱选择起到示范性作用。针对不同问题和使用需求，应建立相应的 LC-FP 微腔干涉滤波结构器件架构形态和成像波谱选择策略。

2.6 液晶基 LC-FP 工艺流程

采用标准微电子工艺，制作 LC-FP 微腔干涉滤光结构及与其匹配的 LC-ML 阵列。主要利用以下关键工艺设备，即紫外光刻机、液晶初始定向层摩擦机、高温退火炉和其他辅助装置等，如图 2.42 所示。图 2.42（a）所示为采用的四川南光真空科技有限公司的 HG94-17G 型紫外光刻机，图 2.42（b）所示为采用的中国电

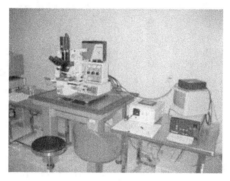

(a)

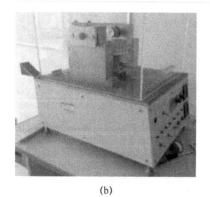

(b)

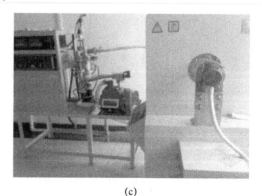

(c)

图 2.42　制作电控液晶光学器件的工艺关键设备

（a）紫外光刻机；（b）液晶定向层自动摩擦机；（c）光学退火装置。

子科技集团公司第二研究所的台式液晶定向层自动摩擦机，图 2.42（c）所示为采用的合肥日新高温技术有限公司的 CVD（D）-08/30/1 低温真空气氛管式光学退火装置。其基本工艺流程如下。

1. 基片镀膜

首先按照设计尺寸对石英材料切片，依据表面平整度指标双面抛光石英成为石英基片并镀膜。如果用于制作 LC-ML 阵列，则镀制 ITO 膜；如果用于制作 LC-FP 微腔干涉滤光结构，则先镀制高反射膜系，然后在高反射膜系表面继续镀制 ITO 膜。一般而言，使用真空镀膜机组镀制 ITO 膜的厚度在 120～130nm 内即可。

2. 光刻与化学蚀刻

通过光刻和盐酸腐蚀蚀刻基片上的 ITO 膜形成电极图案。主要包括以下操作：将完成镀膜的两块基片放入超声振荡器中清洗，随后放入纯净水中再振荡冲洗。将清洗后的 ITO 玻璃放入丙酮中再次振荡清洗后置放在烤盘上干燥，随后在其表面均匀涂布正性光刻胶，并再次置放在烤盘上烘烤固化，然后放置在光刻机载台上，将光掩模板紧贴于 ITO 玻璃基片上方并曝以紫外光，在该过程中未被光掩模板遮挡的光刻胶会发生光化学反应。随后将曝光后的 ITO 玻璃基片置于烤盘上烘烤使其硬化，再放入显影液中显影，此时能清晰地观察到在 ITO 玻璃基片表面出现微细光掩模图案。将显影后的 ITO 玻璃基片再次置放在烤盘上烘烤干燥，完成光刻操作。光刻后的 ITO 玻璃基片被进一步置于盐酸溶液中完成蚀刻操作，并放入纯净水中冲洗。在该过程中，盐酸溶液会腐蚀掉未受光刻胶保护的 ITO 结构，留下 ITO 电极图案，最后用丙酮去除残留光刻胶。

3. 液晶样片制作

将制作有电极图案的 ITO 基片与另一块 ITO 基片充分清洗后，利用旋涂工艺在其表面制作 PI 膜，经预烘和再烘烤后置于液晶定向层自动摩擦机中，用绒布沿水平或 x 轴向摩擦。在摩擦后的图案化电极玻璃基片与平面电极玻璃基片间涂布玻璃微球并用环氧树脂胶封边，经热烘和静置使胶固化完成液晶盒制作。在制作好的液晶盒内，充分填充 E44 液晶材料后以 AB 胶密封液晶盒，完成液晶样片制作，具体过程如图 2.43 所示。

为了兼顾分别用于聚光成像和滤光这两类控光操作，图 2.44 以 LC-ML 阵列为例，显微照片则以 LC-FP 微腔干涉滤光结构为例。主要工艺难点包括光刻版设计、电极制作、液晶初始定向层构建、液晶微腔成形、液晶灌注填充和结构封闭等。实验操作分别在武汉光电国家研究中心和中国科学院半导体研究所进行，光掩模板委托深圳市路维电子有限公司制作。

（1）光刻版设计。

采用专用集成电路设计软件 Tanner Tools 中的版图设计软件 L-Edit，完成光刻版设计。主要涉及单元微圆孔图案、128×128 元微圆孔阵图案、128×128 元微矩形阵图案等。通过程序计算生成所需数据并转换成 CIF 文件格式后导入 L-Edit 中，也可以直接使用 L-Edit 中类似于 System C 的脚本语言编程执行。对于 4×4 阵列规模的 LC-FP 微腔干涉滤光结构光绘图案，由于各电极及其引脚分布不是简单的重复，故使用 AutoCAD 完成绘制。

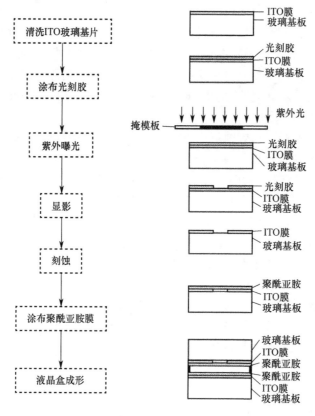

图 2.43　制作液晶盒的典型工艺流程

（2）控制电极制作。

采用接触光刻工艺，在镀制有 ITO 膜的玻璃基片上制作图案电极。光刻作为制作液晶控光器件的关键工艺之一，其质量好坏对最终完成的器件性能影响极大，典型工艺流程如图 2.44 所示。

（3）ITO 导电膜。

ITO 导电膜是目前普遍采用的一种透明导电材料。具有高可见光透射率，一般在 80%以上，厚度可控制在数纳米至几十微米间，表面电阻通常为 20～200Ω，同时具备其他一些优良特性，如高的近红外透射率、与玻璃材料有较强黏附力、良好的机械强度和化学稳定性、易用常规酸液蚀刻等。目前广泛用于平板显示、微波与射频屏蔽、光敏和太阳能电池等技术领域。可通过如磁控溅射沉积、真空蒸发沉积或溶胶–凝胶法等在多种材质基片如典型的玻璃基板上，制作特定厚度和电导率的介质膜。通常使用真空镀膜工艺镀制 ITO 膜。

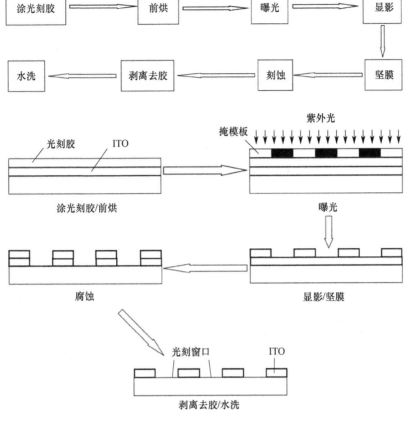

图 2.44　光刻工艺示流程意图

（4）基片清洗。

在 ITO 上光刻电极，要求玻璃表面始终保持洁净，以去除光刻过程中的杂质和水分可能影响光刻胶表面黏附性与润湿性因素。典型清洗过程：首先将 ITO 玻璃基片放入去离子水中超声 3min，然后将玻璃片依次放入丙酮、乙醇和去离子水中超声 3min，最后置放在热板上烘干待用。

（5）涂布光刻胶。

在基片表面涂布光刻胶是首道光刻工序，涂胶效果好坏直接影响光刻质量。主要控制要素有光刻胶配制、涂层厚度及均匀性、涂层表面状态等。光刻胶一般在低温避光条件下储存，使用光刻胶前应先把低温环境中取出的胶液缓慢升温至室温后取用。涂胶操作要求：①光刻胶与 ITO 材料黏附良好，无脱落现象，一般需在涂胶前对基片预烘，使其本体温度略高于胶液温度，也可采用涂敷增附剂实现；②涂胶厚度均匀一致，避免在显影和蚀刻环节出现图形缺陷，涂胶面不允许出现条纹、针孔、突起等缺陷。通常采用旋涂工艺涂胶，光刻胶主要采用 AZ1500 正性胶。为使胶膜厚度均匀一致，需严格控制甩胶机的转速和甩胶时间，典型经验参数为转速 5000r/min 和时长 30s 等。

（6）前烘。

执行前烘的目的是促使胶膜内的溶剂充分挥发,使胶膜干燥并增加胶膜与 ITO 面的黏附性和胶膜的耐磨性。例如,进行曝光操作时,即使光刻版与光刻胶接触也不会损伤光刻胶膜面形。典型经验参数为:置放在热板上的基片在 100℃下烘干约 1 min。

（7）曝光。

在光刻胶膜表面覆盖掩板,通过紫外光照射使光照部位的光刻胶发生光化学反应而改性,并在显影液中被溶解掉。显影后的光刻胶模显现出与光刻版一致的图案形态。典型操作有:光刻版通过显微镜进行初对位,要求光刻版两侧标记与显示镜 "+" 线重合,然后固定版夹、试曝、再对位、微调、紫外曝光等,如图 2.45 所示。

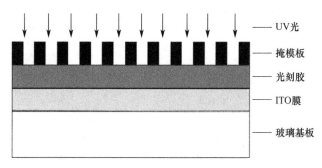

图 2.45　紫外曝光示意图

在进行曝光操作中,应根据光刻胶性能、光源强弱、光源到 ITO 基板距离等情况,合理选择曝光时间和曝光强度。典型经验参数中的光刻时间一般为 90s。还应注意以下细节:①光刻版上机前要严格检查,避开有缺陷部位;②光刻版不能有污染、划伤等;③曝光定位需准确,在操作过程中光刻版和基片等应轻拿轻放;④基片置放应平整、稳定,光刻版与基片间距尽量小但它们间的应力又不宜大;⑤涂胶基片放置时间不应过长,若曝光前已被弱感光,则存在胶膜失效风险。

（8）显影。

通过显影将感光部位的光刻胶材料溶解掉,留下未感光部分形成胶模图案,如图 2.46 所示。进行显影操作必须控制好显影时间与温度,它们直接影响显影速度。显影过度会出现针对未曝光区的钻蚀现象,显影不足则感光区的光化学反应不充分,光刻胶会因溶解不足留下残胶,遮挡酸液对 ITO 的湿法蚀刻处理。典型经验参数为:在超净间恒温 23℃条件下,将曝光后的基片置于显影剂中约 1min。LC-FP 微腔干涉滤光结构的电极图案如图 2.46 所示,其中的插图为局部结构的显微照片。

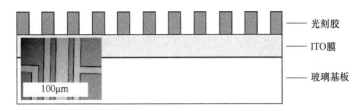

图 2.46　显影后的 LC-FP 微腔干涉滤光结构的电极图案

（9）坚膜。

由于在显影过程中光刻胶膜会出现软化和膨胀等现象而降低胶膜的抗蚀能力，显影后须在适当温度下烘焙基片以除去水分，增强胶膜与玻璃的黏附性。一般情况下，坚膜条件应略高于前烘条件。

（10）湿法刻蚀。

特指用一定比例的酸液把基片上未受光刻胶保护的 ITO 膜腐蚀掉，留下受到保护的 ITO 模而形成 ITO 图案电极这一操作。选用的酸液应既能腐蚀掉 ITO 膜又不致损伤基片表面和光刻胶，一般选用 HCl 和水的混合液。一般而言，蚀刻温度和时长对刻蚀效果影响极大，蚀刻速度过高则难以控制，易产生过蚀现象；刻蚀速度太低则用时较长，会造成光刻胶抗蚀刻能力降低以及易出现溶胶现象。LC-FP 微腔干涉滤光结构的基片表面电极湿法刻蚀示意图如图 2.47 所示，其中的插图为实际样片的局部显微照片。通常做法：通过固定蚀刻温度和控制腐蚀时间来调整蚀刻效果。典型经验参数为：采用 36.8%浓 HCl，在室温下将显影后的基片放入 HCl 中浸泡约 100s 后迅速取出，并用去离子水清洗烘干。

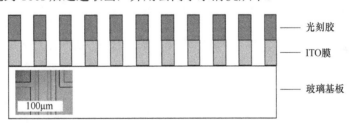

图 2.47　LC-FP 微腔干涉滤光结构的基片表面电极湿法蚀刻示意图

（11）去膜。

利用丙酮做脱膜液，将基片上残存的光刻胶材料去除，形成由光刻版定义的 ITO 电极图案。典型经验参数为：将刻蚀后的基片浸泡在丙酮中超声约 4min，然后在去离子水中洗净并烘干。LC-FP 微腔干涉滤光结构的去膜示意图如图 2.48 所示，其中插图为去胶后的局部显微电极照片。

（12）液晶初始定向层。

在电控液晶器件中与液晶材料直接接触的薄层结构称为液晶初始定向层，其作用是将液晶分子按一定初始方向和倾角作定向排布。通常做法：在基片表面涂覆一层有机高分子薄膜，如典型的 PI 膜层，再用绒布类材料高速摩擦形成特定取向的稠密沟槽。通过在沟槽中填充液晶分子，利用层化液晶分子间的相互作用力，实现液晶材料指向矢的特定初始化取向。研究和应用显示，采用 PI 制作取向材料显示若干特点，如涂布制作方便、对液晶分子呈现良好取向性、强度高、耐腐蚀、致密性好等。至今仍在液晶器件制造业中广泛使用。

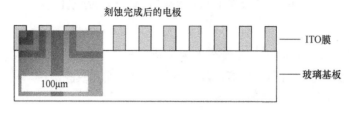

图 2.48　去膜示意图

（13）涂布 PI 膜层。

常用涂布法包括旋转涂膜法、浸泡法、凸版印刷法等制作 PI 膜层。这里采用旋涂法制作用于定向液晶材料的 PI 膜层，选用北京波米科技有限公司的 ZKPI 系列 PI 材料。典型工艺过程：将待涂敷的基片置于转盘上并滴放 PI 液滴后，开动匀胶机在离心力和液体表面张力作用下形成薄均匀膜层。典型经验参数：PI 液滴在 4000r/min 下旋转约 30s；然后再次滴放 PI 液滴，在 5000r/min 下旋转约 30s。

（14）预烘。

预烘的目的是对所涂布的膜层进行初步干燥同时使膜面平坦，实验中将涂有 PI 膜的基片在约 85℃下预烘约 20min。

（15）退火固化。

预烘后的 PI 膜层一般不用作最终的取向模。需通过 80～90℃预烘后将残存的丙酮挥发掉，还需对 PI 膜层在 200～250℃下固化约 1h，并经脱水构建成 PI 取向模。典型退火固化曲线如图 2.49 所示。

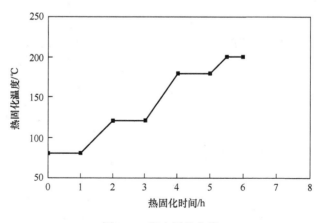

图 2.49　退火固化曲线

（16）摩擦取向。

沿一固定方向摩擦基片表面处的 PI 膜层，形成具有特定取向的稠密沟槽结构，用于使液晶分子沿摩擦方向排布。摩擦取向机理表现在以下几方面：①通过摩擦密集成形深浅、宽窄和长度大体一致的微细沟槽，其结构尺寸与液晶分子处在同一量级；②摩擦后形成的定向层结构，会驱使长链大分子产生定向排列，导致相互链接的液晶分子产生有序的空间展布；③摩擦取向效果可用摩擦强度表征，即

$$N_i = MD\left(\frac{\pi\omega d}{v} - 1\right) \tag{2.61}$$

式中：M 为摩擦次数；D 为绒毛压入深度（mm）；ω 为摩擦滚轮转速（r/min）；d 为摩擦滚轮直径（mm）；v 为摩擦时的平台移动速度（mm/s）。研究和应用显示，与液晶分子尺寸相当的细微沟槽在液晶材料取向中起关键作用。

（17）液晶间隔层。

制作 LC-ML 阵列和 LC-FP 微腔干涉滤光结构均需要精确控制液晶微腔深度。也就是说，布设在对偶控制电极间的间隔子粒径，决定了液晶器件所能达到的性能指标情况。采用不同粒径的塑料微球来控制液晶微腔深度，微球粒径分别选用 5μm、7μm、20μm、40μm、60μm 等。主要做法：将微球混入环氧树脂胶中搅拌均匀，并均匀涂覆在电极基片边缘，构成盛放液晶的凹槽，然后将另一块控制电极基片压紧在凹槽上加热后静置，待环氧树脂胶固化后得到所需要的液晶盒即盛放液晶的微腔。

（18）灌注液晶。

利用流体毛细现象将液晶材料充分注入液晶盒中。一般应避免边抽真空边吸入液晶材料，以避免因吸入液晶流出现喷射状，破坏液晶材料在基片表面处产生有序取向排布这一效应。在液晶盒中充分填充灌注液晶材料后，将封口处擦净，用 AB 胶密封，完成液晶器件制作。封口主要采用两种方法进行：一是先用封口胶把气孔封涂，然后冷冻使液晶材料收缩并带入少量封口胶经固化完成，其操作简便、成本低，但腔体均匀性差；二是让所填充的液晶材料因受热膨胀从盒内排出少量液滴后封堵出口，待液滴冷却收缩后用胶固化，设备条件要求稍高，但所构建的腔体均匀性较好。

基于上述工艺制作的 LC-ML 阵列样片如图 2.50 所示。由图 2.50（a）可见，其基本结构可分为上、中、下 3 层。上层结构依次为玻璃基片、ITO 膜、PI 定向层。中层结构为液晶层以及玻璃微球间隔子。下层结构依次为 PI 定向层、ITO 膜、玻璃基片。上层结构中的电极为图案电极，通过将基片表面的 ITO 膜光刻和 HCl 蚀刻得到面阵微圆孔阵形成，各微圆孔具有相同的结构尺寸，孔径为 50μm，孔间隔为 55μm，填充系数约 90%。下层结构中的电极是 ITO 平面电极，夹持在上下电极间的液晶层厚度约 20μm。输入驱控信号电压被加载在上、下电极上，在液晶层中激励起空间电场，驱控液晶分子产生所需要的指向矢偏转。一种典型的驱控信

号电压为：1kHz 频率的方波信号，均方根值电压可在 0～20V$_{RMS}$ 间调变。图 2.50（b）给出了所制作的一种 LC-ML 阵列原理样片。

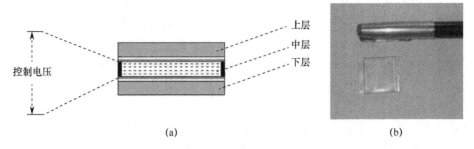

图 2.50　所制作的 LC-ML 阵列样片

(a) LC-ML 阵列局部结构；(b) 原理样片。

　　基于上述工艺制作的 LC-FP 微腔干涉滤光结构样片如图 2.51 所示。液晶材料被充分填充在一个依次由石英基片、介电反射镜、ITO 导电膜、PI 初始定向层构成的微米级深度腔体中。粒径均匀的塑料微球被用于形成 FP 微腔深度。高反光膜按照 HLHLHLHLHLH（ITO）顺序镀膜形成约 86.5% 的反射率，其中的 H 指光程为 $\lambda/4$ 的氧化锆，L 指光程为 $\lambda/4$ 的氧化硅。ITO 膜层厚度控制在约 120nm。在石英基片表面镀制高反射膜和 ITO 膜后的谱透射率曲线如图 2.52 所示。由图 2.52 可见，在 770～850nm 范围内，高反射膜的反射率在 88%～90% 间。由于 LC-FP 微腔干涉滤光结构的滤光性能与构成腔体的两个反射镜的平整度密切相关，应优于 $\lambda/10$。

　　使用型号为 KLA TENCOR P16+ 的表面探针台阶仪测试薄膜的表面平整度。该设备主要性能指标为：重复测量精度 6Å 或 0.1%（1σ），最小扫描精度模式 13μm/0.001Å，扫描范围横向 8in、垂向 100μm，横向分辨率为 2μm，垂向分辨率为 0.01Å。测量结果如图 2.53 和图 2.54 所示。图 2.53 所示为选择基片中心区域进行测量的结果，图 2.54 所示为选择基片边缘处进行测量的结果。由测试曲线可见，基片中心区域的 RMS 平整度约 113.2Å，峰谷差值约 240.3Å，接近基片边缘处的 RMS 平整度约 224.7Å，峰谷差值约 391.8Å，均满足优于 $\lambda/10$ 的要求。

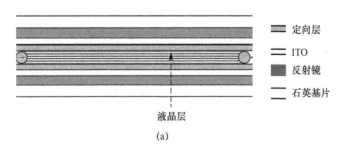

定向层
ITO
反射镜
石英基片

液晶层

(a)

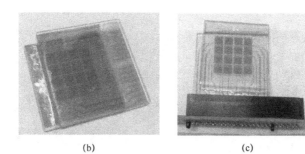

(b)   (c)

图 2.51　LC-FP 微腔干涉滤光结构样片

（a）典型 LC-FP 样片结构；（b）实物；（c）电连接配置。

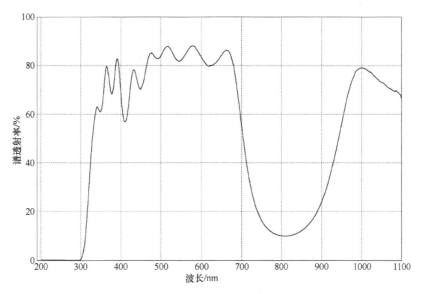

图 2.52　镀膜后的基片谱透射率曲线

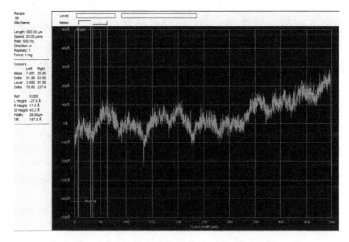

图 2.53　基片中心区域的平整度测试结果

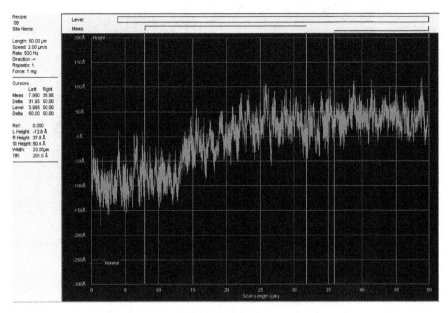

图 2.54 基片接近边缘区域的平整度测试结果

2.7 可见光 LC-FP 微腔干涉滤光结构测试与评估

1. LC-ML 阵列的常规光学测试与评估

对 LC-ML 阵列进行常规光学性能测试如图 2.55 所示。图 2.55（a）给出了原理测试方案与实验设备情况，图 2.55（b）给出了实验装置配置情况。如图 2.55（a）所示，He-Ne 激光器发射中心波长为 633nm 的波束，穿过两个偏振方向呈 45° 夹角的偏振片后，利用 CCD 相机获取图像。所测试的 LC-ML 阵列被置放在两个偏振片间，被频率为 1kHz 的方波信号电压驱控。单频红光在通过第一个偏振片后，被分解成两束相互分离的寻常光（o 光）和非寻常光（e 光），随后通过 LC-ML 阵列。o 光通过液晶微镜后不产生任何相位变化，e 光经过液晶微镜后会出现相位延迟，液晶材料折射率不同时的相位延迟程度不同。当再次通过偏振片后，o 光和 e

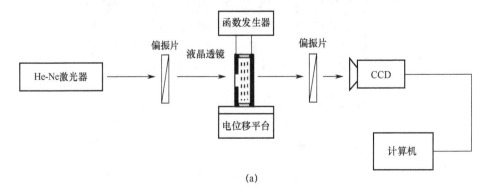

(a)

(b)

图 2.55　对 LC-ML 阵列进行常规光学性能测试

（a）测试原理框图；（b）实验装置配置。

光叠加合成，产生图 2.56 所示的干涉图案。在 LC-ML 阵列上所加载的信号电压分别为 1.0V$_{RMS}$、1.1V$_{RMS}$、5.0V$_{RMS}$、10.0V$_{RMS}$、15.0V$_{RMS}$ 和 20.0V$_{RMS}$，在 1.1～5.0V$_{RMS}$ 范围内逐渐升高信号电压，干涉图样渐次明显和丰富。信号电压高于10.0V$_{RMS}$ 后，则呈现基本稳定趋势。

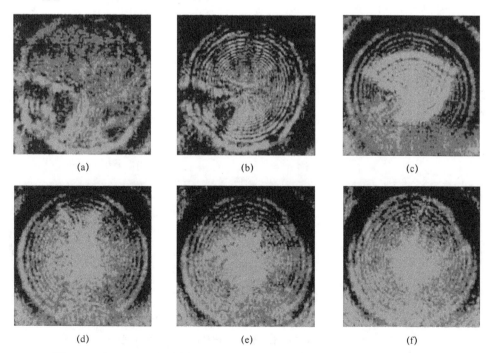

| (a) | (b) | (c) |
| (d) | (e) | (f) |

图 2.56　在 LC-ML 阵列上加载不同均方根值信号电压时产生的红光干涉图案

（a）1.0V$_{RMS}$；（b）1.1V$_{RMS}$；（c）5.0V$_{RMS}$；（d）10.0V$_{RMS}$；（e）15.0V$_{RMS}$；（f）20.0V$_{RMS}$。

由图 2.56 所示的测试结果可见，在 LC-ML 阵列上加载不同均方根值的信号电压，LC-ML 阵列产生的红光相位延迟程度明显不同，表现为干涉图案存在差异性。在 20.0V$_{RMS}$ 电压下的干涉图案较 5.0V$_{RMS}$ 电压状态下的干涉图案更为密集。一般而言，在现有条件下加载较大均方根值信号电压时，液晶材料的折射率较大，所产生的相位延迟程度也更大些。在 1.0V$_{RMS}$ 电压下，LC-ML 阵列已显示出产生干涉条纹迹象。这归结于采用 PI 膜代替玻璃介质作为绝缘层，使微腔电极间激励的空间电场更多地作用在液晶材料上，从而相应降低了电场损耗。将液晶工作电压降至约 1.1V$_{RMS}$ 对实际使用会带来巨大好处，如可直接采用商用集成电路的供电架构所带来的使用便利等。

将光源更换为中心波长为 532nm 的半导体激光器后的干涉图案如图 2.57 所示。窄带单频绿光在通过第一个偏振片后，也被分解成 o 光和 e 光这两束光波，随后通过 LC-ML 进入探测器阵列。由于绿色 o 光通过液晶微镜后不产生任何相位变化，而绿色 e 光经过液晶微镜后会引发传输光波的相位延迟，当再次通过偏振片后，o 光和 e 光合成形成干涉图案，得到在不同信号电压下的干涉图案。在 LC-ML 上所加载的信号电压分别为 0V$_{RMS}$、2.0V$_{RMS}$、3.5V$_{RMS}$、5.5V$_{RMS}$、10.0V$_{RMS}$ 和 20.0V$_{RMS}$，在 0～3.5V$_{RMS}$ 范围内逐渐升高信号电压，干涉图案渐次明显和丰富。信号电压高于 5.5V$_{RMS}$ 后，则呈现基本稳定。由于绿光波长较红光短，其干涉图案较红光更为细密和清晰。

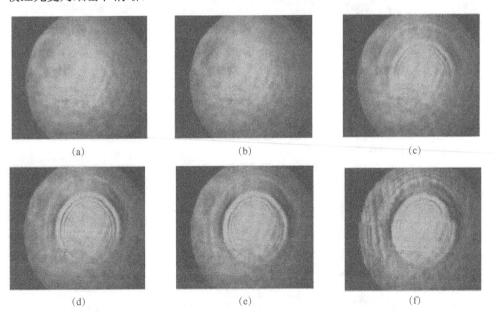

(a)   (b)   (c)

(d)   (e)   (f)

图 2.57　使用绿光测试不同均方根值信号电压下的干涉图案

（a）0V$_{RMS}$；（b）2.0V$_{RMS}$；（c）3.5V$_{RMS}$；（d）5.5V$_{RMS}$；（e）10.0V$_{RMS}$；（f）20.0V$_{RMS}$。

将光源更换为中心波长为 432nm 的半导体激光器后的干涉图案如图 2.58 所示。窄带单频蓝光在通过第一个偏振片后，同样被分解成 o 光和 e 光两束光波射向 LC-ML 阵列。由于蓝色 o 光通过液晶微镜后同样不会产生任何相位变化，而蓝色 e 光经过液晶微镜后产生随所加载的均方根值信号电压不同而导致的不同程度的相位延迟，当再次通过偏振片后，o 光和 e 光合成产生干涉图样。在 LC-ML 阵列上所加载的信号电压分别为 0V$_{RMS}$、2.0V$_{RMS}$、3.5V$_{RMS}$、5.5V$_{RMS}$、10.0V$_{RMS}$ 和 17.0V$_{RMS}$，在 0～5.5V$_{RMS}$ 范围内逐渐升高信号电压，干涉图案渐次明显和丰富。信号电压高于 5.5V$_{RMS}$ 后，同样呈现基本稳定。一般而言，由于蓝光波长短于绿光，其干涉图案较绿光应更为细腻、清晰，但图 2.58 所示情形显然与此不同。干涉图案清晰度和细腻程度排序为：红光<蓝光<绿光。其原因可归结为所用液晶材料的光响应能力随光频持续增大而出现迟豫效应或现象。基于上述测量所获得的 LC-ML 焦距与所加载的驱控信号电压关系曲线如图 2.59 所示，随着信号电压的增大，液晶微镜焦距先呈现快速减小后缓慢降低这一趋势，其典型值在毫米级。

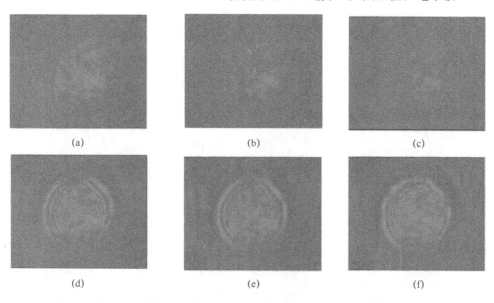

图 2.58　使用蓝光测试不同均方根值信号电压下的干涉图案

（a）0V$_{RMS}$；（b）2.0V$_{RMS}$；（c）3.5V$_{RMS}$；（d）5.5V$_{RMS}$；（e）10.0V$_{RMS}$；（f）17.0V$_{RMS}$。

根据 LC-ML 焦距关系式（2.51）可知，在所加载的信号电压高于 20.0V$_{RMS}$ 后，液晶材料折射率已较大，其焦距已较小，不便于准确测量，在实验中将信号电压的最高值限定在约 20.0V$_{RMS}$。实验显示，由 LC-ML 焦距关系式所得到的数据与实验测试后的修正数据较为吻合，在实际测量过程中，可依据 LC-ML 的解析表征结合经验参数，对其光学聚光能力进行较为准确的估计。进一步将 He-Ne 激光器更换为飞机图案目标，将偏振片去除但维持其他实验条件不变，得到在不同信号电压下的成像，如图 2.60 所示。由图 2.60 可见，在较高信号电压（如 20.0V$_{RMS}$）状态下所获得的图像较低信号电压（如 2.0V$_{RMS}$）时更为清晰。

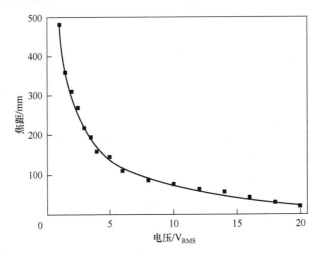

图 2.59　LC-ML 焦距与所加载的驱控信号电压关系曲线

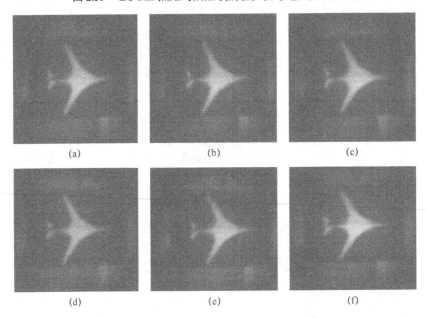

图 2.60　去除偏振片后在不同信号电压下的成像

（a）0V$_{RMS}$；（b）2.0V$_{RMS}$；（c）5.0V$_{RMS}$；（d）10.0V$_{RMS}$；（e）15.0V$_{RMS}$；（f）20.0V$_{RMS}$。

　　为了量化评估基于 LC-ML 阵列的成像情况，引入调制传递函数（Modulation Transfer Function，MTF）评价像质。目前，测量 MTF 除了利用专用设备进行外，也常使用刀刃法和脉冲法等。通过刀刃法分别得到在 0V$_{RMS}$、2.0V$_{RMS}$、5.0V$_{RMS}$、

10.0V$_{RMS}$、15.0V$_{RMS}$ 及 20.0V$_{RMS}$ 电压下的 MTF 曲线，如图 2.61 所示。由图 2.61 可见，在同一空间频率处与不同信号电压对应的 MTF 值不同，较大信号电压下的 MTF 数值比较小信号电压的数值更大些。换言之，较大信号电压下的 LC-ML 阵列的光学成像能力比较小信号电压的情形有所提升，这一趋势与观测结果相一致。随着所加载信号电压的逐渐增大，MTF 值也在逐渐增加，LC-ML 阵列的成像能力也在逐渐增强。在 10.0V$_{RMS}$ 以上时，MTF 曲线的有效空间频率所对应的数值均大于 0.5，表明该 LC-ML 阵列的成像能力可与传统光学物镜相比拟，而电控调变光学成像能力是液晶微镜区别于传统光学物镜的最显著特征。电控变焦及电调成像效能实验显示液晶微镜的最优响应时间在毫秒级，这与采用 PI 层取代玻璃层作为绝缘介质这一结构改变相关。得益于将电场直接加载在液晶层上，使液晶分子受到更强电场驱控，液晶分子指向矢的转动更加迅速，获得的状态响应时间相应降低。

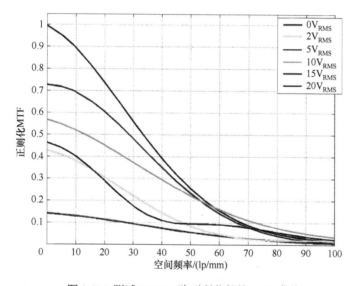

图 2.61　测试 LC-ML 阵列所获得的 MTF 曲线

将光源更换为平行光管，将一束平行白光照射到 LC-ML 阵列表面，记录不同驱控信号电压下，在成像面上所得到的光强分布曲线，获得液晶微镜的点扩展函数。在实验中，将 LC-ML 阵列与 CCD 相机间的距离固定为 15cm，并在实验过程中保持不变，记录改变加载在 LC-ML 阵列上的信号电压后通过 CCD 相机所得到的测试图像。图 2.62 所示分别为加载 2.0V$_{RMS}$、4.5V$_{RMS}$ 和 15.0V$_{RMS}$ 驱控信号电压时的成像结果，从图（a）～图（c）清晰地显示出尚未聚焦、完全聚焦和散焦情形。对图 2.62 所示焦斑数据做进一步处理，得到中心光斑区的强度分布曲线，即该 LC-ML 阵列的点扩散函数曲线，如图 2.63 所示。图 2.63 显示点扩散函数与理论分析较为接近，显示液晶微镜具有较强的聚光能力。

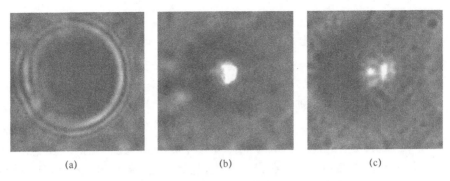

(a)   (b)   (c)

图 2.62　LC-ML 阵列加载不同信号电压时的成像结果

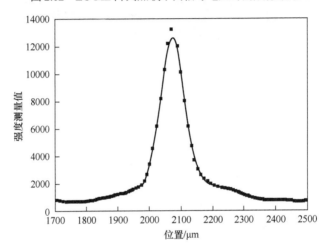

图 2.63　LC-ML 阵列的点扩散函数曲线（图 2.62 所示焦斑数据）

利用分光光度计测试 LC-ML 阵列在不同驱控信号电压下的谱透射率情况。所加载的信号电压分别为 $0V_{RMS}$、$5V_{RMS}$、$10V_{RMS}$ 和 $20V_{RMS}$ 时的谱透射率如图 2.64 所示。由图 2.64 可见，在不同驱控信号电压作用下的谱透射率曲线的变化趋势基本一致，均随测试波长的增大而增大。测试波长在 400～500nm 范围内，谱透射率均高于 60%。测试波长大于 500nm 后，则基本稳定在约 80%处。上述测试显示 LC-ML 阵列呈现良好的宽谱适用性。由于所用液晶材料的折射率变动范围相对不大，n_e=1.778、n_o=1.523、Δn=0.255，在液晶微镜上加载不同均方根值的信号电压所显示的谱透射率曲线无明显差异。

2. LC-ML 阵列的常规光学测试与评估

利用图 2.55 所示实验装置，测试 LC-ML 阵列（128×128 元）的常规光学性能。主要开展以下 3 项实验。

（1）实验 1。

将一束平行白光照射到 LC-ML 阵列表面，记录液晶微镜在不同均方根值驱控信号电压作用下，在成像面上所形成的光强分布情况并获取点扩散函数。LC-ML

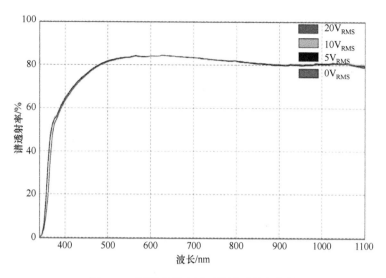

图 2.64　不同信号电压下的谱透射率曲线

阵列与 CCD 相机间的距离固定为 150μm，在测试过程中始终保持该距离不变，在液晶微镜上所加载的信号电压分别为 1.2V$_{RMS}$、1.8V$_{RMS}$ 和 3.6V$_{RMS}$，成像结果如图 2.65 所示。图 2.65（a）显示光束尚未聚焦，但在液晶层中所激励的空间电场作用下，微圆孔内与孔边缘处的液晶材料折射率已产生变化。当平行白光通过微圆孔后首先在其边缘部位，衍射形成所观察到的微圆孔边缘处的明暗交替衍射圆环。图 2.65（b）显示了入射光束实现聚焦时的成像情况，可以清晰地观察到排布整齐、均匀的类圆形焦点阵，图 2.65（c）显示在驱控信号电压达到约 3.5V$_{RMS}$ 时，已呈现散焦情形。对图 2.65（b）焦斑数据进行量化处理，可分别得到沿水平（U）和垂直（V）两个方向上的光强分布曲线，即得到该液晶微镜分别在 U 方向和 V 方向上的点扩散函数。所形成的聚焦光斑的焦斑尺寸约 10μm，显示预计的宽谱光波汇聚效果如图 2.66 所示。

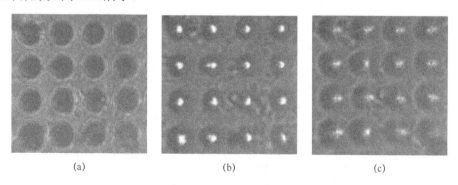

　　(a)　　　　　　　　　　(b)　　　　　　　　　　(c)

图 2.65　在不同均方根值信号电压作用下的 LC-ML 阵列的成像结果

（a）1.2V$_{RMS}$；（b）1.8V$_{RMS}$；（c）3.6V$_{RMS}$。

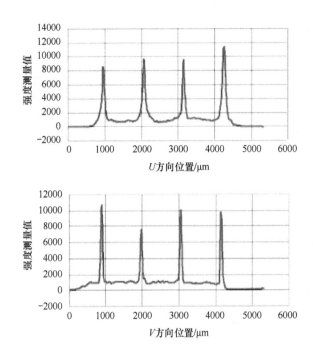

图 2.66 LC-ML 阵列的点扩散函数关系曲线（图 2.65 所示焦斑数据）

（2）实验 2。

利用平行白光照射 LC-ML 阵列，得到在不同信号电压下测试微镜的焦距与信号电压关系曲线，如图 2.67 所示。测试结果表明，LC-ML 焦距与所加载的驱控信号电压的均方根值成反比关系。当信号电压较低时，液晶材料中所激励的空间电场较弱，电场线较为稀疏，分布在各微圆孔电极下方的液晶材料分子受电场影响较小，指向矢被电场偏转的角度也较小，液晶材料的折射率梯度较小，液晶微镜焦距较长。当驱控信号电压逐渐升高后，随着在液晶层中所激励的空间电场的逐

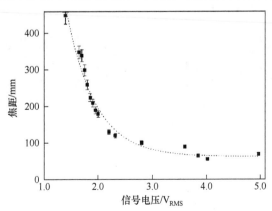

图 2.67 利用平行白光照射 LC-ML 阵列，得到不同信号电压下测试微镜的焦距
与信号电压关系曲线

渐增强，电场线密度也逐渐增大，分布在各微圆孔电极下方的液晶材料的指向矢受电场影响程度显著提高，指向矢被电场偏转的角度随之增大，折射率也相应减小，液晶微镜的焦距逐渐变小。

（3）实验 3。

将光源更换为带有打印字母"A"和"T"的 A4 纸板作为目标的成像，结果如图 2.68 所示。为了增强图像亮度，在纸板旁增设了一个辅助光源，将 LC-ML 阵列与 CCD 相机间的距离设置为 200μm，并在实验过程中保持该距离不变。调节加载在 LC-ML 阵列上的驱控信号电压从 $0V_{RMS}$ 起缓慢增大，当达到 $1.2V_{RMS}$ 时，即可清晰地观察到 LC-ML 阵列对字母"A"和"T"所成的多重像，如图 2.68 所示。

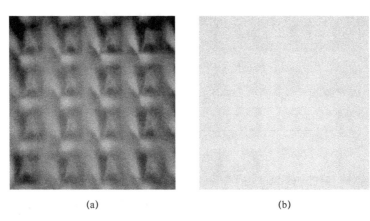

(a)   (b)

图 2.68　在 $1.2V_{RMS}$ 信号电压作用下 LC-ML 阵列对字母"A"和"T"所成的多重像

(a) 字母 A；(b) 字母 T。

为了进一步测试所制 LC-ML 阵列的频率信号驱控特性，将图 2.55 所示的实验装置中的驱控信号电压源换成频率可调的方波信号源，通过改变所加载的驱控信号频率获得的焦距与信号电压关系曲线如图 2.69 所示，测试结果表明，当驱控信号频率不变且仅改变信号电压的均方根值时，LC-ML 阵列的焦距与信号电压成反比关系，焦距随信号电压的增大而减少。当信号电压均方根值不变且仅改变信号频率时，LC-ML 阵列的焦距与频率成正比关系，焦距随信号频率的增加而增大。一般而言，焦距与信号电压成反比关系可归结于随着所加载信号电压的增加，液晶分子指向矢的偏转角逐渐增大，液晶材料折射率因变小而使焦距减少；焦距与频率成正比关系，则可由频率增加使液晶材料的介电常数减小，即折射率变小而使焦距增加加以解释。

通常情况下，对 LC-ML 阵列的控光测试多在 1kHz 频率处进行。采用频率信号驱动后，LC-ML 阵列的焦距可调节范围由 50～400μm（1kHz 频率处）改变为 20～600μm（100Hz～100kHz 范围内），焦距调节范围明显增大。图 2.70 给出了保持 1kHz 频率和 2.9V$_{RMS}$ 信号电压不变，在不同位置测试 LC-ML 阵列所构建的光场。由图 2.70 可见，在平面 1 位置，从 LC-ML 阵列出射的面阵光场尚未聚焦，可从测试图片上观察到多个微圆环以及微圆环边缘处的衍射环纹。在 LC-ML 阵列焦面处，从各微镜出射的光线已完全聚焦，形成明亮的焦点阵列，各焦点尺寸约 10μm。在平面 2 位置，面阵液晶微镜光场已处在散焦态。

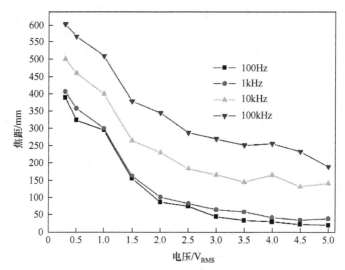

图 2.69　在不同驱控信号频率下 LC-ML 阵列的焦距与信号电压关系曲线

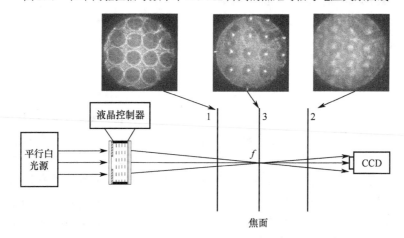

图 2.70　信号电压和频率不变，在不同位置测试 LC-ML 阵列所构建的光场

　　图 2.71 所示为保持驱控信号 1kHz 频率不变，固定 CCD 相机与 LC-ML 阵列的位置不变，分别在 2.9V$_{RMS}$ 和 1.0V$_{RMS}$ 信号电压作用下所获得的。图 2.71 中实线对应 2.9V$_{RMS}$ 电压下的成像情形，由于该位置正处在 LC-ML 阵列的焦面上，液晶微镜的出射光场由焦点阵形成。将信号电压调变为 1.0V$_{RMS}$ 后，出射光束的空间分布形态改变，LC-ML 阵列焦平面位置向 CCD 相机方向移动，测试图片显示出射

光场尚处在亚聚焦态。

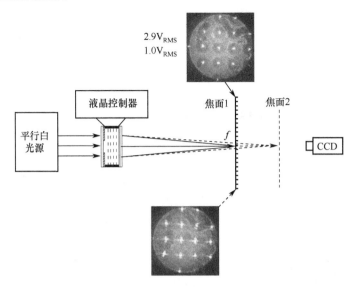

图 2.71　驱控信号频率、CCD 相机与 LC-ML 阵列位置不变，信号电压为 2.9V_RMS 和
1.0V_RMS 时的 LC-ML 阵列光场

$$图 2.71\quad 驱控信号频率、CCD 相机与 LC\text{-}ML 阵列位置不变，信号电压为 2.9V_{RMS} 和 1.0V_{RMS} 时的 LC\text{-}ML 阵列光场$$

　　图 2.72 给出了信号电压维持在约 $2.9V_{RMS}$ 不变，固定 LC-ML 阵列与 CCD 相机间的位置不变，将驱控信号频率由 1kHz 频率改变为 10kHz 时的 LC-ML 阵列光场。实线是在 1kHz 频率处获得的测试结果，显示为聚焦光场形态。双线为 10kHz

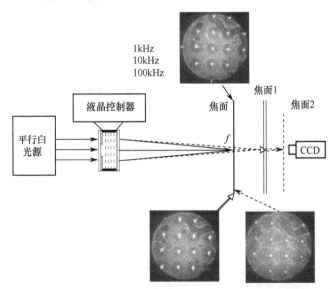

图 2.72　信号电压、LC-ML 阵列与 CCD 相机的位置不变，提高驱控信号频率（由 1kHz 至
100kHz）时的 LC-ML 阵列光场

频率处的液晶汇聚光场情况，随着驱控信号频率的提高，LC-ML 焦距也在增大，在焦平面上的汇聚光场已出现散焦迹象。虚线为 100kHz 频率处的光场分布情况，随着驱控信号频率的继续提高，LC-ML 焦距在继续增大，测试图片明显呈现散焦趋势。

3. LC-FP 微腔干涉滤光结构的光谱响应特性

利用型号为 UV-3200PCS 的分光光度计，在信号电压略低于液晶阈值时对 LC-FP 微腔干涉滤光结构进行谱透射率测试所得曲线如图 2.73 所示。图 2.73 中曲线 1 和曲线 2 表示信号电压分别为 0.145V_{RMS} 和 0.5V_{RMS} 时的谱透射率曲线，未发现明显移动。曲线 3、曲线 4 和曲线 5 分别为在 0.76V_{RMS}、0.89V_{RMS} 和 1.05V_{RMS} 信号电压下的谱透射率曲线。所仿真的 LC-FP 微腔干涉滤光结构理论阈值信号电压应在 1V_{RMS} 处，但在谱透射率测试中观测到谱透射率峰波长在 0.7~0.8V_{RMS} 处即开始移动，同时在 1~3V_{RMS} 范围内也可以观察到更为明显的谱透射率峰移动现象。出现上述现象的原因是：在液晶层中所激励的电场略低于理论阈值时，液晶分子的无规则热运动会受到低信号电压电场的抑制，使其指向矢倾角在发生较大偏转前，已出现细微重排导致液晶材料折射率发生轻微改变，引发 LC-FP 微腔干涉滤光结构的谱透射率峰值波长产生微弱移动。

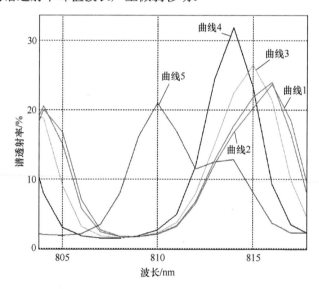

图 2.73　在信号电压略低于液晶阈值时对 LC-TP 微腔干涉滤光结构进行谱透射率测试
所得曲线

图 2.74 给出了基于驱控信号电压调制 LC-FP 微腔干涉滤光结构进行可见光谱域滤光的典型谱透射特征。主要电学参数为：驱控信号电压频率 1kHz、占空比 50%，信号电压分别为 3.77V_{RMS}、4.72V_{RMS}、7.51V_{RMS}、6.00V_{RMS} 和 9.56V_{RMS}。图 2.74（a）给出了 788~890nm 波长范围内的谱透射率情况，图 2.74（b）给出了

将图 2.74（a）在 800～815nm 波段内的谱透射率曲线放大后的电调谱透射情况。由图 2.74 可见，当所加载的驱控信号电压从约 3.77 V_{RMS} 增大至 9.56 V_{RMS} 时，穿过 LC-FP 微腔干涉滤光结构的谱透射率峰波长产生明显移动，从而既验证了理论模型的可信性，又为进一步开展结构优化工作奠定了数据基础。典型谱光学参数如下。

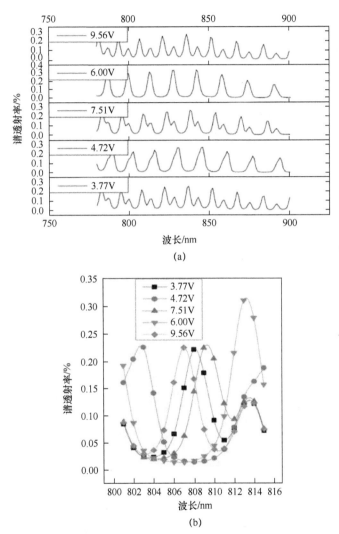

图 2.74　基于驱控信号电压调制 LC-FP 微腔干涉滤光结构进行可见光谱域滤光的典型
谱透射特征

（1）波长调节范围（FSR）。

在由原理性 LC-FP 微腔干涉滤光结构组成的谱成像探测系统中的实际值为801～815nm。根据结构参数设计情况可通过安装带宽与测试器件的 FSR 相适配的带通滤波器，即可在 788～890nm 波段中的任意区段工作。

（2）LC-FP 微腔干涉滤光结构波谱细度（Finesse）。

波谱细度实际值为 4.7，真实值按照式（2.62）计算。期望值为 23.038，按照式（2.63）计算，其中，R 为镜面反射率，$\mathcal{F}$ 为波谱细度，$\Delta\lambda$ 和 $\delta\lambda$ 分别为自由光谱范围（FSR）和透射率函数在其峰值高度一半处的谱透射率峰宽度，如图 2.75 与光学特性相关的变量所示。

$$\mathcal{F} = \frac{\Delta\lambda}{\delta\lambda} \tag{2.62}$$

$$\mathcal{F} = \frac{\pi}{2\arcsin\left(\dfrac{1}{\sqrt{F}}\right)} = \frac{\pi}{2\arcsin\left(\dfrac{1}{\sqrt{\dfrac{4R}{(1-R)^2}}}\right)} \tag{2.63}$$

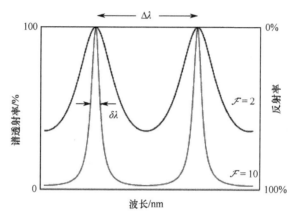

图 2.75　与光学特性指标相关的变量

（3）自由光谱范围（FSR）。

自由光谱范围宽度实际值为 13.1nm，期望值为 12.06～14.14nm。按照理论假设，中心波长为 813nm，n_e=1.7904，n_o=1.5277，腔深 d=15.3μm，依式（2.64）计算的中心波长为

$$\mathrm{FSR} = \Delta\lambda = \frac{\lambda_0^2}{2nl\cos\theta + \lambda_0} \approx \frac{\lambda_0^2}{2nl\cos\theta} \tag{2.64}$$

（4）半高宽（FWHM）。

半高宽峰值高度一半时的谱透射率峰半高宽数据如表 2.1 所列。由表 2.1 可见，在 801～815nm 范围内，半高宽的数值小于 3.6nm，且在不同均方根值信号电压作用下的半高宽数据的改变程度不超过 0.9nm。

表 2.1 不同谱透射率峰的半高宽数据

共振波长/nm	FWHM/nm	电压/V$_{RMS}$
802.8	3.5	4.72
807.1	2.7	9.56
808.1	2.8	3.77
809.3	3.6	7.51
813.2	3.5	6.00

从表 2.1 所列数据可见,谱透射率峰中心波长与所加载的信号电压并非呈现简单的正比或反比关系。由图 2.74 可知,共振透射波长($\lambda_m=2nd/m$)随信号电压的增大,逐渐从 $2n_ed/m$ 变化到 $2n_od/m$。也就是说,在同一干涉级次下,谱透射率峰中心波长应与信号电压呈简单的负相关关系。就表 2.1 而言,在 801～815nm 范围内,正好跨越了几个不同的干涉级次,而图 2.76 所示的 804～818nm 波长范围内由于信号电压较为匹配,未出现跨越不同干涉级次这一现象。图 2.76 中曲线 1 表示信号电压为 5.3V$_{RMS}$ 时的谱透射率曲线,曲线 2～曲线 5 分别表示信号电压为 6.54V$_{RMS}$、7.05V$_{RMS}$、8.53V$_{RMS}$ 和 9.56V$_{RMS}$ 时的谱透射率曲线。另外,如图 2.11 中所观察到的在 1～5V$_{RMS}$ 驱控信号电压范围内,因液晶指向矢偏转角随信号电压的变化呈现较为剧烈的改变,导致 FP 微腔内的光程差变化,对驱控信号电压变化较为敏感。把驱控信号电压选择在 5～10V$_{RMS}$ 范围内时,FP 微腔内的光程差随信号电压的变化将较为温和而易于控制。

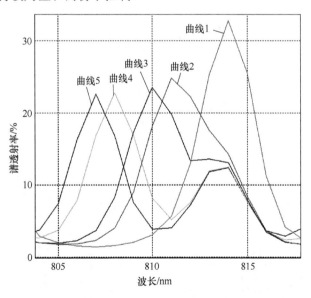

图 2.76 驱控信号电压大于 5V$_{RMS}$ 时的谱透射率曲线

LC-FP 微腔干涉滤光结构的波谱细度期望值在理想情况下,由式(2.62)可知,主要由镀膜后的镜面反射率决定。但其实际值受多种因素制约，如反射镜面在光刻和化学蚀刻前后的光滑性和平整度，FP 微腔内所布设的上下反射镜面间的空间平行性、所用设备的性能指标和环境情况等。随着上述参数指标情况的改进和提升，可预测所制 LC-FP 微腔干涉滤光结构的谱透射光波的峰值半高宽可进一步减小，微腔细度值会得到相应提升。图 2.74 和图 2.75，均使用了直径约 7μm 的塑料微球作为构建 FP 微腔的间隔子，其谱透射率峰数量与图 2.13 和图 2.14 的仿真结果并不一致，其原因可归结为：①实际获得的 FP 微腔深度大于单层塑料微球粒径；②通过单轴各向异性液晶材料后的寻常偏振光的谱透射率峰未产生位置移动。

就所构建的 FP 微腔深度而言，被混合在黏合剂中的塑料微球并不能确保它以单层形式黏结上下基片构成具有指定深度的腔体，塑料微球在上下基片间多以图 2.77 所示的形态交错排布。因此，FP 微腔的实际深度应按式（2.65）修正，即

$$d \geqslant r \times \left[2 + (k-1)\frac{2}{3}\sqrt{6} \right] \quad k = 1, 2, \cdots \tag{2.65}$$

式中：r 为塑料微球半径；d 为 FP 微腔深度；k 为正整数表示被交错堆叠的塑料微球层数。由式（2.65）可知，使用 7μm 直径的塑料微球作为间隔子，如果它们以层叠形式堆积分布，将会形成一个深度至少为 12.7μm 的微腔，实际测量结果显示微腔深度略大于该数值。对 FP 微腔深度测量采用 DEA 公司的 SCIROCCO 三维坐标测量机进行，该设备在 3cm×3cm×3cm 区域内的测量误差约 0.8μm，FP 微腔的测量深度约 15.3μm，测量照片如图 2.78 所示。

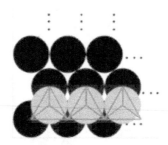

图 2.77　塑料微球在上下基片间的排布

(a)　　　　　　　　　　　　　　　(b)

图 2.78　利用 DEA 公司的 SCIROCCO 三维坐标测量机进行 FP 微腔深度测量

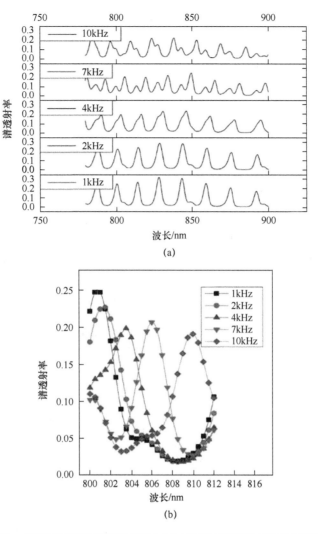

图 2.79　加载不同频率驱控信号时 LC-FP 微腔干涉滤光结构的谱透射率

基于上述分析改进 FP 微腔深度设计和工艺操作后，可得到图 2.15 和图 2.16 所示的仿真模拟类似的结果。实验显示，基于 LC-FP 微腔干涉滤光结构的 FSR 测量值，已与理论预测和仿真结果基本一致。进一步分析后发现，在图 2.74 所示的测试中，有一组谱透射率峰的中心波长随所加载信号电压的变化而移动，剩下的一组谱透射率峰的中心波长则不随信号电压的变化而改变，其原因见后续分析。

在深度约 15.3μm 的 LC-FP 微腔干涉滤光结构上加载不同频率驱控信号时的谱透射特征如图 2.79 所示。图 2.79（a）给出了在 788～890nm 波长范围内的谱透射率曲线，图 2.79（b）给出了在 800～815nm 波长范围内的谱透射率曲线。如图 2.79（b）所示，在频率为 1kHz、信号电压为 5.32V$_{RMS}$、波长为 800.6nm 处获得一个谱透射率峰；保持信号电压不变，将信号频率依次调节为 2kHz、4kHz 和

7kHz 时，相应地在波长为 801.5nm、803.5nm 和 806.1nm 处出现了谱透射率峰。这一测试结果表明，可以方便地通过调节驱控信号频率，精确调节 LC-FP 微腔干涉滤光结构谱透射率峰的中心波长。上述现象主要由液晶材料的介电弛豫引起，可采用德拜理论和式（2.66）表征，即

$$\varepsilon^{*}(\omega) - \varepsilon(\infty) = \frac{\left[\varepsilon(0) - \varepsilon(\infty)\right]}{(1 - j\omega\tau_{D})} \quad (2.66)$$

式中：j 为虚部符号。液晶材料产生介电弛豫，意味着在功能化液晶材料中激励空间电场并将其驱控频率从 1kHz 逐渐增大到 10kHz 时，液晶材料的一个介电分量 $\varepsilon_{\parallel}$ 会产生相应变化，$\varepsilon_{\perp}$ 和 $\varepsilon_{\parallel}$ 的变化一般不同步。因此，当增大驱控频率时，液晶层的等效折射率将随之改变，谱透射率峰中心波长也会向波长增大的方向移动。一般而言，$\varepsilon_{\perp}$ 的变化较 $\varepsilon_{\parallel}$ 要小得多，同样会出现图 2.79（a）所示的几乎不随信号频率变化产生波长移动的一组谱透射率峰。在 5.32V$_{RMS}$ 信号电压作用下，在 4kHz 以上频率下，即可以观察到出现双峰现象。继续提高驱控信号频率，所出现的双峰将扰乱谱透射率曲线的整体形态。即使在 2kHz 频率处也可以观察到谱透射率峰被展宽这一现象。

  光波以不同角度射入 LC-FP 微腔干涉滤光结构的谱透射率如图 2.80 所示。通常情况下，光波入射角与谱透射率峰波长间存在特定关系，与高反射膜的各介质膜层和液晶材料的折射率密切相关。封闭在 FP 微腔中的液晶层可视为由多个折射率均匀分布的膜层组成，可由琼斯矩阵或者式（2.11）～式（2.15）描述。当光线入射角远大于 0° 时，由式（2.14）可知，LC-FP 微腔干涉滤光结构内的等效光程将变大，意味着谱透射率峰波长较正入射时会发生偏移。如果不加以修正，所获取的谱透射率峰波长将较预计波长短。实验显示，当入射角达到 19° 时，谱透射率峰中心波长较 0° 时移动了不到 7nm，但 FP 微腔的波谱精细度则衰减较大。

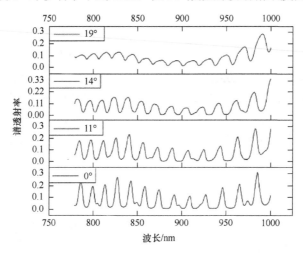

图 2.80　不同入射角下 LC-FP 微腔干涉滤光结构的谱透射率

4. LC-FP 微腔干涉滤光结构的偏振特征

在图 2.79 所示测试结果中出现的一组谱透射率峰波长，不随驱控信号频率变化而变动这一现象，除了需要考虑对 FP 微腔深度进行适当修正外，还涉及向列相液晶材料的光学各向异性属性，如图 2.81 所示。如果假设有两束垂直 FP 微腔入射的正交线偏振光分别为 E_a 和 E_b，E_a 光线偏振向沿图 2.81 所示 y 轴方向，与液晶指向矢方向相互垂直，E_b 光线偏振方向与 PI 摩擦方向一致，则由 E_b 光线构成的一组谱透射率峰，可通过调制所加载的驱控信号电压来调节。而由 E_a 光线构成的一组谱透射率峰，则不能通过调制所加载的驱控信号电压来调变。

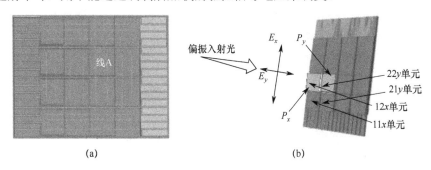

图 2.81　用以消除偏振影响的 LC-FP 微腔干涉滤光结构

为了消除偏振影响，引入图 2.81 所示结构，图 2.81（a）中的线 A 代表各单元区域中的 PI 层摩擦方向，即功能化液晶材料的初始定向方向。在一个结构中实现两个相互垂直的摩擦取向，可通过下列步骤实现：①在完成 PI 退火后，在 PI 层上再匀涂一层光刻胶并经光刻，将 y 轴向摩擦区域暴露出来；②对剩余光刻胶坚膜，对样品的无光阻区进行 y 向摩擦，去胶后可得到 y 向定向基片；③将 y 向换成 x 向，重复上述步骤，即可在指定区域获得 x 向的摩擦取向。

对固定腔深的 LC-FP 微腔干涉滤光结构而言，以寻常光形式偏振入射的光束所形成的谐振波长可知，仅需匹配 FP 微腔和所填充的液晶材料就可以避开不能被调制的光波段。考虑到目标光波的复杂性，对 LC-FP 微腔干涉滤光结构而言存在任意偏振态和任意波长的入射光线，难以得到指定波长处的单一谱透射率峰。一个可能的解决方案是：利用额外的 3 个偏振片覆盖在 LC-FP 微腔干涉滤光结构的前方线 A 标识区，并且偏振取向与线 A 方向一致，即可使非寻常偏振光顺利通过器件，而不能被加电调制的寻常偏振光将被显著衰减。如图 2.81（b）所示，线偏振或圆偏振光可以在 x 和 y 方向上被正交分解成 E_x 和 E_y，以图中的 $12x$ 和 $22y$ 单元为例，当均被加载相同均方根值的驱控信号电压时，E_x 和 E_y 分别作为单元 $12x$ 和 $22y$ 的非寻常偏振光被调制，显示相同的光程差，对于相同波长的入射光则可输出相同中心波长的谱透射率峰，并可由所加载的驱控信号电压调制。入射到 $12x$ 和 $22y$ 上不能被调制的 E_x 和 E_y，则被所置放的偏振片 P_y 和 P_x 衰减。椭圆偏振入射光可被分解为两个不同的线偏振光，基于 LC-FP 微腔干涉滤光结构的滤光操作则与上述讨论类似。按照图 2.81 所示设计，LC-FP 微腔干涉滤光结构上总存在两个相邻的正交偏振单元，可通过将相邻正交偏振谱图进行数字合成，实现偏振无关谱成像数据获取。

图 2.82 和图 2.83 分别显示了引入偏振不敏感结构后利用分光光度计的实验测量结果。图 2.82 和图 2.83 中横坐标代表波长，单位为 nm，纵坐标为以%表征的谱透射率。所加载的驱控信号电压分别为 $3.00V_{RMS}$、$5.25V_{RMS}$、$6.10V_{RMS}$、$7.50V_{RMS}$、$8.03V_{RMS}$、$9.55V_{RMS}$、$11.10V_{RMS}$、$13.00V_{RMS}$ 和 $14.10V_{RMS}$。由测量结果可见，引入偏振不敏感结构后，LC-FP 微腔干涉滤光结构的谱透射行为不能被驱控信号调制的现象已消除，并且主要参数指标未出现太大变化，其 FWHM 仍在 3nm 左右，FSR 仍约 13nm，但谱透射率峰值出现约 10%的损失。

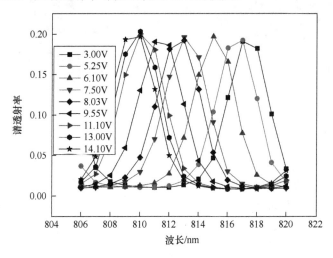

图 2.82　构建偏振不敏感 LC-FP 微腔干涉滤光结构的特征

5. LC-FP 微腔干涉滤光结构谱成像测试

基于单元 LC-FP 微腔干涉滤光结构进行可见光近红外谱成像测试如图 2.84 所示。图 2.84 的（a）给出了测试光路，图 2.84（b）给出了实验装置配置。主要实验设备情况如下：字母 B 代表中心波长 808nm、半高宽 20nm 的宽带通滤波器，IRCCD 代表所使用的 Andor 公司 iXon EMCCD 型相机，字母 D 代表所测试的单体 LC-FP 微腔干涉滤光结构，字母 P 代表偏振器，字母 I 代表一元硬币目标，字母 BB 代表被加热到约 1500K 的黑体光源。

在 LC-FP 微腔干涉滤光结构上加载不同驱控信号电压的谱成像测试结果如图 2.85 所示。由图 2.85 可见，硬币形貌及其面文字的清晰度和硬币反光亮度，随着在 LC-FP 微腔干涉滤光结构上所加载的驱控信号电压的变化而改变。图 2.85（a）所示为在 LC-FP 微腔干涉滤光结构上不加载任何驱控信号电压时的成像图片，其表面图案灰暗，细节较为模糊。在 LC-FP 微腔干涉滤光结构上加载约 $1.13V_{RMS}$

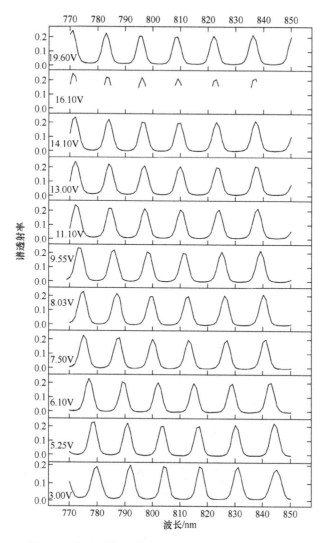

图 2.83　加入偏振不敏感结构后的谱透射率实验数据

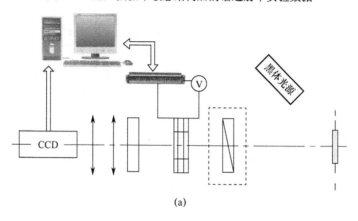

(a)

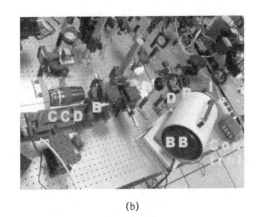

(b)

图 2.84　基于 LC-FP 微腔干涉滤光结构进行可见光红外谱成像测试

(a) 测试光路示意图；(b) 实验装置配置。

驱控信号电压后，硬币表面明显变亮，表面处的文字可清晰辨认。将所加载的驱控信号电压升至约 7.37V$_{RMS}$ 后，硬币表面亮度进一步提高，表面处的文字清晰度与升高驱控信号电压前的情形则大体一样。

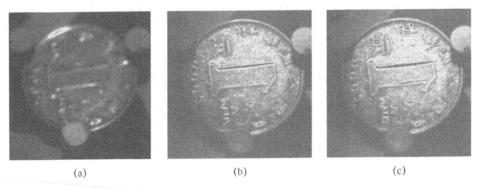

(a)　　　　　　　　　　　　　(b)　　　　　　　　　　　　　(c)

图 2.85　在 LC-FP 微腔干涉滤光结构上加载不同驱控信号电压的谱成像结果

(a) 原始成像图；(b) 加载 1.13V$_{RMS}$；(c) 加载 7.37V$_{RMS}$。

图 2.86 所示为使用投影仪作照明光源将计算机上的卡通图案投影到白板后的成像结果。可观察到随着所加载驱控信号电压的变化，图像特征发生明显改变。图 2.86 (a) 所示为在 LC-FP 微腔干涉滤光结构上不加载任何驱控信号电压时的成像图片，其卡通眼睛图像及其上部围巾的细节特征突出和明显。在 LC-FP 微腔干涉滤光结构上加载约 3.53V$_{RMS}$ 驱控信号电压后，图像变暗，细节已呈模糊状而难以辨认。将所加载的驱控信号电压升至约 5.33V$_{RMS}$ 后的图像特征，与 3.53V$_{RMS}$ 电压下的情形大体一致。图 2.86 所示的在加载信号电压前后的图像特征变动与图 2.85 所示呈相反趋势。

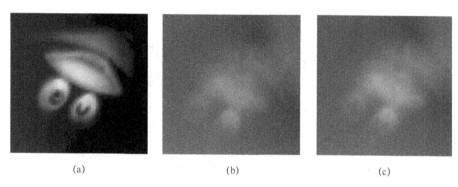

(a)   (b)   (c)

图 2.86 用投影仪作照明光源将计算机上的卡通图案投影到白板后的成像结果

（a）原始成像图；（b）加载 3.53V$_{RMS}$；（c）加载 5.33V$_{RMS}$。

  基于阵列化 LC-FP 微腔干涉滤光结构进行可见光近红外谱成像测试如图 2.87 所示。在实验中使用定制的中心波长 815nm、半高宽 5nm 的激光滤光片，基于阵列化 LC-FP 微腔干涉滤光结构获取的原始图像如图 2.88 所示，基于阵列化 LC-FP 获取的伪彩色图像如图 2.89 所示。加载在 4×4 阵列规模的 LC-FP 微腔干涉滤光结构不同单元或区块上的驱控信号电压情况如表 2.2～表 2.10 所列。将 LC-FP 微腔干涉滤光结构的 16 组控制单元从左至右、从上到下依次编号为 1、2、3…16。表 2.2～表 2.7 所列为针对进行反射成像实验，加载在 LC-FP 微腔干涉滤光结构相应单元上的 RMS 信号电压值，记为 A 组，如图 2.88 和图 2.89 所示。表 2.8～表 2.10 针对进行透射成像实验，加载在 LC-FP 微腔干涉滤光结构相应单元上的 RMS 信号电压值，记为 B 组，如图 2.90 和图 2.91 所示。在进行 A 组实验时，当大幅调整加载在 2、3、4、13、14、15 和 16 号单元或区块上的信号电压时，图 2.88 中的相应结构的图像亮度发生明显变化。在进行 B 组实验时，当小幅调整加载在 2、4 和 16 号结构单元上的信号电压时，图 2.90 中的相应结构的图像亮度也均发生微小变化。

  由成像测试结果可见，所发展的阵列化 LC-FP 微腔干涉滤光结构显示出良好的可独立加电工作效能。为了方便观察和评估成像效果，利用 Andor 公司提供的官方软件，对所获取的图像做了伪彩色处理，如图 2.89 和图 2.91 所示。可以观察到在不同结构区域加载不同驱控信号电压时，透射成像下的图像亮度发生明显变化。对照图 2.82 所示的相关数据可知，当所加载的驱控信号电压为 6V$_{RMS}$ 时，中心波长 815nm 的光波能以较高谱透射率穿过器件，图像亮度较大。鉴于 LC-FP 微腔干涉滤光结构的阵列边界和成像视场未充分对齐，LC-FP 微腔干涉滤光结构的谱透射率曲线的谷底一般仍然存在 0.3%～1.6% 的谱透射率，导致所获取的谱图像并没有呈现整齐划一的阵列划分。由于阵列化 LC-FP 微腔干涉滤光结构的填充系数在 90% 以上，各区块间的细微间隔在所获取的图像中已难以观察到。

图 2.87　基于阵列化 LC-FP 微腔干涉滤光结构进行可见光红外谱成像测试

表 2.2　在阵列化 LC-FP 微腔干涉滤光结构上加载驱控
信号电压获取图 2.88（a）所示的图像

10.0	10.0	10.0	10.0
10.0	10.0	10.0	10.0
10.0	10.0	10.0	10.0
10.0	10.0	10.0	10.0

表 2.3　在阵列化 LC-FP 微腔干涉滤光结构上加载驱控
信号电压获取图 2.88（b）所示的图像

7.90	7.50	5.12	5.12
12.20	6.01	6.05	3.40
14.20	11.10	6.50	8.60
8.20	7.33	2.00	9.03

表 2.4　在阵列化 LC-FP 微腔干涉滤光结构上加载驱控
信号电压获取图 2.88（c）所示的图像

7.90	7.50	5.12	4.02
12.20	6.01	6.05	2.44
14.20	11.10	7.90	8.60
8.20	7.33	2.00	9.03

表 2.5　在阵列化 LC-FP 微腔干涉滤光结构上加载驱控
信号电压获取图 2.88（d）所示的图像

7.90	8.20	5.12	5.12
12.20	7.55	7.22	3.40
14.20	11.10	8.30	8.60
8.20	7.33	11.02	9.03

表 2.6　在阵列化 LC-FP 微腔干涉滤光结构上加载驱控
　　　　信号电压获取图 2.88（e）所示的图像

7.90	8.20	5.12	5.12
12.20	7.55	8.30	3.40
14.20	11.10	8.92	8.60
8.80	9.01	11.02	9.03

表 2.7　在阵列化 LC-FP 微腔干涉滤光结构上加载驱控
　　　　信号电压获取图 2.88（f）所示的图像

13.03	11.50	5.12	5.12
12.20	7.55	6.90	5.18
14.20	11.10	8.92	7.60
9.80	12.70	12.01	9.03

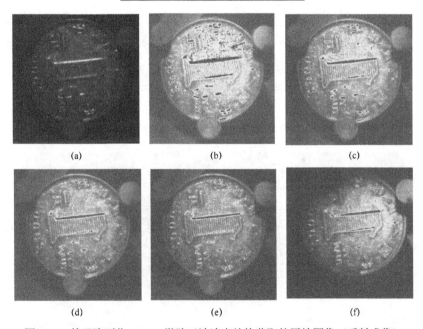

(a)　　　　　　　　(b)　　　　　　　　(c)

(d)　　　　　　　　(e)　　　　　　　　(f)

图 2.88　基于阵列化 LC-FP 微腔干涉滤光结构获取的原始图像（反射成像）

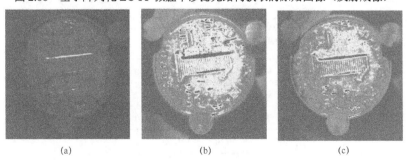

(a)　　　　　　　　(b)　　　　　　　　(c)

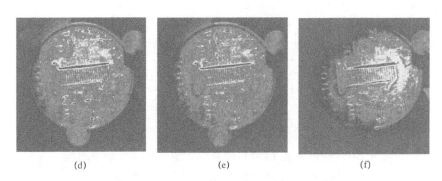

(d)   (e)   (f)

图 2.89　基于阵列化 LC-FP 微腔干涉滤光结构获取的伪彩色图像（反射成像）

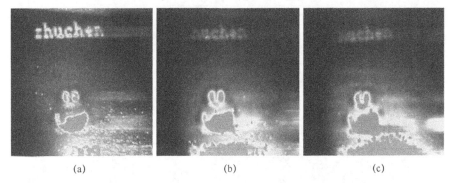

(a)   (b)   (c)

图 2.90　基于阵列化 LC-FP 微腔干涉滤光结构获取的原始图像（透射成像）

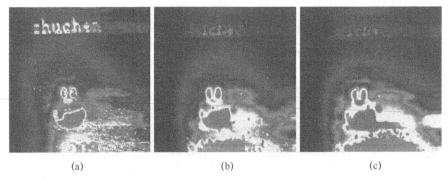

(a)   (b)   (c)

图 2.91　基于阵列化 LC-FP 微腔干涉滤光结构获取的伪彩色图像（透射成像）

表 2.8　在 LC-FP 微腔干涉滤光结构上加载驱控
信号电压获取图 2.90（a）所示的图像

9.00	6.10	6.10	9.00
9.12	9.12	9.12	9.12
9.52	6.10	6.10	5.20
9.50	6.10	6.10	5.18

表 2.9　在 LC-FP 微腔干涉滤光结构上加载驱控
信号电压获取图 2.90（b）所示的图像

9.00	7.11	8.50	9.00
9.12	9.12	9.12	9.12
9.52	6.90	6.00	5.90
9.50	6.90	6.00	5.50

表 2.10　在 LC-FP 微腔干涉滤光结构上加载驱控
信号电压获取图 2.90（c）所示的图像

9.00	8.00	8.90	9.00
9.12	9.12	9.12	9.12
9.52	6.90	6.10	6.10
9.50	6.90	6.00	5.90

2.8　小结

本章重点开展了 LC-FP 微腔干涉滤光结构和 LC-ML 阵列这两类液晶基微纳控光结构的建模、仿真、结构设计、工艺制作和测试评估等工作，获得了聚光调焦平面微镜和微腔干涉滤光微镜的基本结构、参数体系及成像特性，发展了液晶基微纳控光结构的线控和无线功率控制方法，结合阵列化 LC-FP 微腔干涉滤光结构讨论了适用于可见光谱成像的波谱电控选择和调节策略。所制原理性液晶器件显示了良好的电控光学、电光和光电性能，为进一步发展液晶基谱成像器件技术和谱成像微系统技术奠定了理论、方法和数据基础。

第 3 章　液晶基电选电调红外波谱成像探测

进入 21 世纪以来，利用物质结构的谱辐射属性，发展结构灵巧的图谱一体化红外成像探测手段，用于天文观察、环境监测、恐怖装置鉴别以及探测基于工程塑料、高性能陶瓷、无机非金属复合材料等的功能装置或电磁隐身飞行器，对毒品和生化物质进行快速成像检测，提高基于图像信息的公共安检水平，满足高速飞行器成像探测和制导等方面的需求，进一步推动了谱成像探测技术的持续、快速发展。本章讨论和分析了基于 LC-FP 微腔干涉滤光效应，开展多谱和高光谱红外成像光波选择与透射，构建结构灵巧、电选电调红外成像波谱的基础理论、基本方法与设计实例。

3.1　红外 LC–FP 微腔干涉滤光

基于填充液晶材料的 FP 微腔，进行红外滤光的谱成像探测系统的关键结构组成包括成像物镜、微米级深度的 LC-FP 微腔干涉滤光结构、进行光电转换的光敏阵列等，如图 3.1 所示。考虑到红外光波能态较低这一特征，根据 LC-FP 微腔干涉滤光结构在谱红外成像探测系统中的位置配置情况，可将谱红外成像探测系统粗略分为物镜前置式和后置式两种典型类别。物镜后置式又包括将 LC-FP 微腔干涉滤光结构紧密置于成像物镜的光出射端面后以及将其紧密置于光敏阵列前构成耦合光敏架构两种形式，分别如图 3.1（a）～（c）所示。

如图 3.1（a）所示，宽谱红外入射光波首先进入紧密配置在成像物镜光入射面前端的 LC-FP 微腔干涉滤光结构中，进行腔间干涉式的成像波谱选择与谱光波透射，用于置放在成像物镜焦面处的光敏阵列的感光操作，获得电信号排布图案及图像。适用于该成像探测架构的 LC-FP 微腔干涉滤光结构，通常具有较大结构尺寸，工艺制作较为复杂，成本通常较高，一般用于无法内置的谱光学成像装置或设备中。如图 3.1（b）所示，宽谱入射光波被成像物镜汇聚后，进入紧密配置在成像物镜光出射端面处的 LC-FP 微腔干涉滤光结构中，进行成像波谱选择与透射。由 LC-FP 微腔干涉滤光结构出射的谱光波在成像物镜焦面处被汇聚于光敏阵列上，完成光电转换与成图。适用于该成像探测架构的 LC-FP 微腔干涉滤光结构，同样具有结构尺寸较大、工艺制作较为复杂、成本通常较高、光线以一定倾角进入 FP 微腔使透光效能相对降低、谱透射光波较光垂直入射会产生一定程度的波谱展宽与波长移动等现象。

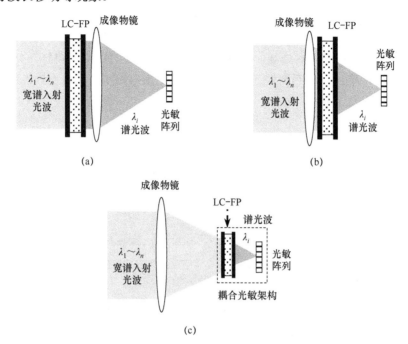

图 3.1　将 LC-FP 微腔干涉滤光结构配置在成像探测系统的不同部位

（a）紧密置于成像物镜光入射面前端；（b）紧密置于成像物镜光出射面后端；（c）紧密置于光敏阵列前构成耦合光敏架构。

　　如图 3.1（c）所示，由成像物镜形成的汇聚光波，首先进入与光敏阵列紧密耦合的 LC-FP 微腔干涉滤光结构滤光腔中，进行成像波谱选择以及随后的谱光敏与成图。LC-FP 微腔干涉滤光结构具有结构尺寸小、可与光敏阵列紧密耦合甚至集成、可通过替换常规宽谱光敏阵列、将成像装置或设备改进甚至升级为具有谱成像能力等特点。一般通过下列适配性操作，完成功能结构构建：①对典型的 LC-FP 微腔干涉滤光结构光学滤波而言，由于具有与所需耦合的光敏阵列大致相当的外形尺寸，对 LC-FP 微腔干涉滤光结构进行谱性能测试时，首先利用图 3.1（a）所示光路，将 LC-FP 微腔干涉滤光结构置于测试相机镜头前进行初始性能测试，获取滤光数据；②利用图 3.1（b）所示光路，将 LC-FP 微腔干涉滤光结构置于相机中进行波束倾斜入射下的波谱数据测试；③通过粘贴或者利用标准微电子工艺，将 LC-FP 微腔干涉滤光结构与光敏阵列紧密耦合甚至单片集成，进行芯片级的谱成像探测。

　　通过 LC-FP 从宽谱红外入射光中选择窄谱成分出射如图 3.2 所示。LC-FP 微腔干涉滤光结构主要包括一个微米级深度的 FP 微腔，在 FP 微腔中充分填充有液晶材料。在封闭液晶材料的上下两个基片上，面向液晶材料的表面处均制有高反射膜，用于在腔间形成谱干涉的多级次反射光束。在上、下两个基片上的高反射膜表面，均分别制有一层与液晶材料直接接触的定向层，用于初始化并锚固液晶分子的空间排布取向。在上下两个基片的光入射面和光出射面上分别制作了一层增透膜，用于减小光入射损耗，增强谱光波透射效能。另外，所制作的表面增透膜也间接起到减小 LC-FP 微腔干涉滤光结构的面形腐蚀或磨损以及提高结构寿命等作用。

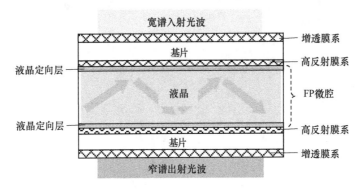

图 3.2　基于 LC-FP 从宽谱红外入射光波中选择窄谱光波出射

FP 微腔通过上述的两层高反射膜构成的双面对称反射镜，以微米级间距分隔并平行排列构成，进入腔内的光波在高反射膜作用下，在双面反射镜间多次往复反射产生干涉作用，仅有满足腔共振条件的谱光波才能以较高透射率透射出 FP 微腔，其他波长成分将被反射或吸收。调变腔间光波的运动光程，如改变上下两个高反射膜间的距离，或者改变填充在它们之间的液晶材料折射率，均将改变从腔体透射的谱光波的波长。本着在成像系统中尽量不用或减少运动部件这一设计考虑，本章仅涉及分析和讨论通过固定结构的 LC-FP 微腔干涉滤光结构，仅加电调变 LC 材料折射率，调变透射谱光波波长这一控光机制的基本属性与特征。

由图 3.2 所示的 LC-FP 微腔干涉滤光结构基本结构可见，构成填充有液晶材料的 FP 微腔的上下端面呈现对称性。因此，LC-FP 微腔干涉滤光结构的控波长特征与具有对称性的平行平板结构类似，如图 3.3 所示。多色平面波 A 以 θ_1 角入射到 LC-FP 微腔干涉滤光结构的上端面高反射膜上，如图 3.3 所示的 1、2、3、4 等分别为反射光束，1′、2′、3′、4′等分别为从 FP 微腔透射的光束。考虑到各透射光相对入射光会产生一定的相位差，各透射光束的复振幅表示如式（3.1）所示，即

$$\begin{cases} A_{1'} = Att' \exp(\mathrm{j}\delta_0) \\ A_{2'} = Att'(r')^2 \exp[\mathrm{j}\,(\delta_0 + \delta)] \\ A_{3'} = Att'(r')^4 \exp[\mathrm{j}\,(\delta_0 + 2\delta)] \\ \vdots \\ A_{i'} = Att'(r')^{2(i-1)} \exp\{\mathrm{j}\,[\delta_0 + (i-1)\delta]\} \end{cases} \qquad (3.1)$$

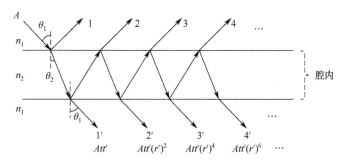

图 3.3　平行平板多光束干涉示意图

式中：A 为入射光复振幅；t 为光波从 LC-FP 微腔干涉滤光结构外入射到腔内的透射系数；t' 为光波从 LC-FP 微腔干涉滤光结构内透射到腔外的透射系数；r' 为光波在微腔内的反射系数；$\delta = \dfrac{4\pi n_2 h \cos\theta_2}{\lambda}$ 为相邻两束透射光间的相位差；$\delta_0 = \dfrac{2\pi n_2 h}{\lambda \cos\theta_2}$ 为第一束透射光相对初始入射光间的相位差；n_2 为液晶材料折射率；h 为 FP 腔深；θ_2 为产生腔内光反射的反射角；λ 为光波长；j 表示虚部符号；i 为透射光级次。因此，该 LC-FP 微腔干涉滤光结构的光透射率可通过式（3.2）计算，即

$$T = \left| \frac{\sum\limits_{i=1}^{\infty} Att'r'^{2(i-1)} \exp\{j\,[\delta_0 + (i-1)\delta]\}}{A} \right|^2 \tag{3.2}$$

　　根据 LC-FP 微腔干涉滤光结构的对称性以及菲涅耳反射关系，可得到该结构的红外谱透射率满足以下关系，即

$$T(\lambda) = \frac{1}{1 + \dfrac{4R_0}{(1 - R_0)^2} \sin^2\left(\dfrac{2\pi n_2 h \cos\theta_2}{\lambda}\right)} \tag{3.3}$$

式中：$R_0 = r'^2$。进一步可得出在

$$\lambda = \frac{2n_2 h \cos\theta_2}{m} \quad m = 1,2,3,\cdots \tag{3.4}$$

所表征的一些不连续波长处，谱透射率可取得最大值。在

$$\lambda = \frac{2n_2 h \cos\theta_2}{m + 0.5} \quad m = 1,2,3,\cdots \tag{3.5}$$

的一些不连续波长处，谱透射率可取得最小值。从而为实现红外波谱选择提供了理论和控制依据。

3.2 电控 LC-FP 微腔干涉滤光结构建模与仿真

通过在 LC-FP 微腔干涉滤光结构中增设可加载电驱控信号的对偶电极，对液晶材料的折射率实施有效调控，实现电调 LC-FP 微腔干涉滤光结构的典型腔体结构，如图 3.4 所示。其中图 3.4（a）显示了光波特征，图 3.4（b）给出了功能结构配置情况，该控光结构较图 3.2 所示分别在 FP 微腔的两个高反射膜系与基片接触部位增设了一层控制电极。由对偶排布的高反光膜构成反射镜并平行对称置放构成 FP 微腔，腔内充分填充向列相液晶材料，反射镜与液晶分子间被液晶材料的初始定向层隔开。通过在电极上加载驱控信号电压，在微腔内形成一个空间电场，使分布在腔内的液晶分子受空间电场驱动改变其指向矢的空间分布形态。因液晶分子指向矢产生分布角度变化而使液晶材料折射率改变，即式（3.3）～式（3.5）中的 n_2 值被改变，使 LC-FP 微腔干涉滤光结构的透射波谱改变或移动，达到电选电调 LC-FP 微腔干涉滤光结构谱透射光波这一目的。

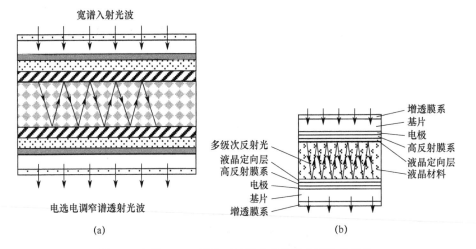

图 3.4 电调 LC-FP 微腔干涉滤光结构的典型腔体结构

（a）光波特征；（b）功能结构配置。

构建 LC-FP 微腔干涉滤光结构的核心环节有：选择合适的具有高反射率的光学薄膜材料构建反光镜，选择具有较大 $\Delta n = n_o - n_e$ 的液晶材料，使 LC-FP 微腔干涉滤光结构具有较大透射波谱调节范围。一般而言，在选取光学薄膜材料时应注意以下事项：①在所工作的光学波段内具有高透射率和低吸收率；②在基于光学薄膜材料构建分布式布拉格（Distributed Bragg Reflection，DBR）反射镜时，必须保证不同材料间的晶格匹配，使反射镜结构稳定牢固；③不同材料间的折射率需适配，以获得足够高的光反射率；④材料应具有良好的稳定性，不易被腐蚀、溶解或氧化；⑤液晶材料应选用红外吸收低、分子转动惯性小、电光响应迅速、$\Delta n = n_o - n_e$ 相对较大的材料类别。

基于上述考虑，分别针对中波红外（3～5μm）和长波红外（8～14μm）谱段，设计以硅基 DBR 反射镜以及硒化锌基金属反射镜为关键性功能结构的电调 LC-FP 微腔干涉滤光结构。考虑到原理样片尚处在发展阶段，手工操作不可避免，为保证 LC-FP 微腔干涉滤光结构的坚固性，同时兼顾制作方便及高透光要求，基片厚度设定为 1mm。选用 E44 向列相液晶作为关键性的电调控光材料，发展两种类型的原理性 LC-FP 微腔干涉滤光结构。

1. 硅基 LC-FP 微腔干涉滤光结构建模

由式（3.4）可得到在液晶层等效折射率相同情况下，LC-FP 微腔干涉滤光结构的相邻谱透射率峰的波长间隔数据，即 LC-FP 微腔干涉滤光结构的 FSR 表达式

$$FS = \frac{\lambda^2}{2n_2 h \cos\theta_2} \tag{3.6}$$

对式（3.4）中的波长和折射率进行微分运算，可得到通过调节在 LC-FP 微腔干涉滤光结构上所加载的信号电压，移动光透射率峰时的折射率变动范围，即 LC-FP 微腔干涉滤光结构的波长调节范围（$\Delta\lambda$）为

$$\Delta\lambda = \frac{\Delta n}{n}\lambda \tag{3.7}$$

针对 LC-FP 微腔干涉滤光结构需工作在较宽红外谱域这一目标，也就是说需要在中波红外波段（FS=2μm）和长波红外波段（FS=6μm）内，选择单一波长（或窄谱）红外光出射，并且在相应的波段范围内可调。实现上述目标的 LC-FP 微腔干涉滤光结构理论深度必须足够小（在约 1μm 尺度），液晶材料的折射率差又必须足够大（应远大于常规液晶材料的相应指标要求），从而带来制作工艺以及材料选取上的极大挑战。

针对上述要求所建立的硅基级联双 LC-FP 微腔干涉滤光结构模型如图 3.5 所示，该结构将两个不同厚度的 LC-FP 微腔干涉滤光结构前后准直叠合进行级联滤光，仅在同时满足两个 LC-FP 微腔干涉滤光结构共振条件的光波才能从级联结构透射。因此，在提高 FS 和 $\Delta\lambda$ 的同时，还需要进一步提高透射光波的光谱分辨率，降低透射波峰的 FWHM，使 LC-FP 微腔干涉滤光结构满足性能参数指标要求。在上述级联结构的上下表面同样通过制作增透膜来有效提高光透射率，同时保护基片界面防止磨损。由于通过不同光学薄膜材料相互叠加构成 DBR 反射镜，为降低所加载的信号电压幅度，将电极间所构建的空间电场尽可能加载在液晶材料上，将 LC-FP 微腔干涉滤光结构中的控制电极层从图 3.2 所示的与基片直接接触部位，移动到反射镜表面，也就是说，液晶材料的初始定向层被直接制作在电极层表面。由于构成 DBR 反射镜的各膜层均在硅片上通过镀膜形成，所涉及的材料膜层必须紧密贴合，尽可能降低或抵消可能的应力作用，避免发生脱膜现象。

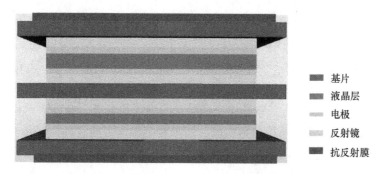

基片
液晶层
电极
反射镜
抗反射膜

图3.5 硅基级联双 LC-FP 微腔干涉滤光结构模型

关键性的光学薄膜材料配置如下。

（1）氟化镁增透膜。

氟化镁（MgF$_2$）材料折射率为 1.3526，属于四方晶系，具有较高硬度，在真空中从紫外到红外均透明，在 2～7μm 中红外波段厚约 2.75mm 的 MgF$_2$ 平均透射率可高达 90%，在空气中性能稳定。选用厚约 985nm 的 MgF$_2$ 薄膜作为所发展的 LC-FP 微腔干涉滤光结构增透膜。

（2）DBR 反射镜。

选用氟化钙（CaF$_2$）和硒化锌（ZnSe）材料构建中波红外 DBR 反射镜，选用锗（Ge）和碲化镉（CdTe）薄膜构建长波红外 DBR 反射镜，反射膜系如图 3.6 所示。

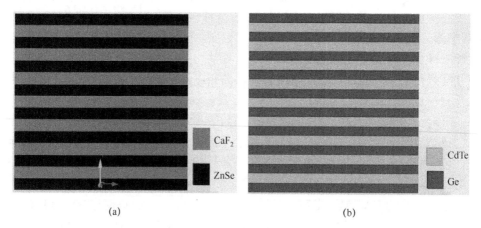

CaF$_2$

ZnSe

CdTe

Ge

(a)   (b)

图 3.6 用于构建 DBR 反射镜的红外高反射膜系设计

（a）中波红外高反射膜系；（b）长波红外高反射膜系。

（3）控制电极。

将金膜制作在 DBR 反射镜表面，用于激励空间电场驱控液晶分子偏转，产生所需要的液晶折射率。

工作在中波红外的双级联 LC-FP 微腔干涉滤光结构设计参数如下。

① CaT$_2$：n=1.40963，膜层厚度 532.05nm 和 762.61nm。

② ZnSe：n=2.452，膜层厚度 305.87nm 和 438.42nm。

③ 液晶层厚度：7.7μm 和 15.5μm。

工作在长波红外的双级联 LC-FP 微腔干涉滤光结构设计参数如下。

① 锗：n=4.3，膜层厚度 502.9nm 和 690.11nm。

② CdTe：n=2.69，膜层厚度 803.9nm 和 1103.16nm。

③ 液晶层厚度：27μm 和 34μm。

④ 电极：金材质，厚度在保证可靠导电情况下尽可能小。

2. ZnSe 基 LC-FP 微腔干涉滤光结构建模

ZnSe 材料在中波和长波红外波段均具有较高透射率，同时设计了 ZnSe 基双级联 LC-FP 微腔干涉滤光结构，用于多谱成像和高光谱成像，其结构示意图如图 3.7 所示。其中用于多谱成像的 LC-FP 微腔干涉滤光结构中的微球间隔子直径约 7μm。

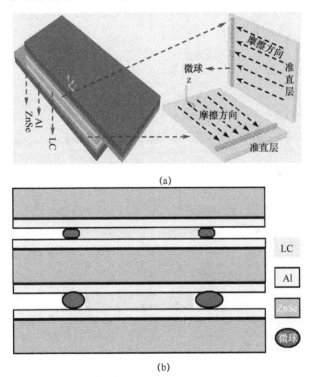

图 3.7　ZnSe 基 LC-FP 微腔干涉滤光结构示意图

（a）单腔 LC-FP 微腔干涉滤光结构；（b）双级联 LC-FP 微腔干涉滤光结构。

由于铝膜在红外波段具有较高反射率，在以 ZnSe 为基底的 LC-FP 微腔干涉滤光结构中通过蒸镀铝膜构建反射镜。考虑到铝膜具有良好的导电性，常温下电阻为 2.74×10^{-4}Ω/cm，也同时将铝膜作为电极，用以产生驱动液晶分子偏转的可调空间电场。呈现双重功能的铝膜厚度必须同时满足相关的电学和光学要求，如果过厚会因红外吸收显著增强而降低 LC-FP 微腔干涉滤光结构的透射率，甚至产生无红外光透射这样的极端情况。太薄会因降低导电能力而使电阻增大，发热效应增强，以及极端情况下无法有效生成可作用于液晶分子的空间电场等，同时也会因大幅降低红外反射率，而无法在 FP 微腔中形成多级次反射光束，减弱甚至丧失谱光波透射能力。

基于所建立的 LC-FP 微腔干涉滤光结构模型开展谱透射特征的仿真情形如下。一般而言，向列相液晶材料的主要成分是具有极性的棒状长链大分子。在外加电场作用下，长链大分子会产生随空间电场强度和分布形态所导引的指向矢偏转，趋向于使其顺着电场方向排布，这一偏转会导致液晶材料的等效折射率发生变化。通过研究液晶分子的基本形变特征以及在电场中的自由能，可获得如 E44 向列相液晶材料，其典型参数包括 n_o=1.5277、n_e=1.7904、k_{11}=15.5e^{-12}N、k_{22}=13.0e^{-12}N、k_{33}=28.0e^{-12}N、$\varepsilon_{/\!/}$=22.0ε_0 和 $\varepsilon_\perp$=5.2ε_0 等，在特定空间电场驱控下的等效折射率数据计算流程如图 3.8 所示。

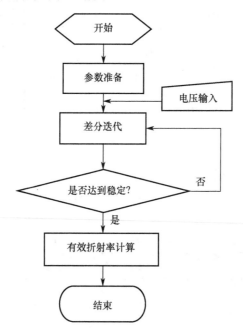

图 3.8　在特定空间电场驱控下的液晶材料等效折射率计算流程

若无外界干扰时，液晶材料分子的自由能密度为 f_s，受到外界扰动后的液晶分子自由能密度将产生变化。若变化量记为 Δf，则存在外界干扰时的液晶分子总的自由能密度 f 为

$$f = f_s + \Delta f \qquad (3.8)$$

根据弗兰克的连续体弹性理论，在外力作用下的液晶分子指向矢分布会发生

改变，指向矢变动可用展曲、扭曲或弯曲这 3 种基本形态及其综合体加以表征。对于不同种类的液晶材料，其展曲、扭曲及弯曲系数可分别用 k_{11}、k_{22} 和 k_{33} 表示。由胡克定律可知，液晶材料的展曲、扭曲和弯曲应力以及弹性能密度，可分别由式（3.9）和式（3.10）给出，即

$$\begin{cases} T_1 = k_{11}\Delta \hat{n}_{x1} = k_{11}\dfrac{\partial \hat{n}_x}{\partial x}\delta_x \\[3mm] T_2 = k_{22}\Delta \hat{n}_{x2} = k_{22}\dfrac{\partial \hat{n}_x}{\partial y}\delta_y \\[3mm] T_3 = k_{33}\Delta \hat{n}_{x3} = k_{33}\dfrac{\partial \hat{n}_x}{\partial z}\delta_z \end{cases} \qquad (3.9)$$

$$\begin{cases} l_1 = \dfrac{1}{2}k_{11}\left(\dfrac{\partial \hat{n}_x}{\partial x}\right)^2 \\[4mm] l_2 = \dfrac{1}{2}k_{22}\left(\dfrac{\partial \hat{n}_x}{\partial y}\right)^2 \\[4mm] l_3 = \dfrac{1}{2}k_{33}\left(\dfrac{\partial \hat{n}_x}{\partial z}\right)^2 \end{cases} \qquad (3.10)$$

式中：δ_x、δ_y 和 δ_z 分别表示高阶无穷小量。因此，在存在外界微小形变扰动的条件下，液晶材料的自由能密度为展曲、扭曲及弯曲自由能的叠加，即

$$\Delta f_{\mathrm{T}} = \sum k_l a_m + \frac{1}{2}\sum_{lm} k_{lm} a_l a_m \qquad (3.11)$$

式中：$k_{lm}=k_{ml}$，其中的 l 和 m 取 1～6 间的整数，$a_1 = \dfrac{\partial n_x}{\partial x}$，$a_2 = \dfrac{\partial n_x}{\partial y}$，$a_3 = \dfrac{\partial n_x}{\partial z}$，$a_4 = \dfrac{\partial n_y}{\partial x}$，$a_5 = \dfrac{\partial n_y}{\partial y}$，$a_6 = \dfrac{\partial n_y}{\partial z}$。

由于向列相液晶材料分子一般具有椭球形态，呈现圆对称性，同时考虑到液晶分子的镜像对称关系使独立弹性模量减少，可以认为最终的向列相液晶分子的弹性自由能密度为

$$\Delta f_{\mathrm{T}} = \frac{1}{2}\left[k_{11}(\nabla \cdot \boldsymbol{n})^2 + k_{22}(\boldsymbol{n} \cdot \nabla \times \boldsymbol{n})^2 + k_{33}(\boldsymbol{n} \times \nabla \times \boldsymbol{n})^2 \right] \qquad (3.12)$$

当液晶材料处于空间电场驱控状态时，极性液晶分子的自由能密度也会发生相应变化，其中源于电场的液晶分子自由能密度 w_e 为

$$w_e = \frac{1}{2}\boldsymbol{E} \cdot \boldsymbol{D} = \frac{E^2}{2}\left(\varepsilon_{//}\cos^2\theta + \varepsilon_\perp\sin^2\theta\right) = \frac{E^2}{2}\left(\varepsilon_\perp + \Delta\varepsilon\cos^2\theta\right) \tag{3.13}$$

式中：$\Delta\varepsilon = \varepsilon_{//} - \varepsilon_\perp$；$E^2/2$ 不随空间位置改变而变化。因此，可以将它包含在表示静态自由能的式（3.8）的 f_s 中。当存在外加电场时，由电场引起的与位置相关的自由能密度增量为

$$f_e = \frac{1}{2}\Delta\varepsilon\left(\boldsymbol{E} \cdot \boldsymbol{n}\right)^2 \tag{3.14}$$

综合式（3.8）、式（3.12）和式（3.14），可得到在空间电场作用下，液晶分子的微小形变所引起的自由能密度变化的关系式，即

$$f(r) = \frac{1}{2}\left\{k_{11}\left[\nabla \cdot \boldsymbol{n}(r)\right]^2 + k_{22}\left[\boldsymbol{n}(r) \cdot \nabla \times \boldsymbol{n}(r)\right]^2 + k_{33}\left[\boldsymbol{n}(r) \times \nabla \times \boldsymbol{n}(r)\right]^2\right\} + \frac{1}{2}\Delta\varepsilon\left[\boldsymbol{E} \cdot \boldsymbol{n}(r)\right]^2 \tag{3.15}$$

式中：$\boldsymbol{n} = \{\cos\delta\cos\phi, \cos\delta\sin\phi, \sin\delta\}$ 为液晶分子的指向矢；δ 为液晶分子相对初始位置的偏转角；ϕ 为液晶分子的扭曲角；r 为液晶分子位置坐标。通过求解自由能密度最小值，可以找到向列相液晶分子在外场作用下新的平衡态，进而得出液晶分子在电场驱控下的偏转角 δ。

根据平衡态下能量为极小这一原则，将式（3.15）代入拉格朗日方程，令其变分为零，则对平衡态的求解可以通过求解如式（3.16）所示的欧拉公式所演化的欧拉方程组得到，即

$$\begin{cases} \dfrac{\partial f}{\partial \delta} - \dfrac{\mathrm{d}}{\mathrm{d}z}\dfrac{\partial f}{\partial \dot{\delta}} = 0 \\[2mm] \dfrac{\partial f}{\partial \phi} - \dfrac{\mathrm{d}}{\mathrm{d}z}\dfrac{\partial f}{\partial \dot{\phi}} = 0 \\[2mm] \dfrac{\partial f}{\partial U} - \dfrac{\mathrm{d}}{\mathrm{d}z}\dfrac{\partial f}{\partial \dot{U}} = 0 \end{cases} \tag{3.16}$$

式中：$\dot{\delta}$、$\dot{\phi}$、$\dot{U}$ 分别为对变量 z 微分。将式（3.15）代入式（3.16）并化简，可得到一组非线性偏微分方程，即

$$\begin{cases} \left(\dfrac{\mathrm{d}U}{\mathrm{d}z}\right)^2 \Delta\varepsilon\sin\delta\cos\delta + f'(\delta)\left(\dfrac{\mathrm{d}\delta}{\mathrm{d}z}\right) + g'(\delta)\left(\dfrac{\mathrm{d}\phi}{\mathrm{d}z}\right)^2 + k_{22}q_0\sin2\delta\dfrac{\mathrm{d}\phi}{\mathrm{d}z} + f(\delta)\dfrac{\mathrm{d}^2\delta}{\mathrm{d}z^2} = 0 \\[3mm] 2k_{22}q_0\cos\delta\sin\delta\dfrac{\mathrm{d}\delta}{\mathrm{d}z} - g'(\delta)\dfrac{\mathrm{d}\delta}{\mathrm{d}z} - g(\delta)\dfrac{\mathrm{d}^2\phi}{\mathrm{d}z^2} = 0 \\[3mm] \Delta\varepsilon\sin2\delta\dfrac{\mathrm{d}U}{\mathrm{d}z}\dfrac{\mathrm{d}\delta}{\mathrm{d}z} + \left(\varepsilon_{//}\sin^2\delta + \varepsilon_\perp\cos^2\delta\right)\dfrac{\mathrm{d}^2U}{\mathrm{d}z^2} = 0 \end{cases}$$

$$\tag{3.17}$$

式中：$f(\delta) = k_{11}\cos^2\delta + k_{33}\sin^2\delta$；$g(\delta) = (k_{22}\cos^2\delta + k_{33}\sin^2\delta)\cos^2\delta$。对上述偏微分方程利用式（3.18）的差分方式进行离散化，有

$$\frac{\mathrm{d}y}{\mathrm{d}x} \approx \frac{y(x_{m+1}) - y(x_{m-1})}{2t}; \frac{\mathrm{d}^2 y}{\mathrm{d}x^2} \approx \frac{y(x_{m+1}) + y(x_{m+1}) - 2y(x_m)}{t^2} \tag{3.18}$$

式中：t 为步长。最终得到如式（3.19）所示的差分迭代关系，即

$$
\begin{cases}
\delta_i^{n+1} = \dfrac{1}{8f(\delta_i^n)}[\Delta\varepsilon\cos\delta_i^n\sin\delta_i^n\left(U_{i+1}^n - U_{i-1}^n\right)^2 + 4f(\delta_i^n)\left(\delta_{i+1}^n + \delta_{i-1}^n\right) + \\
\quad 2hk_{22}q_0\sin^2\delta_i^n\left(\phi_{i+1}^n - \phi_{i-1}^n\right) + 2h\left(\delta_{i+1}^n - \delta_{i-1}^n\right)f'(\delta_i^n)] \\
\phi_i^{n+1} = \dfrac{1}{4g(\delta_i^n)}[-hk_{22}q_0\sin^2\delta_i^n(\delta_{i+1}^n - \delta_{i-1}^n) + 2g(\delta_i^n)\cdot \\
\quad (\phi_{i+1}^n - \phi_{i-1}^n) + hg'(\delta_i^n)(\delta_{i+1}^n - \delta_{i-1}^n)] \\
V_i^{n+1} = \dfrac{\begin{bmatrix} 2(\varepsilon_{/\!/}\sin^2\delta_i^n + \varepsilon_\perp\cos^2\delta_i^n)\left(U_{i+1}^n + U_{i-1}^n\right) + \\ \Delta\varepsilon\cos\delta_i^n\sin\delta_i^n\left(\delta_{i+1}^n - \delta_{i-1}^n\right)\left(U_{i+1}^n - U_{i-1}^n\right) \end{bmatrix}}{4\left(\varepsilon_{/\!/}\sin^2\delta_i^n + \varepsilon_\perp\cos^2\delta_i^n\right)} \\
f(\delta_i^n) = k_{11}\cos^2\delta_i^n + k_{33}\sin^2\delta_i^n \\
g(\delta_i^n) = (k_{22}\cos^2\delta_i^n + k_{33}\sin^2\delta_i^n)\cos^2\delta_i^n \\
f'(\delta_i^n) = (k_{33} - k_{11})\sin^2\delta_i^n \cdot \dfrac{\delta_{i+1}^n - \delta_{i-1}^n}{2h} \\
g'(\delta_i^n) = [k_{22} + (k_{22} + k_{33})\cos^2\delta_i^n]\sin^2\delta_i^n \cdot \dfrac{\delta_{i+1}^n - \delta_{i-1}^n}{2h}
\end{cases} \tag{3.19}
$$

式中：上标 n 表示进行第 n 次迭代；i 表示液晶分子所处的层序号，在仿真中 m 取 500，如图 3.9 所示。当每两次迭代间的每一格上的值相对变化量小于所设定的极小值 Δ（在仿真中取 0.0000001）时迭代结束，表示液晶结构达到新的平衡态。

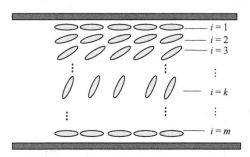

图 3.9　封闭在 LC-FP 微腔干涉滤光结构中的液晶材料被层化排布（共分为 m 层）

根据边界值关系，靠近上下基片处的液晶分子由于被锚定，其排布倾角不随加载在控制电极上的信号电压均方根值的变化而改变。在强锚定情况下，初始角

度相同，一般为2°。考虑到所使用的向列相液晶分子的螺距 p 较大，特别是在一维情况下的液晶分子的扭曲角 ϕ 的值也为 0。通过上述公式进行迭代计算，可以最终得出在加载不同信号电压情况下，针对分布在约 7μm 厚度液晶层中不同位置处的液晶分子的偏转或倾斜角度情况，如图 3.10 所示。由图 3.10 可见，所加载的信号电压越大，液晶盒内的液晶分子等效平均偏转角也越大。

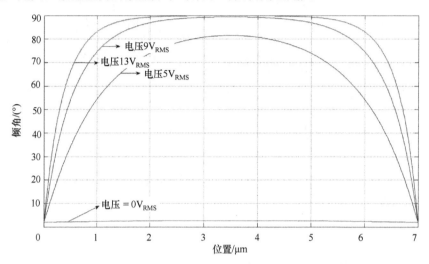

图 3.10　加载的信号电压分别为 $0V_{RMS}$、$5V_{RMS}$、$9V_{RMS}$ 和 $13V_{RMS}$ 时的 LC-FP 微腔干涉滤光结构内液晶分子倾角与所在位置关系

将计算获得的液晶分子分布在不同位置处的倾斜角度 δ_i 代入式（3.20）后可得出相应于该位置的液晶材料的折射率，即

$$n\left(\delta_i\right) = \frac{n_o n_e}{\sqrt{n_e^2 \cos^2\left(\dfrac{\pi}{2-\delta_i}\right) + n_o^2 \sin^2\left(\dfrac{\pi}{2-\delta_i}\right)}} \tag{3.20}$$

填充在 FP 微腔中液晶材料的等效折射率，可以通过 LC-FP 微腔干涉滤光结构中的液晶光程总和与液晶层厚的比值关系得出，即

$$n_{\text{eff}} = \frac{\displaystyle\sum_{i=1}^{m} n(\delta_i)\frac{h}{m}}{h} \tag{3.21}$$

最终通过计算获得 E44 向列相液晶材料在不同信号电压作用下的等效折射率，如图 3.11 所示。由图 3.11 可见，当信号电压小于 $0.7V_{RMS}$ 时，液晶层的等效折射率维持不变，该电压值可被认为是 E44 向列相液晶分子的阈值电压。当信号电压大于 $16V_{RMS}$ 时，层化液晶材料的折射率几乎不再随均方电压幅值的增大而改变，此电压可视为液晶分子的饱和电压值。当信号电压介于 $0.7\sim16.0V_{RMS}$ 之间时，液晶材料的等效折射率将随信号电压的增大而减小。考虑到所制作的液晶分

子初始定向层具有一定厚度，所激励的空间电场会有部分加载在定向层上，实际测试结果与仿真值会有一定差异。

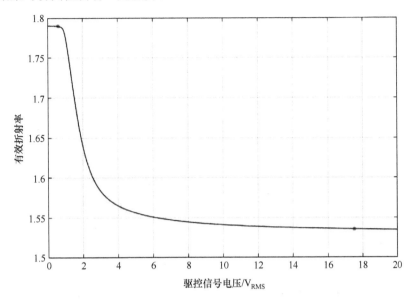

图 3.11　E44 向列相液晶材料在不同信号电压作用下的等效折射率

通过模拟不同厚度液晶层在相同信号电压作用下的折射率情况，发现液晶材料的等效折射率主要与所加载的信号电压密切相关，与液晶层的厚度关系不大。因此，填充在 LC-FP 微腔干涉滤光结构中的液晶材料厚度必须根据液晶材料情况合理选取，一般在数微米至数十微米间选择。液晶层过厚，会导致响应时间过长甚至无法被驱动；液晶层太薄，将加大液晶结构的制作难度。总之，液晶层过厚或者过薄都有可能导致液晶分子无法在电场作用产生有效偏转。在现有条件下，液晶层厚一般选择在几微米尺度。

通常情况下，通过在基片表面蒸镀一层或多层光学薄膜，可以构成分光器、合光器、起偏器、带通滤光器或带阻滤光器等多种功能光学光电或电光结构，对这些镀膜结构的性能分析评估通常采用薄膜矩阵进行。考虑光线垂直入射这一理想情况，对所设计功能结构的谱透射特征进行仿真的情况如下。对硅基结构而言，其 DBR 反射镜是一种典型的多膜层体系。对于 DBR 反射镜在参考波段内的反射率，以及液晶层在不同折射率取值下，其 LC-FP 微腔干涉滤光结构谱透射率可以采用经典的传输矩阵法进行分析计算。

利用不连续界面的边界条件，可以得出红外光在薄层介质中的传输矩阵，即

$$\boldsymbol{M}_i = \begin{bmatrix} \cos\delta & \dfrac{-j\sin\delta}{\eta} \\ -j\sin\delta & \cos\delta \end{bmatrix} \tag{3.22}$$

如果红外光垂直入射到 LC-FP 微腔干涉滤光结构表面，则 $\delta = 2\pi n h / \lambda$，$\eta_m = \sqrt{\varepsilon_0 / \mu_0} \, n_m$，其中，$n$ 为膜层折射率，h 为膜层厚度，λ 为光波长。

就基于 DBR 反射镜的 LC-FP 微腔干涉滤光结构而言，单体 LC-FP 微腔干涉滤光结构的多光谱滤光传输矩阵为

$$\boldsymbol{M} = \begin{bmatrix} m_{11} & m_{12} \\ m_{21} & m_{22} \end{bmatrix} = \boldsymbol{M}_1 \boldsymbol{M}_2 \boldsymbol{M}_3 \cdots \tag{3.23}$$

式中：$\boldsymbol{M}_i$ 为第 i 层 LC 的传输矩阵。从而可得出不同波长光波的反射系数表达式，即

$$r = \frac{m_{11}\eta_0 + m_{12}\eta_0\eta_G - m_{21} - m_{22}\eta_G}{m_{11}\eta_0 + m_{12}\eta_0\eta_G + m_{21} + m_{22}\eta_G} \tag{3.24}$$

通过不同波长处的反射系数，可以得到单体 LC-FP 微腔干涉滤光结构的多光谱滤光操作在不同波长处的谱透射率，即

$$T = 1 - r^2 \tag{3.25}$$

对于级联构形的高光谱滤光来说，其不同波长处的谱透射率可通过两个 LC-FP 微腔干涉滤光结构的谱透射率相乘得到。利用传输矩阵算法，同时对 DBR 反射镜在不同波长处的反射率进行计算，所获得的中波和长波大气窗口处的红外反射镜的波长与反射率关系曲线，如图 3.12 所示。

根据图 3.11 所示的液晶材料在不同信号电压作用下的等效折射率，同时考虑到纳米 ZnSe 铝膜的反射率以及在红外波段的吸收情况，利用多光束反射式（3.3）在不同信号电压下，对 ZnSe 基单体 LC-FP 微腔干涉滤光结构的多光谱滤光操作在中波红外以及长波红外的谱透射率进行仿真，结果如图 3.13 所示。其中的反射率 R 在整个红外波段取平均值 80%，吸收系数 A 取平均值 12%。曲线 1 表示信号电压均方根值为 5.3V_{RMS} 时的谱透射率，曲线 2 表示信号电压均方根值为 $19.8\text{V}_{\text{RMS}}$ 时的谱透射率。从仿真结果可见，在某一确定信号电压下的 ZnSe 基 LC-FP 微腔

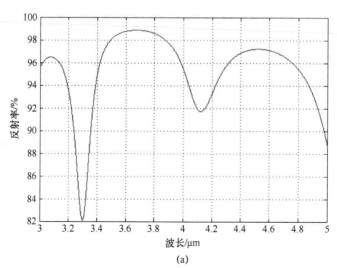

(a)

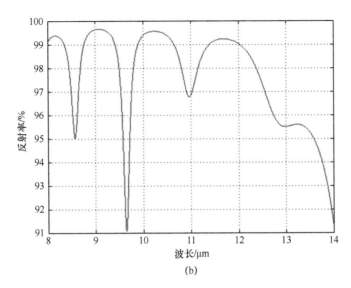

(b)

图 3.12　硅基 DBR 反射镜的波长与反射率的关系曲线

（a）中红外波段；(b) 长波红外波段。

干涉滤光结构会出现多个谐振谱透射率峰，并且峰值会随信号电压的变化移动，从而达到谱选择和谱调变效果。

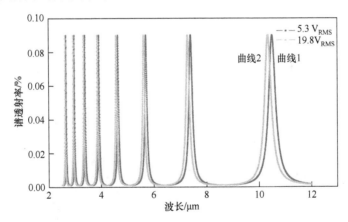

图 3.13　不同信号电压作用下的 ZnSe 基 LC-FP 微腔干涉滤光结构分别在中波和长波红外窗口的谱透射率仿真

　　对于具有 DBR 高反射镜结构的硅基 LC-FP 微腔干涉滤光结构高光谱滤光而言，利用传输矩阵算法以及液晶材料在不同信号电压下的折射率仿真结果，对不同信号电压作用下的中波和长波红外高光谱滤光的谱透射率进行仿真。中波红外谱透射率仿真结果如图 3.14 所示，表 3.1 给出了相应的典型数据，图 3.15 给出了长波红外谱透射率的仿真结果，选择部分信号电压、波长、谐振中心波长、谱透射率及谱透射率峰半高宽参数的情况如表 3.2 所列。

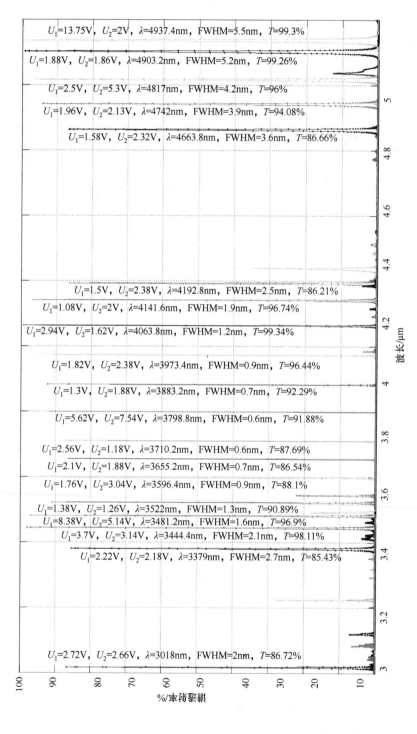

图 3.14 不同信号电压作用下中波红外 LC-FP 微腔干涉滤光结构谱透射率仿真结果

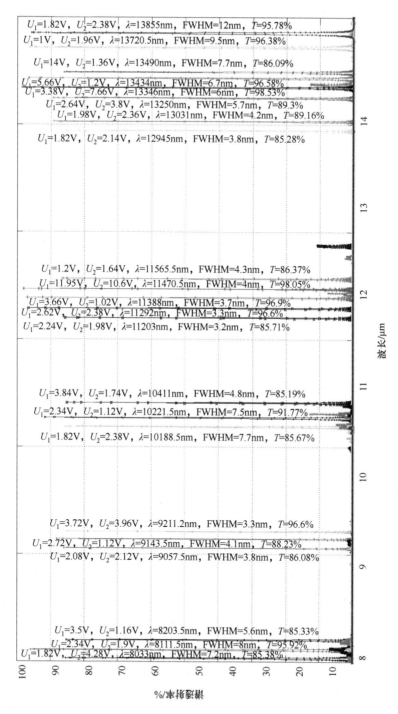

图 3.15　不同信号电压作用下长波红外 LC-FP 微腔干涉滤光结构谱透射率仿真结果

U_1=1.82V, U_2=2.38V, λ=13855nm, FWHM=12nm, T=95.78%

U_1=1V, U_2=1.96V, λ=13720.5nm, FWHM=9.5nm, T=96.38%

U_1=14V, U_2=1.36V, λ=13490nm, FWHM=7.7nm, T=86.09%

U_1=5.66V, U_2=1.2V, λ=13434nm, FWHM=6.7nm, T=96.58%

U_1=3.38V, U_2=7.66V, λ=13346nm, FWHM=6nm, T=98.53%

U_1=2.64V, U_2=3.8V, λ=13250nm, FWHM=5.7nm, T=89.3%

U_1=1.98V, U_2=2.36V, λ=13031nm, FWHM=4.2nm, T=89.16%

U_1=1.82V, U_2=2.14V, λ=12945nm, FWHM=3.8nm, T=85.28%

U_1=1.2V, U_2=1.64V, λ=11565.5nm, FWHM=4.3nm, T=86.37%

U_1=11.95V, U_2=10.6V, λ=11470.5nm, FWHM=4nm, T=98.05%

U_1=3.66V, U_2=1.02V, λ=11388nm, FWHM=3.7nm, T=96.9%

U_1=2.62V, U_2=2.38V, λ=11292nm, FWHM=3.3nm, T=96.6%

U_1=2.24V, U_2=1.98V, λ=11203nm, FWHM=3.2nm, T=85.71%

U_1=3.84V, U_2=1.74V, λ=10411nm, FWHM=4.8nm, T=85.19%

U_1=2.34V, U_2=1.12V, λ=10221.5nm, FWHM=7.5nm, T=91.77%

U_1=1.82V, U_2=2.38V, λ=10188.5nm, FWHM=7.7nm, T=85.67%

U_1=3.72V, U_2=3.96V, λ=9211.2nm, FWHM=3.3nm, T=96.6%

U_1=2.72V, U_2=1.12V, λ=9143.5nm, FWHM=4.1nm, T=88.23%

U_1=2.08V, U_2=2.12V, λ=9057.5nm, FWHM=3.8nm, T=86.08%

U_1=3.5V, U_2=1.16V, λ=8203.5nm, FWHM=5.6nm, T=85.33%

U_1=2.34V, U_2=1.9V, λ=8111.5nm, FWHM=8nm, T=95.92%

U_1=1.82V, U_2=4.28V, λ=8033nm, FWHM=7.2nm, T=85.38%

波长/μm

透射率/%

表 3.1　在不同信号电压作用下中波红外谱透射典型数据

第一层液晶驱动电压值/V_{RMS}	第二层液晶驱动电压值/V_{RMS}	共振波长/μm	谱透射率/%	谱透射谱半高宽/nm
2.72	2.66	3.018	86.72	2
1.38	1.26	3.522	90.89	1.3
2.56	1.18	3.6522	86.54	0.7
1.3	1.88	3.8832	92.29	0.7
2.94	1.62	4.0638	99.34	1.2
4.88	1.86	4.9032	99.26	5.2

表 3.2　在不同信号电压作用下的长波红外谱透射谱典型数据情况

第一层液晶驱动电压/V_{RMS}	第二层液晶驱动电压/V_{RMS}	共振波长/μm	谱透射率/%	谱透射谱半高宽/nm
1.82	4.28	8.033	85.48	7.1
2.72	1.12	9.1435	88.23	4.1
3.84	1.74	10.411	85.19	4.8
2.62	2.38	11.292	96.6	3.3
1.82	2.14	12.945	85.28	3.8
3.38	7.66	13.346	98.53	6

　　根据以上用于高光谱滤光的硅基 LC-FP 微腔干涉滤光结构的仿真结果，可以得出以下结论：通过改变液晶驱控电压，LC-FP 微腔干涉滤光结构的透射谱也将随之变化。在所设计的中波红外和长波红外滤光结构中，芯片都存在"盲区"。在所仿真的信号电压调节精度和调节范围内，无论如何改变信号电压均方根值，此波段内的红外光总无法透过 LC-FP 微腔干涉滤光结构。对于调节信号电压所获得的波谱密集程度，中波红外 LC-FP 微腔干涉滤光结构较长波红外高。在中波红外（3～5μm）波段，所透过的单光谱峰半高宽最大值为 6nm。在长波红外（8～14μm）波段，所透过的单光谱峰半高宽最大值为 12nm，所有波谱透射率均大于 85%。

　　对于硅基 LC-FP 级联干涉滤光结构，在光波垂直入射条件下，其透射波长为两个 FP 微腔的透射光共同波峰，即

$$\lambda = \frac{2n_{eff1}h_{LC1}}{m_1} = \frac{2n_{eff2}h_{LC2}}{m_2} \tag{3.26}$$

同时，透射光的自由光谱范围与液晶层厚度的关系为

$$FS = \frac{\lambda^2}{2n_{eff}h_{LC}} \tag{3.27}$$

　　由上述关系可知，一方面由于 m 的取值必须为整数，当完成结构和参数体系

设计后，液晶层的厚度固定下来，从而导致某些透射波长无法获取；另一方面，液晶材料的等效折射率由加载在液晶层上的信号电压决定，电源的固有输出信号调节精度以及调节范围，也将直接影响液晶材料的若干折射率在实际操作中无法获得。综合上述原因，在硅基高光谱滤光中出现上述"盲区"是一种正常现象。为避免出现这一现象，在中波红外滤光操作中，主要通过提高信号电压的加载精度（仿真中取 $20mV_{RMS}$）及电压均方根值（仿真中取 $14V_{RMS}$）来进行弱化。对于长波红外滤光操作，可在设计阶段适当增大液晶层的厚度，以减小 FSR 参数，提高不同波长透过 LC-FP 微腔干涉滤光结构的概率来弱化。从所设计的膜系反射率情况看，长波红外的膜系反射率平均值明显高于中波红外，这主要由组成高反射膜系的材料折射率差所决定，即 Ge 和 CdTe 折射率的差大于 ZnSe 与 CaF_2 的折射率差。对同一 LC-FP 微腔干涉滤光结构，从其反射率与所对应的谱透射峰的半高宽进行对比可知，构成 LC-FP 微腔干涉滤光结构的反射率越高，谱透射峰的半高宽越小，但总的谱透射率也有所降低。

对谱成像系统而言，期望谱透射波峰的半高宽越小越好，但过小的半高宽会使 LC-FP 的谱透射率降低，从而影响后续的光电成像操作。因此，设计阶段必须在材料选取与 FP 腔的几何参数间进行折中，在保证 LC-FP 微腔干涉滤光结构有良好透光响应的情况下尽量降低半高宽。对红外 LC-FP 微腔干涉滤光结构而言，除需要选择合适的光学膜系材料外，确定适当的液晶厚度也是一个重要设计要素。一般而言，液晶层过厚会导致某些情况下的透射谱为多谱形态；反之也会使 LC-FP 微腔干涉滤光结构的盲区扩大，从而降低使用效能。

3.3 红外 LC-FP 微腔干涉滤光结构设计

在上述仿真工作基础上进一步开展器件化制作工作。首先根据所需匹配的 CMOS 或 CCD 光敏阵列的结构尺寸，确定 LC-FP 微腔干涉滤光结构的外形参数，然后确定工艺流程和关键工艺数据，主要包括基于单体 LC-FP 微腔干涉滤光结构的多光谱滤光结构制作、阵列化 LC-FP 微腔干涉滤光结构制作以及基于级联 LC-FP 微腔干涉滤光结构的高光谱滤光结构制作等。针对将所制作的 FP 滤光结构与光敏阵列耦合，获取目标的多光谱及高光谱图像。在进行 LC-FP 微腔干涉滤光结构制作前应根据红外成像探测阵列的结构尺寸和外封装，合理规划 LC-FP 微腔干涉滤光结构的形貌和电子学参数指标。

首先要合理选择用于构建 FP 微腔的基片结构尺寸。制作工艺误差以及与之耦合的 CCD 或 CMOS 光敏阵列的外形尺寸和封装外壳，均为影响基片尺寸合理选取的外部因素。与 LC-FP 微腔干涉滤光结构耦合一种典型红外 CCD 光敏阵列的形貌结构如图 3.16 所示。该光敏阵列的像素规模为 640×480，单元像素或单元探测器的结构尺寸为 25μm×25μm，总体外形尺寸（长×宽×高，以下同）为 23.5mm×32mm×7.7mm，光敏面尺寸为 16mm×12mm。

图 3.16　与 LC-FP 微腔干涉滤光结构耦合的一种典型的红外 CCD 光敏阵列的形貌结构

从成本和适用角度出发，对所制作的 LC-FP 微腔干涉滤光结构进行塑料外壳封装，如图 3.17 所示。塑料外壳的结构尺寸为 35mm×25mm×7mm，最多支持 36 个引脚，通光孔径为 16mm×14mm，底壳及顶壳厚度各 2mm，封装后壳内剩余最大厚度为 6.6mm，内封装引脚尺寸为 32mm×23mm。所规划的 LC-FP 微腔干涉滤光结构的关键性参数主要有：总体外形尺寸小于 33mm×23mm×6.6mm，有效滤光区域大于 16mm×14mm。在制作阵列化 LC-FP 微腔干涉滤光结构时，相邻工作区域间的距离不能过大，以免浪费与其耦合的 CCD 像素资源，以及可能导致光串扰和红外光能利用率降低等现象。

图 3.17　对 LC-FP 微腔干涉滤光结构进行外壳封装

所设计的两种 LC-FP 微腔干涉滤光结构如图 3.18 所示，其中图 3.18（a）给出了单体 LC-FP 微腔干涉滤光结构的典型形貌特征，图 3.18(b)给出了级联 LC-FP 微腔干涉滤光结构的高光谱滤光结构的形貌特征。图 3.18 所示的 LC-FP 微腔干涉滤光结构均包含 3 个功能区块，即电极区、胶合区和有效工作区。电极区用于接入由结构外部输入的电压信号；胶合区为制作液晶盒时将混有微球间隔子的液体胶压合在对偶基片过程中的胶液渗透和展布区，此区域不参与 LC-FP 微腔干涉滤光结构的控光操控；有效区即为滤光结构的实际控光作用区，分布在该区域中的液晶分子起到电调谱选择的光程调变或改变液晶折射率作用。

所设计的一种单体 LC-FP 微腔干涉滤光结构典型参数有：基底尺寸 23mm×18mm×1mm，整体尺寸 23mm×20mm，有效区域尺寸 19mm×15mm，电极尺寸 23mm×2mm。

所设计的一种级联 LC-FP 微腔干涉滤光结构高光谱滤光结构典型参数有：整体尺寸 23mm×23mm，有效区域尺寸 16mm×16mm，电极尺寸 18mm×5mm。

在进行 LC-FP 微腔干涉滤光结构制作时应尽量减少混有微球间隔子液体胶的使用量，防止在基片压合过程中液体胶因过分渗透而增大胶合区面积，从而缩小有效控光区域面积现象的发生。

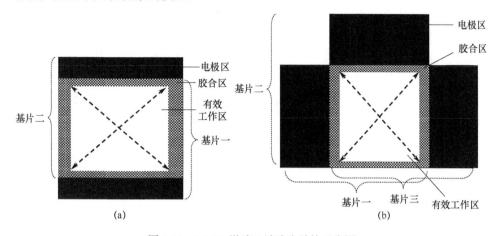

图 3.18　LC-FP 微腔干涉滤光结构示意图
（a）单体 LC-FP 微腔干涉滤光结构；（b）级联 LC-FP 微腔干涉滤光结构。

3.4　工艺制作、性能测试与评估

制作 LC-FP 微腔干涉滤光结构主要包括功能性基片准备和利用标准微电子工艺进行 LC-FP 微腔干涉滤光结构制作这两个主要环节。通过在双面抛光的 ZnSe 和硅片的一个端面上，同时制作光波的高反射膜和导电膜，获得用于构建 FP 腔体的两个对偶端面基片结构。将这两个相同材质的基片镀膜端面平行对顶布设，再由一定直径的玻璃微球间隔子加以隔离后密封成一定深度的腔体，中间充分填充液晶材料，并引出控制电极导线，即完成 LC-FP 微腔干涉滤光结构制作。

基片准备主要包括：①通过切割、整形与抛光衬底材料，形成具有特定厚度与表面光洁度或粗糙度的结构面形并镀膜；②利用标准微电子工艺形成特定结构尺寸的有效区块界面，用于耦合、锚定与驱控液晶材料，主要涉及光刻、显影、面形结构腐蚀成形、后处理等主要步骤。主要工艺材料有：苏州瑞红电子化学品有限公司的 RZJ-390PG 正性光刻胶及配套显影液（RZX-3038）、高纯酒精和丙酮、去离子水、PI 材料、聚酰胺树脂、高纯环氧树脂、微米级粒径玻璃微球以及 E44 液晶材料等。

通过光刻完成 Al 膜图案电极的刻蚀成形，用于制作阵列式或区块化结构的 LC-FP。玻璃微球由苏州纳微科技公司生产，粒径误差范围为±0.2%，起到隔离两基片并稳定维持其特定距离或深度的作用，使所构建的 FP 微腔具有所需要的深度指标。

PI 材料作为一种有机化合物，主要用于构建可锚固液晶材料的初始定向层，赋予液晶分子特定的初始排布形态，多采用使初始状态下的液晶分子与基片表面平行排列这一方式。现有液晶材料定向层的制作方法主要有两种：一是利用主链上含有酰胺环的聚合物 PI；二是在基片表面蒸镀一层 SiO$_2$ 薄膜，然后利用高精度电子束光刻技术，形成一定深度和宽度的 SiO$_2$ 沟道。由于 PI 具有良好的电绝缘性，同时在红外波段又具有较高透射率，在常温下为液态，随着温升可转变为固态，固态化后的 PI 可承受 150～400℃的高温，不会出现显著的结构和性能改变，呈现高的化学稳定性和耐腐蚀性。这里选用北京波米科技有限公司生产的 ZKPI-440 型 PI 试剂制作 PI 涂层，构建成基于 E44 液晶材料的初始定向结构。

在进行基片黏结构建 FP 液晶盒的过程中，采用 650 型聚酰胺树脂和 E44 高纯度环氧树脂胶双组分黏合剂。聚酰胺树脂作为黏结剂，环氧树脂作为固化剂，混合使用后待固化即呈现收缩率小、绝缘性好、具有较好耐磨性和耐化学腐蚀等特点。在使用过程中，将环氧树脂与聚酰胺树脂按体积比 1：1 混合，可以通过调节聚酰胺树脂用量来控制固化硬度。混合后的黏合剂在常温下约需一天时间固化，可以通过加热缩短固化时间，在 100℃环境中用时约 3h。

完成 LC-FP 微腔干涉滤光结构制作所需的主要设备包括紫外光刻机、超声清洗机、热烘干装置及匀胶机等。紫外光刻机用于区块化或阵列化单体 LC-FP 微腔干涉滤光结构的光刻成形，型号为四川南光真空科技有限公司的 H94-25C 型（LED）4″单面光刻机。该光刻机主要包括显微光学系统、紫外光出射系统及对准平台。对准平台用于调节光刻版与被光刻芯片准直对齐，显微系统用于观察光刻版与芯片的对齐情况，紫外光用于对芯片上未被光刻版图案遮挡区域进行曝光。超声清洗机主要用于在基片上旋涂光刻胶以及旋涂 PI 前的清洗操作，在使用过程中需要设定两个关键参数，即温度和震动时间。震动时间显示进行超声清洗所需时长，温度则用于显示清洗时的清洗液温度情况，通常在启动设备前应等待环境温度达到设定值。烘干装置一般以热烘台最为常见，目前所采用的是 MODELKW-4AH 型热烘台，通过设定温度对所制作的光刻胶膜及 PI 膜进行烘干和坚膜操作。在基片表面制作以上所述薄膜采用旋转涂胶法进行，在涂覆过程中需要根据液体温度和黏度情况，确定匀胶机转速、启动速度和匀胶时间，用于控制成膜厚度和面积。为获得较大面积的均匀薄膜，通常采用高启动速度和旋转速度一次性获得亚微米厚度薄膜，然后经热烘干处理再一次通过以上所述的旋转涂胶，获得亚微米厚度薄膜。经过以上所述的多次旋涂和热处理操作，可获得最大可到几十微米厚度和厘米级直径的均匀薄膜。

制作 LC-FP 微腔干涉滤光结构所采用的 ZnSe 材料属于立方晶系，在 0.5μm～15μm 波长范围内均具有较高透射率，是红外光学和光电芯片所经常使用的理想材料。ZnSe 熔点高达 1520℃，可承受较高热环境温度，但其硬度不高，质地较脆，在制作 ZnSe 基片过程中所采用的切割打磨需格外谨慎小心。所涉及的另一种单晶硅材料，作为一种成熟的半导体材料具有较高熔点，也可以承受较高环境温度，迄今为止已被广泛用于电子学、光电子学、微纳光学和光子学等领域的芯片制作中。其透射光窗覆盖 1.2～15μm 的谱域范围，作为一种较为理想的红外光学和光电材料，目前主要用于 1.2～5μm 波长范围。硅材料比 ZnSe 材料的硬度更高，在红外波段的透射率相对低些。

一般而言，商用硅或 ZnSe 基片的结构尺寸和表面粗糙度或光洁度，难以达到制作LC-FP微腔干涉滤光结构所规定的性能指标要求，必须对 ZnSe 和硅基片进行切割、研磨和抛光处理。首先需要对通过机械切割所产生的基片边缘"毛刺"进行磨边去除处理，然后对基片表面进行高精度研磨和抛光，达到可以进行光学镀膜的表面粗糙度要求，使制作的 LC-FP 微腔干涉滤光结构具有所需的表面平整度。由于所发展的 LC-FP 微腔干涉滤光结构面形尺寸较大，这里采用机械法对 ZnSe 和硅基片进行研磨（粗磨+细磨）和抛光处理，达到光学镜面水平。

首先采用含有较大粒径的研磨料，让基片材料在机械研磨平台上高速旋转进行粗磨来修整基片的粗糙表面；然后渐次减小研磨材料的颗粒粒径，同时降低机械研磨平台的旋转速度，消除粗磨痕迹；最后通过具有细微粒径的精细研磨料对基片表面进行抛光，去除残留在基片端面上的细微磨痕。通过上述研磨与抛光处理，最终使所处理的基片达到光学镜面加工的第三级标准，即 *Ra*32nm。图 3.19 所示为经过研磨抛光后的 ZnSe 基片，通过表面轮廓测量仪测量所得到的表面平整度曲线，由图中数据可见，ZnSe 基片的表面平均起伏程度低于 10nm，左侧边缘所出现的一个锐利凸起，源于在测试过程中所沾染的灰尘颗粒。

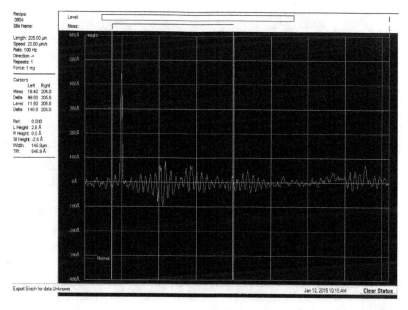

图 3.19　经过研磨抛光后的 ZnSe 基片通过表面轮廓测量仪所得到的表面平整度曲线

在经过研磨抛光的硅和 ZnSe 基片表面，制作光波的高反射膜及金属膜层，通过常规镀膜工艺完成。就技术成熟度而言，镀膜主要采用磁控溅射、真空蒸镀及化学气象沉积等方式进行。这里采用性价比较高的常规真空蒸镀工艺完成上述膜系在基片表面的成膜操作。真空蒸发镀膜从原理上可追述至物理气相沉积法，通过利用电阻加热或者高频振荡加热方式，将真空镀膜室内的膜材料逐层蒸发剥离，当蒸发分子的平均自由程较大时，蒸汽原子或分子从蒸发源逸出，在接触到温度较低的基片表面后，便在表面凝结形成膜层。在进行真空蒸发镀膜操作时，最重要的工艺步骤就是控制真空室内的压强以及对膜材加热的温度。

在进行真空镀膜过程中，必须对膜厚进行严格监控，这对制作金属导电膜而言显得尤为重要。如果膜层过厚，会导致大量红外能量被吸收而无法进入 FP 微腔内；金属膜过薄又会导致导电性能减弱甚至丧失，使 LC-FP 微腔干涉滤光结构失去透射光波的波谱电调能力。特别是对镀铝 ZnSe 基片而言，一方面 Al 膜导电性较 Au 膜差；另一方面 Al 膜还需起到光波的高反射作用，对其厚度有严格要求，一般应控制在约 40nm 以上。常规的商用真空蒸发镀膜设备，一般利用光的干涉法进行膜厚监控。在完成镀膜后可以利用轮廓仪或台阶仪进行膜层的表面平整度测量。分别在硅和 ZnSe 基片表面制作不同材质薄膜的表面形貌测量曲线如图 3.20 所示。由图 3.20（a）可见，在硅基片表面所蒸镀的 MgF_2 膜表面起伏平均值约 20nm，Au 膜的表面起伏平均值约 0.5nm，在 ZnSe 基片表面的 Al 膜表面起伏平均值约 5nm。

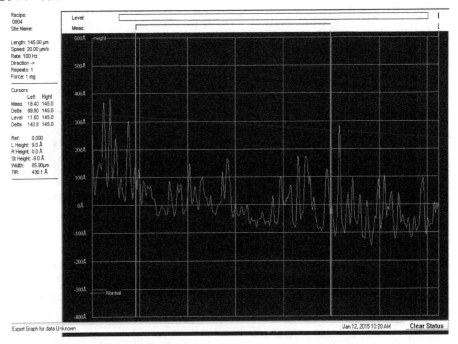

(a)

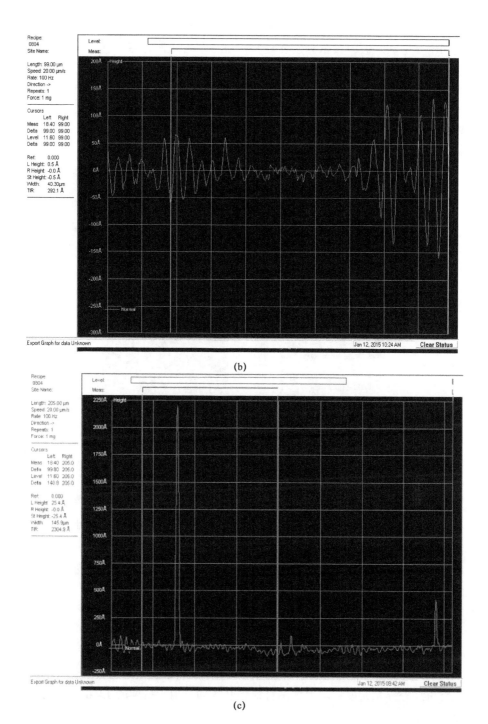

(c)

图 3.20　分别在硅和 ZnSe 基片表面制作不同材质薄膜的表面形貌测试曲线

（a）在硅基片表面蒸镀 MgF₂ 膜的表面形貌测试曲线；　（b）在硅基片表面蒸镀 Au 膜的表面形貌测试曲线；

（c）在 ZnSe 基片表面蒸镀 Al 膜的表面形貌测试曲线。

利用真空蒸发镀膜技术分别在硅和 ZnSe 基片上制作多种光学薄膜的面形特征如图 3.21 所示。图 3.21（a）给出了在硅基片表面制作 Au 膜面形，图 3.21（b）所示为在硅基片表面制作 MgF$_2$ 膜面形，图 3.21（c）所示为 ZnSe 基片的表面面形，图 3.21（d）所示为在 ZnSe 基片上制作 Al 膜面形，图 3.21（e）所示为在 ZnSe 基片的两个端面上制作 Al 膜面形。

图 3.21 分别在硅和 ZnSe 基片表面制作不同薄膜的面形特征

（a）硅基 Au 膜；（b）硅基 MgF$_2$ 膜；（c）ZnSe 基片面形；（d）ZnSe 基 Al 膜；（e）ZnSe 基双面 Al 膜。

完成上述镀膜工艺后，还要对硅和 ZnSe 基片的谱透射率以及导电性能进行测试评估。通常情况下，在红外波段应有足够比例的红外能量透射，并且基片的方块电阻足够小是基片镀膜是否达标，也就是能否用于 LC-FP 微腔干涉滤光结构制作的基本要求。对所制作的硅和 ZnSe 镀膜基片，利用万用表和光谱仪进行了电阻和红外谱透射率测试，硅基 Au 膜的表面电阻约 4Ω，平均红外透射率约 0.2，ZnSe 基 Al 膜的表面电阻约 30Ω，中红外平均透射率约 8%，长波红外平均透射率约 4%，硅基 Au 膜和 ZnSe 基 Al 膜的红外谱透射率测试曲线分别如图 3.22 和图 3.23 所示。进行红外谱透射率测试的设备为天津市东港科技发展有限公司的 WGH-30/6 型双光束红外分光光度计。上述两种镀膜基片均可用于后续的 LC-FP 微腔干涉滤光结构制作。

从图 3.21 所示的基片类型中选择用于不同谱成像用途的两片镀膜基片，用混有一定粒径的微球间隔子胶液对偶黏合在一起，形成四边封闭但留有通道的中空腔盒，并进一步在腔中充分填充液晶材料后封闭并引出电连接导线，便制成一个原理性 LC-FP 微腔干涉滤光结构滤光芯片。对于单体 LC-FP 微腔干涉滤光结构多谱滤光芯片、阵列结构的单体 LC-FP 微腔干涉滤光结构多谱滤光芯片以及重叠级联 LC-FP 微腔干涉滤光结构的高光谱滤光芯片等，在制作工艺、所用材料和设备方面大体相同，但仍存在细微区别。

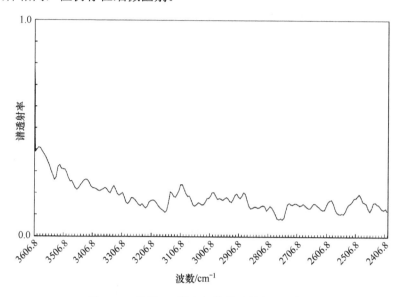

图 3.22　硅基 Au 膜中红外谱透射率测试曲线

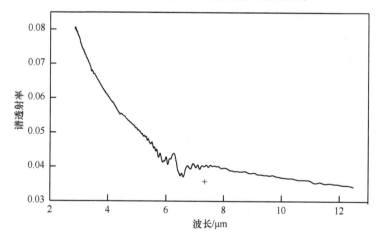

图 3.23　ZnSe 基 Al 膜中长红外谱透射率测试曲线

（1）清洗。

将硅和 ZnSe 基片分别放入丙酮、无水乙醇、去离子水中进行超声清洗，去除基片表面油渍、金属颗粒及灰尘等杂质。进行超声清洗的典型参数为：温度 40℃、超声振荡约 5min。

（2）烘干。

烘干温度设定为85℃，时长约 5min。烘干后的基片需静止一段时间，不能立即投入使用；否则可能因热胀冷缩导致基片破裂或出现裂纹。

（3）旋涂光刻胶。

采用旋涂法在基片表面均匀涂敷光刻胶。典型参数为：涂胶转速 1200r/min 和涂胶时间 20s；涂胶转速 5400r/min 和涂胶时间 60s 等。

（4）胶膜烘干。

通过渐次升温加热基片，烘干光刻胶使其硬化而紧密附着在基片表面或基片表面上的膜层表面。典型参数为：最高温度 100℃，徐徐升温耗时约 10min。

（5）曝光。

作为光刻中的关键步骤，完成光刻胶的感光处理。光刻胶的感光量由曝光时间确定，一般应根据光刻胶的性能指标情况和使用年限（已逐渐老化但可用）调整曝光时间，获得最佳曝光效果。典型参数为：光刻时长约 40s。

（6）显影。

作为光刻中的另一个关键步骤，完成光刻版图形向光刻胶膜中转印。利用显影液去除改性后的光刻胶（正胶）或未改性的光刻胶（负胶），获得光刻胶掩模。一个判断显影进程的简单方法为：在进行显影操作时，将基片镀铝面背对着操作者放入显影液中，随着时间的延续受紫外光照射区域的透明度逐渐增强，待曝光区域近似透明时则标志显影和腐蚀都已充分且适时完成。在基片表面的 Al 层也可为其他类型的易受显影液腐蚀的金属膜层，但应调整金属膜层与光刻胶间的视觉性图案对比关系。使用该方法可以显著提高腐蚀成功率，有效避免腐蚀不足或过腐蚀现象出现。

（7）腐蚀。

在无铝模存在的情形下，可通过观察是否出现基片本色如 Si 基片或 ZnSe 基片的相对光亮表面，与光刻胶结构间出现较明显的图形亮度差等，作为判断显影和腐蚀操作是否已充分且适时完成的依据。图 3.24 所示为适时完成结构腐蚀的基片局部区域在显微镜下的观察效果，典型的显微参数为：目镜 10×、物镜 10×、NA=0.25。

（8）去除经紫外光刻后残存的光刻胶。

（9）清洗。

分别用无水乙醇和去离子水清洗基片后置放在烘干平台上烘干。典型烘干温度约 80℃，时长约 5min。

（10）旋涂 PI 膜层。

在铝模表面采用旋转涂胶工艺制作 PI 膜层。由于铝模的方块电阻较大，典型旋涂参数为：在 1200r/min 下旋涂时长约 20s 或 3600r/min 下旋涂约 40s。对方块电阻较小的金模则可采用多次旋涂操作，获得厚度相对较大的 PI 膜，以充分隔绝金模与液晶层，避免出现短路现象。

图 3.24　适时完成结构腐蚀的基片局部区域在显微镜下的观察效果

（11）坚膜。

将旋涂 PI 膜后的基片放在烘干平台上烘干，典型参数为：首次烘干温度约 85 ℃，烘干时长约 5min；然后再将烘干温度提高到约 320℃，烘干时长约 30min。

（12）摩擦成形液晶初始定向层。

用专用摩擦绒布朝一个方向摩擦在基片表面制作的 PI 膜层，在 PI 层中形成具有一定深度和顶面宽度的类 V 形沟槽，用于锚定相互链接的相邻液晶分子。摩擦方向一般应保证在构成液晶盒的上下对偶端面上的 PI 沟槽反向平行。对用于其他若干特殊用途的液晶盒，也可采用相互垂直或呈一定夹角方式。对于级联 LC-FP 微腔干涉滤光结构而言，可采用一块基片作为公共基板，在其一个面上制作一层 PI 定向层后，可在基片的另一面上继续旋涂 PI 定向层，将其作为公共极板完成两个 LC-FP 微腔干涉滤光结构的耦合集成。

（13）基片黏结成盒。

将 PI 树脂与高纯环氧树脂按体积比 1:1 混合，再将具有特定粒径的适量微球间隔子混入胶中并拌匀。微球数量以适当为宜，过多会导致微球堆叠而难以精确控制液晶盒的实际深度。微球在 PI 树脂与高纯环氧树脂混合液中的典型显微分布如图 3.25 所示。

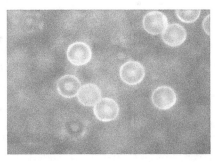

图 3.25　微球在 PI 树脂与高纯氧树脂混合液中的典型显微分布

（14）液晶盒成形。

将完成膜系制作的两片基片用混有微球的 PI 树脂与高纯环氧树脂混合胶液黏结边缘部位，构成液晶盒。混合胶液的使用量以适量为宜；否则在基片压合过程中会导致过多胶渗透液晶盒中而减小有效通光区域面积。

（15）灌注液晶材料。

待液晶盒固化牢固后，利用毛细原理将液晶材料充分注入液晶盒中。在液晶盒中灌注液晶材料时应遵循少、慢原则，对深度或厚度较小的液晶盒应尤其注意。典型的液晶灌注操作：利用针尖粘取液晶滴，并使液晶滴尽量小；液晶从预留的液晶盒开口处注入时应尽可能慢，否则会导致因液滴未能及时下沉，使新的液滴沿芯片边缘从底部进入液晶盒，从而封堵在液晶注入的同时排出盒中空气的出口通道，使气泡驻留在液晶材料中产生缺陷。完成液晶材料灌注后用胶封堵液晶灌注口和排气口，即构建 LC-FP 微腔干涉滤光结构的芯片化结构。

在进行上述工艺流程中，对最终结构性能起决定性作用的操作环节是：PI 定向层的沟槽摩擦效果以及 PI 树脂与高纯环氧树脂混合胶液中的玻璃微球间隔子的掺入量。摩擦操作决定了用于沉积液晶分子以产生其空间排布锚定作用的沟槽深度和宽度，使液晶分子呈现有效和充分的初始排布取向，及其与相邻液晶分子间的有效定向链接。通过玻璃微球间隔子的粒径来保证液晶材料具有适度厚度，用量过大会造成间隔子呈现不均匀密堆积，从而造成具有较大面形尺寸的 FP 微腔深度不均匀以及上下基片间产生应力而破坏芯片结构。

利用上述工艺流程分别制作了原理性的 ZnSe 基单体 LC-FP 微腔干涉滤光结构芯片，阵列化（周期为 15μm）的 ZnSe 基单体 LC-FP 微腔干涉滤光结构芯片以及重叠级联的 LC-FP 微腔干涉滤光结构芯片，如图 3.26 所示。其中图 3.26（a）～（c）分别给出了上述芯片的形貌特征。硅基 LC-FP 微腔干涉滤光结构原理芯片形貌特征如图 3.27 所示。对 ZnSe 基 LC-FP 微腔干涉滤光结构芯片进行封装的情况如图 3.28 所示。其中图 3.28（a）显示了封装内部结构特征，图 3.28（b）给出了芯片正面俯视图，图 3.28（c）给出了芯片背面包括电引脚的俯视图。

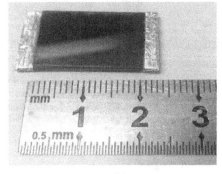

(a)

(b)

(c)

图 3.26   ZnSe 基电调红外波谱 LC-FP 微腔干涉滤光结构形貌特征

（a）单体 LC-FP 微腔干涉滤光结构；（b）阵列化的单体 LC-FP 微腔干涉滤光结构；（c）重叠级联的 LC-FP 微腔干涉滤光结构。

图 3.27   硅基 LC-FP 微腔干涉滤光结构形貌特征

(a)   (b)

(c)

图 3.28   ZnSe 基 LC-FP 微腔干涉滤光结构芯片

（a）内部图；（b）正面俯视图；（c）背面俯视图。

3.5 红外 LC–FP 微腔干涉滤光原理芯片测试与分析

1. 常规电学性能测试

根据所发展的 LC-FP 微腔干涉滤光芯片的结构特征，可将其基于电路原理等效为一个有限容量的电容器。利用图 3.29 所示测量原理，进行 ZnSe 基 LC-FP 微腔干涉滤光芯片的电容特性测量。首先测量加载在 LC-FP 微腔干涉滤光芯片两端面电极上的电压以及回路中的电流，获得阻抗 $Z=U/I$ 数据。电容阻抗 $Z_C = 1/(2\pi f C)$，其电容 $C = 1/(2\pi f z)$，式中 f 为频率，取 $f=1\text{kHz}$。根据测试结果，可得到各区域的均方根有效电压–阻抗曲线以及均方根有效电压–电容曲线，如图 3.30 所示。

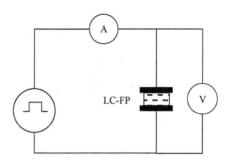

图 3.29 常规电学性能测试原理

针对 4×4 区块即阵列化的单体 LC-FP 微腔干涉滤光结构，同样根据图 3.29 所示进行常规电学性能测试。首先设定一个加载在某一电极上的信号电压均方根值；然后改变加载在该电极周围电极上的信号电压均方根值，监测该电极电学参量变化情况。如图 3.31 所示，首先设定加载在 6 号电极上的信号电压为 $16.5\text{V}_{\text{RMS}}$，然

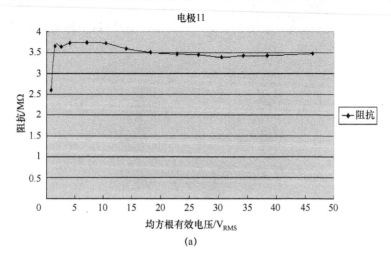

(a)

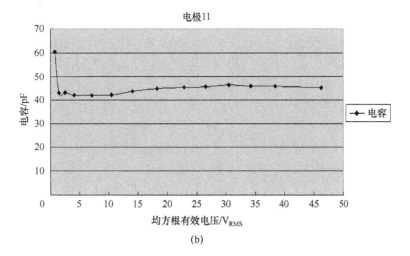

(b)

图 3.30　针对 LC-FP 微腔干涉滤光结构芯片所进行的典型常规电学性能测试

(a) 均方根有效电压–阻抗曲线；(b) 均方根有效电压–电容关系曲线。

后改变加载在周围区域处的电极，即 2 号、5 号、7 号和 10 号电极上的信号电压，根据测试结果计算 6 号电极上的电容值，形成图 3.32 所示的关系曲线。由图 3.32 可见，6 号电极所对应的 LC-FP 微腔干涉滤光结构电容值，未受周围各独立电极所加载的信号电压影响。也就是说，阵列化结构的 LC-FP 微腔干涉滤光结构通过可寻址加电方式，能有效调变各独立区块上所加载的信号电压，不会影响或干扰其他区块电极的工作状态而显示电学独立性。

1	2	3	4
5	6	7	8
9	10	11	12
13	14	15	16

图 3.31　测试区域示意图

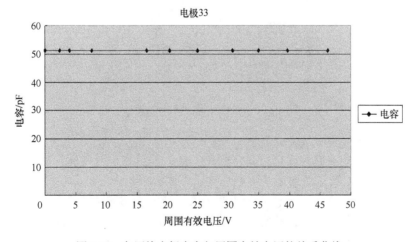

图 3.32　各区块电极电容与周围有效电压的关系曲线

2. 红外透射谱特征

红外透射谱是衡量 LC-FP 微腔干涉滤光结构是否制作成功的一项标志性指标，主要显示所制作的芯片红外透射光是否到达足够高的透射程度、是否显示窄谱性以及是否具有中心透射波长可随所加载的信号电压变化做相应移动等。所涉及的物理量主要有红外谱透射率、自由光谱范围、波长调节范围、驱动信号电压范围及波长分辨率等。

对所制作的 LC-FP 微腔干涉滤光结构红外透射特征进行测试如下。利用德国Bruker（布鲁克）公司的 EQUINX 55 傅里叶变换红外光谱仪，测试所制芯片的红外透射谱。该设备主要技术参数有：信噪比 36000:1，测量谱区波数 25000～20/cm，分辨率 0.4/cm（可选 0.15/cm）。由于该设备具有测试精度高、分辨率好和工作效率高等特点，目前已广泛用于材料科学、红外测量和显示以及生化等领域中的高分子官能团结构测定与分析。该设备在开机前需要预热，根据环境湿度和温度确定预热时间。开机后首先扫描背景直至透射谱线呈现为一条透射率为 100%直线时，表示设备已处在可正常使用状态。然后将所测试的样片置于测试光路中，利用图 3.33 所示的电压信号源将控制信号加载在测试芯片上，通过选定和调变输出信号，测量芯片的透射光波情况。该信号源的主要参数指标：①最大可输出 16 路电压信号，用于同时独立驱控 16 路液晶芯片或结构单元；②输出均方信号电压范围为 0～30V_{RMS}；③输出频率为 1kHz、占空比为 1：1 的方波信号。

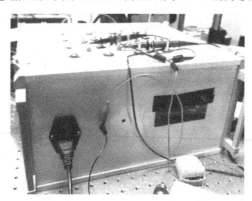

图 3.33　16 路输出液晶驱控信号源

在测试过程中应注意以下事项。

（1）在测试芯片前首先进行背景扫描；然后在较宽信号电压范围内选择差别较大的不同电压值测试透射谱，以避免背景干扰影响。

（2）在波数为 2400/cm 附近所出现的波峰或波谷与测试芯片无关，主要为空气中的二氧化碳和水蒸气的吸收峰，可通过平滑处理测试数据去除。

（3）在完成信号电压加载或调变后应停留一段时间，保证液晶分子达到新的稳定态或平衡态后进行透射谱的扫描操作。在利用傅里叶变换红外光谱仪分别对所制作的 LC-FP 微腔干涉滤光结构进行谱透射测试中，通过改变驱动电压进行谱扫描。在扫描过程中可以自由设定扫描时间以及扫描的波数间隔。在实验中设定的扫描时长为 8s，扫描波数间隔为 0.4/cm。

利用上述设备测试不同电压状态下的 LC-FP 微腔干涉滤光结构透射谱特征以及区块化或阵列式 LC-FP 微腔干涉滤光结构芯片中不同驱控电极的可独立加电控制的典型测试结果，如图 3.34 所示。图 3.34（a）给出了 LC-FP 分别在 5.3V$_{RMS}$ 和 19.8V$_{RMS}$ 电压下的谱透射特征，在两个信号电压下的谱透射率曲线显示大致相同的变化趋势和数值，已表示出谱透射率峰中心波长随驱动信号电压的变化而移动这一显著特征。对于区块化或者阵列结构的 LC-FP 微腔干涉滤光结构而

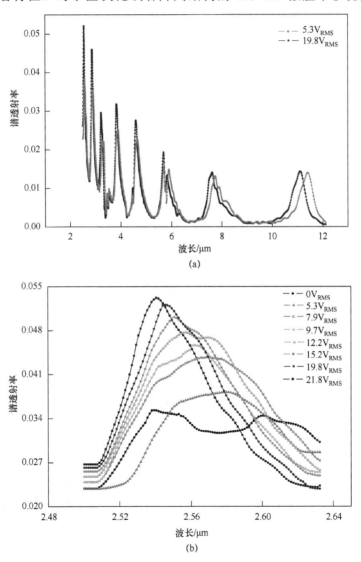

(a)

(b)

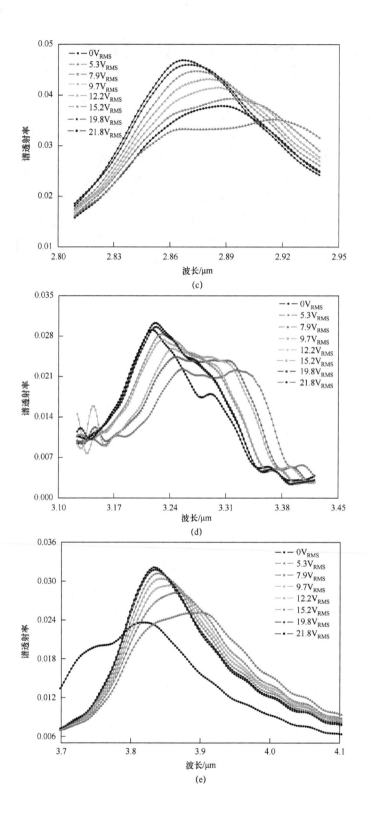

(c)

(d)

(e)

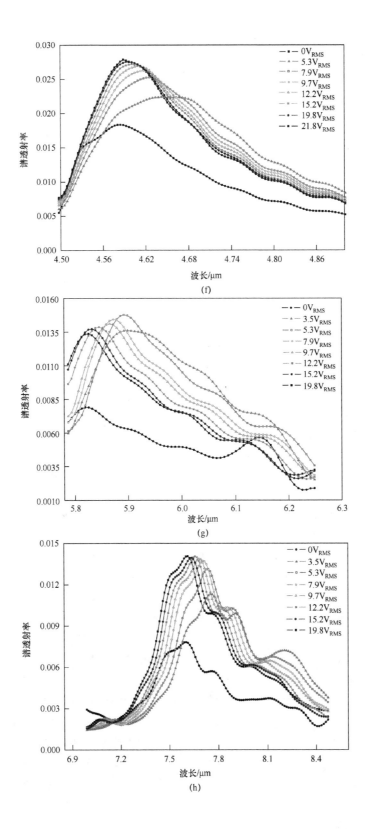

(f)

(g)

(h)

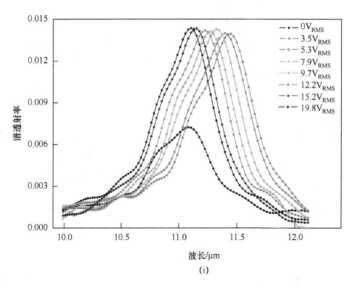

图 3.34　不同驱控信号电压作用下的 LC-FP 微腔干涉滤光结构典型红外谱透射特征

言，通过控制加载在不同电极上的信号电压均方根值，可以对一帧图像中的不同区块图像进行谱成像操作，即可以同时获得 16 个光谱通道的区块子图，为仅对成像视场中的局部感兴趣区域进行谱成像操作提供了方法手段。图 3.34 仅给出了对一个典型区块电极加载不同信号电压时，获得宽红外谱域内的谱透射率测试结果。尽管目前所得到的红外谱透射率仍较低，但所反映的受控谱透射行为特征，为该方法的继续发展奠定了方法和数据基础。

　　将图 3.34 所示的多个谱透射率峰，分别在不同驱控信号电压下的变动特征加以显示，如图（b）～（i）所示，所选取的信号电压分别为 $0V_{RMS}$、$5.3V_{RMS}$、$7.9V_{RMS}$、$12.2V_{RMS}$、$15.2V_{RMS}$、$19.8V_{RMS}$ 和 $21.8V_{RMS}$。针对多个谱透射率峰所粗略划分的红外波段分别为（2.5～2.63μm）（2.81～2.93μm）（3.12～3.41μm）（3.7～4.1μm）（4.5～4.89μm）（5.7～6.25μm）（7.0～8.5μm）和（10.0～12.2μm）。由图 3.34 可见，各电压下的红外谱透射率曲线会随信号电压的增大向长波方向移动。上述测试数据表明，在加载信号电压作用下，液晶分子指向矢的偏转角度在逐渐增大，导致液晶材料的折射率呈逐渐减小趋势，但尚未显示饱和迹象。也就是说，在所加载的信号电压范围内，液晶分子指向矢尚未越过最大偏转角。

　　针对级联 LC-FP 微腔干涉滤光结构芯片的测试如图 3.35 所示。图 3.35 中的两个 LC-FP 微腔干涉滤光结构共用一个位于结构中央的负极板作为公共电极板，位于顶面和底面的电极一和电极二，则作为两个 LC-FP 微腔干涉滤光结构的正极板。在级联 LC-FP 微腔干涉滤光结构芯片上加电可采用分别在位于图 3.35 所示的上端或下端 LC-FP 微腔干涉滤光结构上独立加电，或将这两个加电操作以协同方式进行。测试实验显示，在图 3.35 所示的上端和下端 LC-FP 微腔干涉滤光结构上同时加电时，两个电极对空间的信号电压或在两个 FP 微腔中所激励的空间电场会互相干扰。也就是说，当改变级联结构中的一个 FP 微腔驱控信号电压时；另一个 FP 微腔上的驱控信号电压也会产生不同程度的相应改变。其主要原因在于：两个 FP 微腔共用一个负电极，用于驱控上、下两个 FP 微腔中液晶材料的信号电压为方波信号，仅显示信号差值。改变加载在一个 FP 微腔上的驱控信号电压值，同时引发另一个 FP 微腔上与其有连接关系的电位值，而对负极信号电压产生影响，连带影响另一个加载在 FP 微腔上的实际信号电压。因此，在实验测试过程中应严格接地，实现两个 FP 微腔的电学独立，如可采用在测试过程中将公共负极连接到测试设备外壳上等。

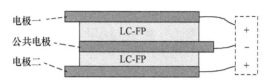

图 3.35　级联 LC-FP 微腔干涉滤光结构芯片测试

级联 LC-FP 微腔干涉滤光结构的谱透射率测试曲线如图 3.36 所示。图 3.36 中的曲线 2 表示分别在第一级和第二级 LC-FP 微腔上加载 $5V_{RMS}$ 和 $7V_{RMS}$ 信号电压时的谱透射率，曲线 2 表示分别在第一级和第二级上加载 $3V_{RMS}$ 和 $16V_{RMS}$ 时的谱透射率。由图 3.36 所示数据和谱透射率的谱响应特征可见，透射光波随测试波长的改变呈现显著的腔间谱干涉行为，谱透射率的谱响应曲线随所加载信号电压的改变而产生如曲线 1 和曲线 2 所示的明显移动。在相同测试条件下，针对硅基级联 LC-FP 微腔干涉滤光结构的谱透射特征所进行的测试显示，在不同混合电压

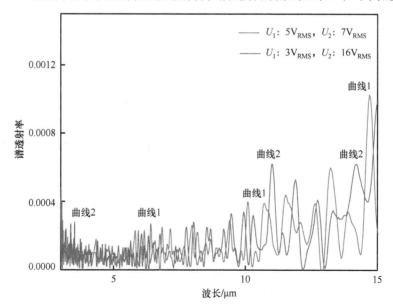

图 3.36　ZnSe 基级联 LC-FP 微腔干涉滤光结构的谱透射率曲线

下的测试结果并不显示明显的谱透射特征。其原因在于：对于硅基级联 LC-FP 微腔干涉滤光结构而言，由于硅基片的红外谱透射率过低，使可能透射的红外能量过小而无法满足测试光谱仪最低入射光能要求，如果也考虑红外能量被硅基 LC-FP 微腔干涉滤光结构反射和吸收等因素，则红外透射能量会降到更低程度而无法判读。

从测试结果可见，ZnSe 基级联 LC-FP 微腔干涉滤光结构驱控信号电压的均方根值变化时，芯片的红外透射谱产生明显移动，其典型物理变化过程如图 3.37 所示。当驱控信号电压为 $0V_{RMS}$ 时，填充在 FP 微腔中的液晶材料分子几乎平行于上下 ZnSe 基片表面所锚固的液晶分子排布取向，也就是说，呈现与基片表面平行的排布形态，此时液晶材料的等效折射率为 n_e，相当于处在透射谱中的左端位置。随着加载信号电压的逐渐增大，当取 U_1 时，液晶分子指向矢相对其初始位置产生一定程度上的角度取向偏转，如图 3.37 所示的 θ 角，并且随着信号电压的不断增大，其偏转角也渐次增大，液晶材料的等效折射率也逐渐增大，LC-FP 微腔干涉滤光结构的谐振透射波长也会向波长增大方向移动，如图 3.37 所示的移动到右侧对应 U_1 状态。

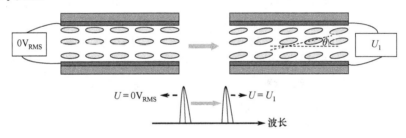

图 3.37　在不同驱控信号电压作用下液晶分子指向矢偏转而改变谐振透射波长的过程

考虑到液晶分子指向矢其取向偏转角应在 ±90° 范围内，超过这一范围的偏转角度的实际效果可归结为上述角度偏转范围内的一个角度取向处的相应情形。因此，加载在 LC-FP 微腔干涉滤光结构上的信号电压取值范围也应呈现类似特征。首先应存在一个起始阈值信号电压，在 LC-FP 微腔干涉滤光结构上加载低于该阈值的信号电压，不会显示任何可觉察的液晶材料折射率变动迹象。也存在一个可加载的最大信号电压幅值，可称为饱和信号电压，高于该幅值后的液晶材料驱控效果，与上述电压信号取值范围内的某个电压取值的驱控效果相当。一般而言，不同种类的液晶材料，呈现各异的起始阈值信号电压和饱和信号电压特征。

依据上述液晶材料折射率的物理变动特征可知，当在 LC-FP 微腔干涉滤光结构上所加载的驱控信号电压低于阈值电压或者大于饱和电压时，ZnSe 基 LC-FP 微腔干涉滤光结构的谐振透射波长均将维持不变。当驱控信号电压介于阈值电压和饱和电压之间时，谐振透射波长应随信号电压的增大而逐渐减小。但是从测试数据看，当驱控信号电压低于约 $5.3V_{RMS}$ 时，谐振透射波峰随信号电压的增大移向高频端，或可称为"蓝移"；当信号电压高于约 $5.3V_{RMS}$ 时，谐振透射波峰随信号电压的增大，移向波长增大的方向，或可称为"红移"。产生上述现象的可能原因为：在通过摩擦形成 PI 沟道即液晶材料的初始定向层，从而对液晶分子进行强锚定时，若摩擦作用不均匀而形成宽窄和深度不均匀的沟道形态，会导致所锚定的液晶分子取向产生不同程度的改变，使液晶材料的初始锚固方向变化，如图 3.38 所示。设定初始情况下，液晶材料分子相对基片的倾斜角度为 α，当加载驱控信号电压使液晶分子指向矢产生 α 角度偏转时，液晶层的等效折射率达到最大值，谐振透射波长也将达到其最大值，因而谐振透射波长随信号电压的增大先"蓝移"再"红移"。

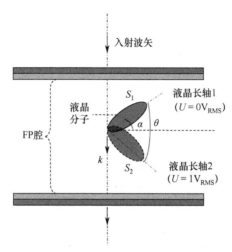

图 3.38　填充在 LC-FP 腔中的液晶分子指向矢偏转或倾斜的典型情形

基于上述解释，可将液晶材料的等效折射率关系写为

$$n_{\text{eff}}(\theta) = \frac{n_e n_o}{\sqrt{n_e{}^2 \cos^2\left(\dfrac{\pi}{2+\alpha-\theta}\right) + n_o{}^2 \sin^2\left(\dfrac{\pi}{2+\alpha-\theta}\right)}} \tag{3.28}$$

式中：α 为初始情况下液晶分子指向矢与基片平面间的夹角。基于仿真所确定的 $\alpha=0.709\text{rad}$，考虑到铝膜反射产生的相位变动，LC-FP 微腔干涉滤光结构中所用材料的红外吸收以及垂直入射情况，将式（3.3）可改写为

$$T(\lambda) = \left(1 - \frac{A}{1-R}\right)^2 \frac{1}{1 + \dfrac{4R}{(1-R)^2}\sin^2\left(\dfrac{2\pi nd}{\lambda} + \phi\right)} \tag{3.29}$$

式中：A 为材料吸收率；ϕ 为铝膜反射产生的相位差。两者都与红外波长存在依赖关系。

根据上述关系在波长约 7.6μm 处进行的仿真和测试结果对比如图 3.39 所示。

图 3.39 中的虚线给出仿真数据，实线代表测试结果。典型参数情况为 A=24.2%、ϕ=π/3.58。

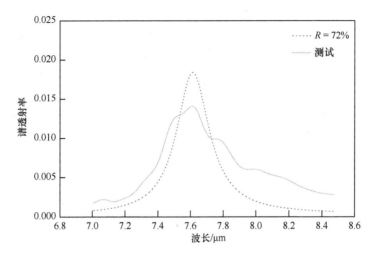

图 3.39　谱透射特征的仿真与测试结果对比

对 ZnSe 基 LC-FP 微腔干涉滤光结构的波长调节范围进行仿真与测试的对比如图 3.40 所示。仿真及测试所采用的信号电压分别为 5.3V$_{RMS}$ 和 19.8V$_{RMS}$，所对应的 ϕ 值分别为 π/2.66 和 π/2.79。从上述对仿真数据和测试结果进行对比分析可见，仿真与测试数据显示出较好的一致性。但是，谱透射率峰值以及谱透射谱的 FWHM 则明显大于仿真结果，主要在于 LC-FP 微腔干涉滤光结构中的上、下基片无法达到完全平行，入射光不能呈现理想的垂直入射，以及液晶材料对红外光存在较可见光更强的吸收等因素影响。

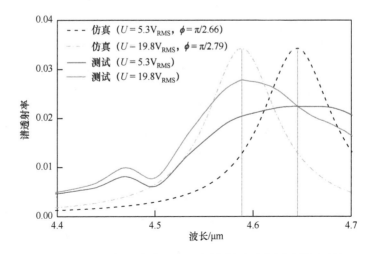

图 3.40　加电调控下的波长可调节范围的仿真与测试结果对比

3.6 电控红外谱成像探测

通过搭建适用于红外光垂直入射的 LC-FP 微腔干涉滤光结构的红外测试平台，进行特定目标的中波和长波红外谱成像测试如图 3.41 所示。图 3.41（a）给出了测试原理和光路配置情况，图 3.41（b）显示了主要测试装置图片。如图 3.41（a）所示，利用一台黑体作为红外光源，将黑体调节到一定温度，从黑体出射的红外光经目标反射到偏振片上，从偏振片出射的偏振红外光再入射到 LC-FP 微腔干涉滤光结构上。通过调变加载在 LC-FP 上的信号电压均根值，选择具有特定波谱的出射光波，再经红外相机成像，获得目标的谱红外图像。

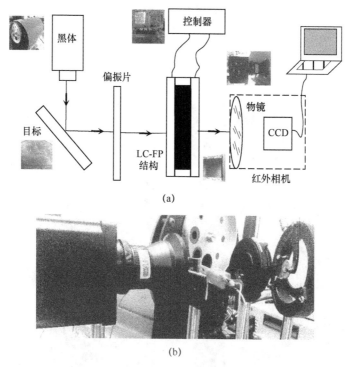

(a)

(b)

图 3.41　红外光垂直入射成像测试平台

（a）红外光垂直入射时的谱成像测试原理；（b）谱成像测试装置。

该红外测试平台的关键设备型号和参数指标情况主要有：美国 Newport 公司生产的 M67032 黑体，温度调节范围为 20～1200℃，温度调节精度为 0.1℃，辐射孔径可调，最大为 20mm，温度稳定性在±1℃内，辐射率为 0.99；红外偏振片为 THORLAB 公司的 WP25H-K，工作波长范围为 2～35μm，材质 KRS-5，平均消光比约 263；红外相机为武汉高德技术有限公司的 IR126 型，光敏阵列规模为

320×240 元。如图 3.41 所示，利用 ZnSe 基单体 LC-FP 对"华中科技大学校徽"目标进行中波红外谱成像测试，如图 3.42 所示。黑体光源的温度设定为 1000℃，加载在 LC-FP 微腔干涉滤光结构上的信号电压分别为 0V$_{RMS}$、3.5 V$_{RMS}$、5.26V$_{RMS}$、7.33V$_{RMS}$、9.72V$_{RMS}$、10.6V$_{RMS}$、11.4V$_{RMS}$、13.5 V$_{RMS}$、15.8V$_{RMS}$ 和 19.4V$_{RMS}$。在图 3.43（b）～（k）的右下角，均给出相应信号电压下的谱透射率曲线。由图 3.42 可见，尽管在 LC-FP 微腔干涉滤光结构上所加载的信号电压发生很大变化，但

(a)

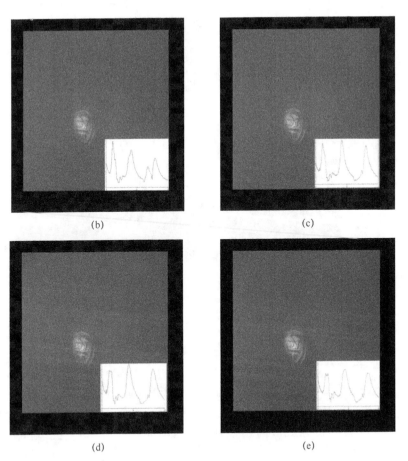

(b)

(c)

(d)

(e)

130

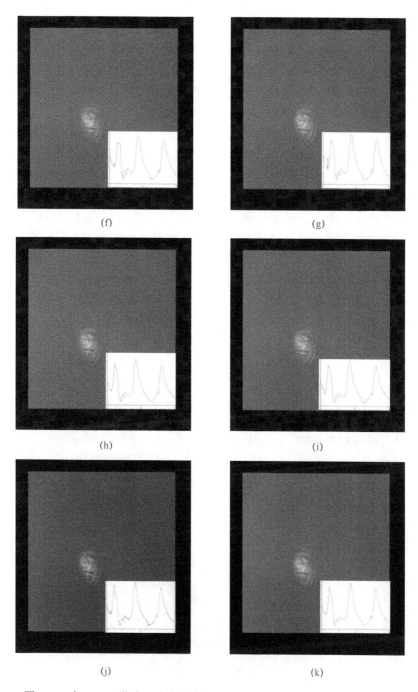

图 3.42　在 LC-FP 微腔干涉滤光结构上加载不同信号电压获取谱目标图像

（a）原图；（b）$0V_{RMS}$；（c）$3.5V_{RMS}$；（d）$5.26V_{RMS}$；（e）$7.33V_{RMS}$；（f）$9.72V_{RMS}$；

（g）$10.6V_{RMS}$；（h）$11.4V_{RMS}$；（i）$13.5V_{RMS}$；（j）$15.8V_{RMS}$；（k）$19.4V_{RMS}$。

"华中科技大学校徽"图像的清晰度和亮度大体一致，这与在上述信号电压激励下，由 LC-FP 微腔干涉滤光结构输出的谱透射率曲线尽管有所不同，主要反映在输出波峰的高度和数量有所不同，但输出总能量大体一致。对所采用的宽谱红外相机而言，在工作波段内仅通过判断输入红外能量的差异进行成像特征识别和区分，因此给出大致相同的"华中科技大学校徽"图像形态。

在完成红外光波以垂直方式射入 LC-FP 微腔干涉滤光结构的谱成像测试后，进一步开展红外光波以倾斜方式射入 LC-FP 微腔干涉滤光结构的谱成像测试，所搭建的红外测试平台如图 3.43 所示。图 3.43（a）给出了测试原理和光路配置情况，图 3.43（b）显示了将 LC-FP 微腔干涉滤光结构配置在成像物镜和红外光敏阵列间的测试装置情况。利用 ZnSe 基单体 LC-FP 微腔干涉滤光结构对"泰铢"钱币目标进行中波红外谱成像测试，如图 3.44 所示。通过拆卸红外相机的成像物镜，将 LC-FP 微腔干涉滤光结构置于红外物镜与红外光敏阵列间，通过调节加载在 LC-FP 微腔干涉滤光结构上的信号电压均方根值，观察通过红外相机输出的谱图像亮度变化以及"泰铢"钱币图像特征变动情况。黑体温度同样设置为 1000℃，加载在 LC-FP 微腔干涉滤光结构上的信号电压分别为 $0V_{RMS}$、$2.65V_{RMS}$、$4.89V_{RMS}$、

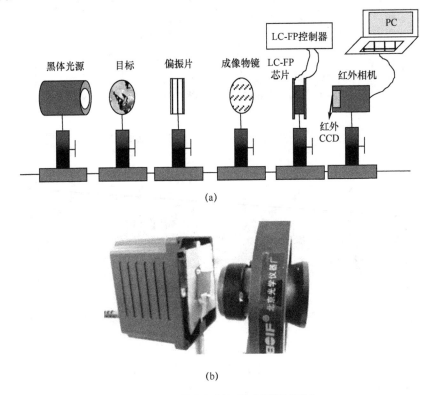

图 3.43　红外光倾斜入射成像测试平台

（a）红外光倾斜入射时的谱成像测试原理与光路；（b）谱成像测试装置。

7.32V$_{RMS}$、15.8V$_{RMS}$、17.3V$_{RMS}$、19.6V$_{RMS}$ 和 20.1V$_{RMS}$。在图 3.44 各分图的右下角，也均给出相应信号电压下的谱透射率曲线，尽管在 LC-FP 微腔干涉滤光结构上所加载的信号电压发生很大改变，但"泰铢"钱币图像的清晰度和亮度则大体一致。

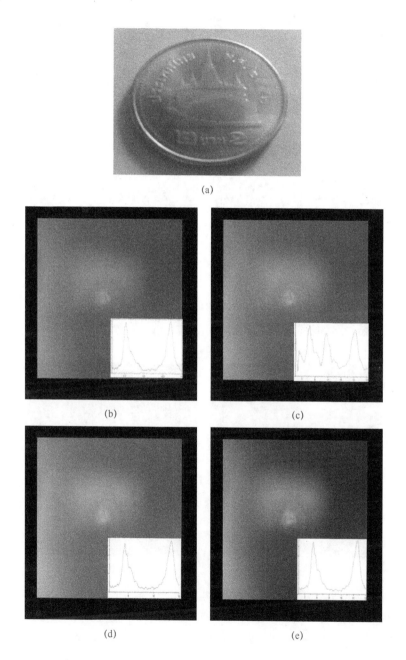

(a)

(b)   (c)

(d)   (e)

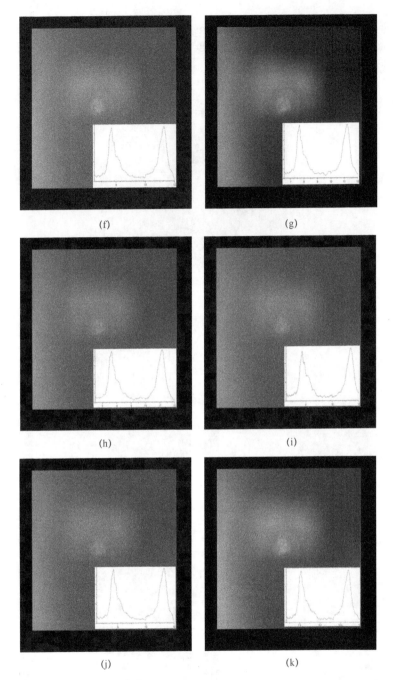

图 3.44　在 LC-FP 微腔干涉滤光结构上加载不同信号电压所获取的谱图像

（a）原图；（b）0V_{RMS}；（c）2.65V_{RMS}；（d）4.89V_{RMS}；（e）7.32V_{RMS}；（f）10.2V_{RMS}；

（g）12.4V_{RMS}；（h）15.8V_{RMS}；（i）17.3V_{RMS}；（j）19.6V_{RMS}；（k）20.1V_{RMS}。

对 ZnSe 基区块化或阵列化 LC-FP 微腔干涉滤光结构进行中波红外谱成像测

试，如图 3.45 所示。同样采用图 3.43 所示的红外光倾斜入射成像测试平台，通过改变加载在芯片上的各电极电压，获得目标的多光谱图像，在成像测量过程中，黑体温度设定为 500℃，同时将芯片上的各电极按照每 4 个连接成一组，共获得 4 组独立加电区域。成像目标"一元人民币硬币"的数字"1"面。加载在 LC-FP 微

(a)

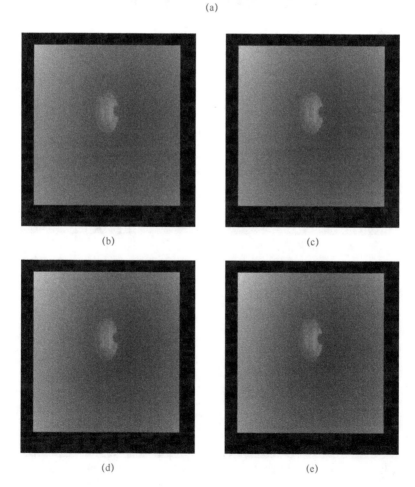

(b)   (c)

(d)   (e)

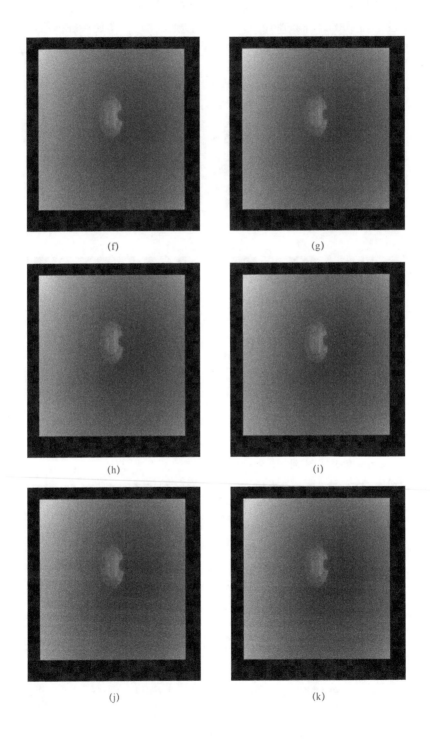

(f)   (g)

(h)   (i)

(j)   (k)

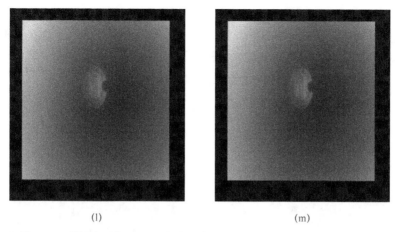

(l)   (m)

图 3.45　利用阵列化 LC-FP 微腔干涉滤光结构进行中波红外谱成像测试

（a）原图；（b）(0V$_{RMS}$, 0V$_{RMS}$, 0V$_{RMS}$, 0V$_{RMS}$)；（c）(0V$_{RMS}$, 4V$_{RMS}$, 6V$_{RMS}$, 11V$_{RMS}$)；（d）(5.3V$_{RMS}$, 7.6V$_{RMS}$, 11.5V$_{RMS}$, 2.4V$_{RMS}$)；（e）(4.3V$_{RMS}$, 7.8V$_{RMS}$, 6.9V$_{RMS}$, 20.5V$_{RMS}$)；（f）(12V$_{RMS}$, 9V$_{RMS}$, 7.6V$_{RMS}$, 6.3V$_{RMS}$)；（g）(2.3V$_{RMS}$, 4V$_{RMS}$, 8.8V$_{RMS}$, 7.3V$_{RMS}$)；（h）(3.1V$_{RMS}$, 3.9V$_{RMS}$, 14.8V$_{RMS}$, 13.2V$_{RMS}$)；（i）(2.6V$_{RMS}$, 7.9V$_{RMS}$, 9.9V$_{RMS}$, 21.5V$_{RMS}$)；（j）(7.5V$_{RMS}$, 4.2V$_{RMS}$, 13.8V$_{RMS}$, 16.9V$_{RMS}$)；（k）(5.8V$_{RMS}$, 12.5V$_{RMS}$, 10V$_{RMS}$, 9.6V$_{RMS}$)；（l）(22.3V$_{RMS}$, 10.7V$_{RMS}$, 9.8V$_{RMS}$, 6.5V$_{RMS}$)；（m）(11.8V$_{RMS}$, 12.9V$_{RMS}$, 2.5V$_{RMS}$, 7V$_{RMS}$)。

腔干涉滤光结构上的信号电压分别为（0V$_{RMS}$，0V$_{RMS}$，0V$_{RMS}$，0V$_{RMS}$）（0V$_{RMS}$，4V$_{RMS}$，6V$_{RMS}$，11V$_{RMS}$）（5.3V$_{RMS}$，7.6V$_{RMS}$，11.5V$_{RMS}$，2.4V$_{RMS}$）（4.3V$_{RMS}$，7.8V$_{RMS}$，6.9V$_{RMS}$，20.5V$_{RMS}$）（12V$_{RMS}$，9V$_{RMS}$，7.6V$_{RMS}$，6.3V$_{RMS}$）（2.3V$_{RMS}$，4V$_{RMS}$，8.8V$_{RMS}$，7.3V$_{RMS}$）（3.V$_{RMS}$，3.9V$_{RMS}$，14.8V$_{RMS}$，13.2V$_{RMS}$）（2.6V$_{RMS}$，7.9V$_{RMS}$，9.9V$_{RMS}$，21.5V$_{RMS}$）（7.5V$_{RMS}$，4.2V$_{RMS}$，13.8V$_{RMS}$，16.9V$_{RMS}$）（5.8V$_{RMS}$，12.5V$_{RMS}$，10V$_{RMS}$，9.6V$_{RMS}$）（22.3V$_{RMS}$，10.7V$_{RMS}$，9.8V$_{RMS}$，6.5V$_{RMS}$）和（11.8V$_{RMS}$，12.9V$_{RMS}$，2.5V$_{RMS}$，7V$_{RMS}$）。由图 3.45（b）～（m）可见，尽管在 LC-FP 微腔干涉滤光结构上所加载的信号电压组发生很大改变，但"一元人民币硬币"的数字"1"面图像的清晰度和亮度也大体一致，同样反映出了与图 3.42 和图 3.44 所示类似的多光谱成像典型特征。

对 ZnSe 基级联 LC-FP 微腔干涉滤光结构利用图 3.41 所示的成像测试方法，按照图 3.35 所示加电方式进行长波红外成像测试。为了防止出现电极间信号电压相互干扰现象，在两层功能化液晶间加载相同的信号电压。对"华中科技大学校徽"这一目标进行长波红外谱成像测试，如图 3.46 所示。由于所获得的图像较暗，仅对成像区域进行了数字增强处理，并显示在各分图的左上角处。黑体温度设定为 1000 ℃，所加载的信号电压分别为 $U_1=U_2=0V_{RMS}$、$U_1=U_2=1.5V_{RMS}$、$U_1=U_2=3.2V_{RMS}$、$U_1=U_2=3.6V_{RMS}$、$U_1=U_2=4V_{RMS}$、$U_1=U_2=5V_{RMS}$、$U_1=U_2=8.92V_{RMS}$、$U_1=U_2=10.6V_{RMS}$、$U_1=U_2=13.7V_{RMS}$ 和 $U_1=U_2=21.2V_{RMS}$。在图 3.46（a）～（j）的右下角，均给出相应信号电压下的谱透射率曲线。由图 3.46（a）～（j）可见，尽管在 LC-FP 微腔干涉滤光结构上所加载的信号电压发生较大改变，但"华中科技大学校徽"图像的清晰度和亮度大体一致，这与上述的中波红外多谱成像特征相类似。尽管由 LC-FP 微腔干涉滤光结构所输出的透射谱曲线有所不同，如输出波形、峰高和波峰数量有所不同，但输出总能量大体一致。

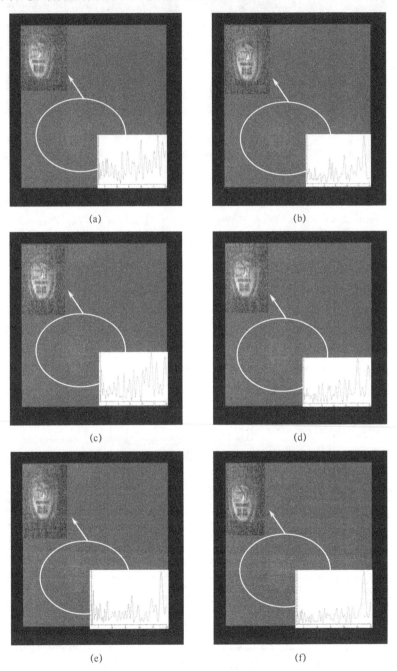

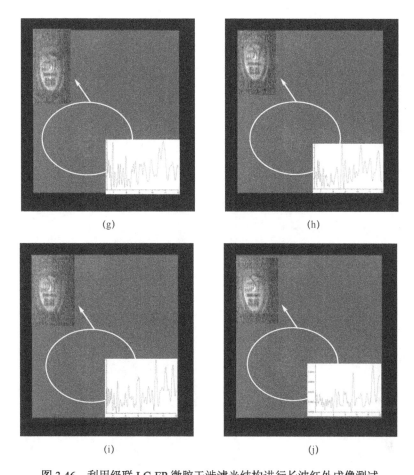

图 3.46 利用级联 LC-FP 微腔干涉滤光结构进行长波红外成像测试

（a）$U_1=U_2=0V_{RMS}$；（b）$U_1=U_2=1.5V_{RMS}$；（c）$U_1=U_2=3.2V_{RMS}$；（d）$U_1=U_2=3.6V_{RMS}$；

（e）$U_1=U_2=4V_{RMS}$；（f）$U_1=U_2=5V_{RMS}$；（g）$U_1=U_2=8.92V_{RMS}$；（h）$U_1=U_2=10.6V_{RMS}$；

（i）$U_1=U_2=13.7V_{RMS}$；（j）$U_1=U_2=21.2V_{RMS}$。

　　对上述 ZnSe 基级联 LC-FP 微腔干涉滤光结构利用图 3.41 所示的测试方法，在 Au 膜表面用水性颜料笔写上字母"A1"作为目标，按照图 3.35 所示加电方式进行中波红外成像测试。获得在不同信号电压作用下的字母图像如图 3.47 所示。在成像测试过程中，将信号电压 U_1 的有效均方根值固定为 $3V_{RMS}$，通过调节所加载信号电压 U_2 的有效均方根值，获得不同电压下的测量结果。在测量过程中，公共电极务必保持接地，在测量过程中始终保持与钢结构光学平台的良好接触。黑体温度设定为 1000℃，所加载的信号电压分别为 $0V_{RMS}$、$2.02V_{RMS}$、$6.86V_{RMS}$、$9.76V_{RMS}$、$11.4V_{RMS}$、$12.5V_{RMS}$、$13.3V_{RMS}$、$14.4V_{RMS}$、$20.1V_{RMS}$ 和 $25.2V_{RMS}$。由于文字材质（水性颜料）与背景材料（Au 膜）具有较大的红外吸收与反射差异，利用红外相机获取字母"A1"的图像将会被清晰呈现出来。在图 3.47（b）～

（m）左上角所示为将"A1"图像区抽取出来，进行对比度增强得到较清晰的结果。在图 3.47（b）～（m）右下角，也均给出相应信号电压下的谱透射率曲线。由图 3.47 可见，尽管在 LC-FP 微腔干涉滤光结构上所加载的信号电压发生很大改变，但字母"A1"图像的清晰度和亮度也大体一致，显示出了典型的多谱成像特征。

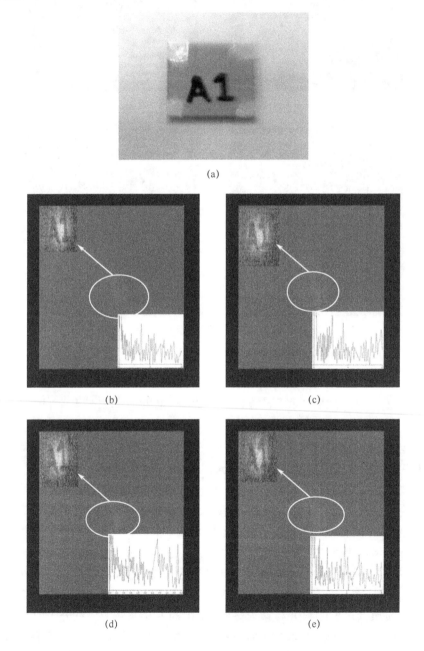

(a)

(b) (c)

(d) (e)

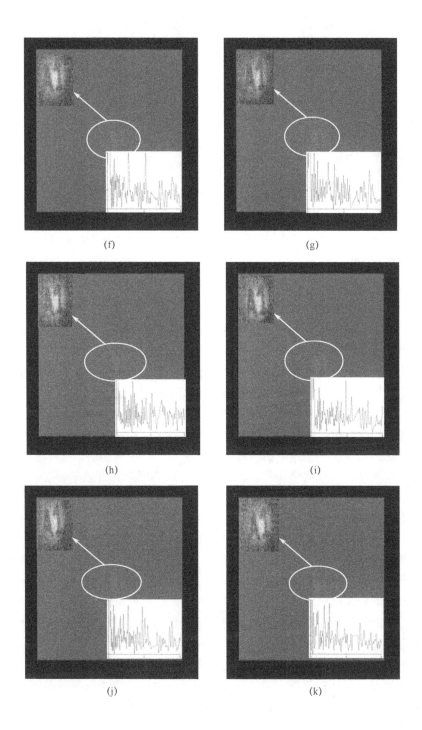

(f)   (g)

(h)   (i)

(j)   (k)

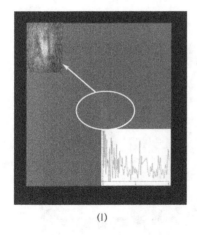
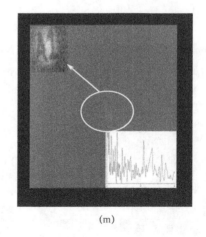

(1) (m)

图 3.47   利用级联 LC-FP 微腔干涉滤光结构进行中波红外成像测试

(a) 原图;   (b) $U_2=0V_{RMS}$;   (c) $U_2=2.02V_{RMS}$;   (d) $U_2=3.46V_{RMS}$;   (e) $U_2=4.56V_{RMS}$;   (f) $U_2=6.86V_{RMS}$;

(g) $U_2=9.76V_{RMS}$;   (h) $U_2=11.4V_{RMS}$;   (i) $U_2=12.5V_{RMS}$;   (j) $U_2=13.3V_{RMS}$;   (k) $U_2=14.4V_{RMS}$;

(l) $U_2=20.1V_{RMS}$;   (m) $U_2=25.2V_{RMS}$。

    实验显示，基于目前方法和工艺条件所制作的各类 LC-FP 微腔干涉滤光结构的使用寿命大多不超过两个月。仔细对比分析后发现，造成上述现象的原因主要是其中的金属导电膜处在导电状态时，会有部分电子漏出导电膜，在穿透 PI 层后进入液晶材料中，通过与极性液晶分子中和而破坏了液晶分子的介电极性，促使液晶分子在电场作用下展现趋向于沿电场方向排布的能力降低甚至丧失，所造成的结果是液晶材料折射率随控制信号电压变化而改变的能力降低甚至消失。

    为了防止甚至杜绝上述电极材料中的导电电子进入液晶层，需要建立隔离层，将电极层与液晶材料彻底电隔离。一般而言，隔离层应具有以下特征：①层中不含有可以自由移动或加电下可移动的"自由"电子；②在中波和长波红外波段，隔离层不产生强的红外吸收和散射；③隔离层应尽可能薄，不能消耗过多由加载在电极上的信号电压所激励的用于驱控液晶材料的空间电场，并且不会影响 FP 微腔内的多级次光波反射。在目前所具备的工艺条件下，制备一层纳米级厚度的 SiO_2 膜是一个良好选项，通常具有绝缘性好、成本低以及易与 PI 材料、Si 材料、ZnSe 材料、多种贵金属材料以及所使用的多种红外光学增透材料牢固耦合等特点。

    通过大量实验所获得的一项典型的稳定工艺流程：在 ZnSe 基片的金属电极或石墨烯电极表面，蒸镀一层约 50nm 厚的 SiO_2 膜。分别对制有 SiO_2 膜与常规的无 SiO_2 膜的 ZnSe 基 LC-FP 微腔干涉滤光结构进行成像结果对比，如图 3.48 所示。由图 3.48 可见，目标的红外成像效果未发现显著差异，纳米 SiO_2 膜呈现极低甚至可忽略的红外吸收，所制作包括 SiO_2 隔离膜的 LC-FP 微腔干涉滤光结构，能有效满足器件性能指标要求，所制作的 LC-FP 寿命也延长到以年计。

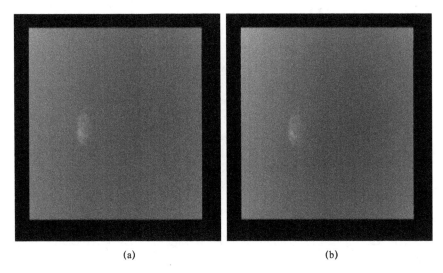

(a)   (b)

图 3.48　有无 SiO₂ 膜的 ZnSe 基 LC-FP 微腔干涉滤光结构进行的成像效果对比

（a）有 SiO₂ 膜；（b）无 SiO₂ 膜。

总结上述红外成像测试结果可以得到以下结论。

（1）中波红外谱图像较长波红外谱图像呈现更高的亮度和清晰度。

产生该现象的原因：LC-FP 微腔干涉滤光结构所接收的目标中波红外能量，只能通过黑体辐射获得；在长波红外波段不仅存在黑体辐射，也包含测试环境所提供的较强长波红外辐射，会显著降低成像目标的信杂比，呈现长波红外图像清晰度和亮度均低于中波红外的典型结果。

（2）调变加载在 LC-FP 微腔干涉滤光结构上的信号电压会改变图像亮度。

这主要由黑体所出射的红外辐射强度在不同波长处的能量差异引起。由于在不同信号电压下，从 LC-FP 微腔干涉滤光结构出射的透射光波长不同，送入布设在 LC-FP 微腔干涉滤光结构后的红外光敏阵列上的红外能量显示差异性，导致所获取的图像亮度产生差异。

（3）基于阵列化 LC-FP 微腔干涉滤光结构的成像图片中未出现明显的分块痕迹。

出现该现象存在三方面原因：一是由于所采用的黑体其出光孔径较小而限制了可成像目标的面形尺寸，小尺寸目标所占据的成像面积或成像探测器的数量对 LC-FP 微腔干涉滤光结构面积而言太小或太少，以至于分辨不出分块现象；二是 LC-FP 微腔干涉滤光结构仍采用了一块整体面电极与另一块区块化或阵列化电极耦合配对，区块化或阵列化电极块间的距离或间隔很小，它对红外辐射的作用效果难以被红外探测器识别；三是光刻版所规划的两相邻电极间的距离极小，图 3.49 所示的典型的执行区块化或阵列化分割的光刻版电极间距为 10μm，考虑到成像光波的最小波长约 3μm、最大约 12μm，会因产生强烈的线间隔衍射使分块界限消失。

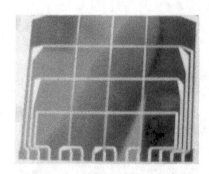

图 3.49　典型的执行区块化或阵列化分割的光刻版

（4）级联 LC-FP 微腔干涉滤光结构的图像亮度明显低于单体 LC-FP 微腔干涉滤光结构。

由于级联 LC-FP 微腔干涉滤光结构中波和长波红外的谱透射率均远低于单体 LC-FP 微腔干涉滤光结构，使成像探测器所接收的能量因过低而呈现低亮度和低对比度图像。

（5）垂直入射时的成像亮度显著大于倾斜入射。

3.7　小结

本章主要开展了构建 LC-FP 微腔干涉滤光结构的建模和仿真研究，分别建立了以硅和 ZnSe 为基底，以金属和介质膜构建红外高反射膜的多光谱和高光谱 LC-FP 微腔干涉滤光结构模型。基于液晶弹性体形变自由能理论以及有限差分算法，计算了 E44 向列相液晶材料分子的电压驱控偏转特性以及液晶材料的等效折射率特征。通过传输矩阵法和多光束干涉原理，对所建立模型的透射光谱特征性进行了仿真计算，并规划了相应的信号电压控制参数体系以及 LC-FP 微腔干涉滤光结构尺寸和电子学控制架构。通过开展工艺制作获得了单体 ZnSe 基 LC-FP 微腔干涉滤光结构，4×4 区块或阵列化的可寻址 LC-FP 微腔干涉滤光结构、重叠级联的 LC-FP 微腔干涉滤光结构及硅 LC-FP 微腔干涉滤光结构。对所制作的 LC-FP 微腔干涉滤光结构进行了常规驱控电子学、谱光学特性和成像性能测试。通过对比仿真模拟与测试结果，分析了 ZnSe 基 LC-FP 微腔干涉滤光结构的性能特征，为进一步提高 LC-FP 微腔干涉滤光结构电调滤光性能奠定了理论和方法基础。

第4章 高谱透射率 LC-FP 微腔干涉滤光结构与红外谱成像探测

　　获得具有高谱透射率红外成像光波的 LC-FP 微腔干涉滤光结构，实现谱透射红外光波成分的有效选取，以及通过调变在 LC-FP 微腔干涉滤光结构上加载的驱控信号电压，实现谱透射光波的波谱捷变，是将这类结构灵巧、谱透射波束可电选电调、无机械移动操控的红外微纳控光结构向实用化方向推进所应具备的性能指标要求。通过将 LC-FP 微腔干涉滤光结构灵活方便地插入常规红外成像光路中，或者将其与红外光敏阵列耦合集成来替换常规红外成像系统中的光电成像传感器，基于低成本特征扩展甚至升级红外成像探测能力。本章主要针对显著提高电控 LC-FP 微腔干涉滤光结构的红外谱透射效能，开展理论分析、建模、仿真、设计、构建单体 LC-FP 微腔干涉滤光结构和级联 LC-FP 微腔干涉滤光结构原理芯片、测试和评估光学谱透射以及电光驱控效能等工作。

4.1 高红外谱透射率 LC-FP 微腔干涉滤光结构建模与仿真

　　针对第 3 章所述的单体（单通道型）以及区块化或阵列化（多通道型）LC-FP 微腔干涉滤光结构，在中波和长波红外波段均呈现较为理想的电选电调红外谱透射能力。但红外谱透射率偏低，在已建立的模型和器件架构基础上，通过进一步改进、完善和优化结构配置和参数体系，大幅提高原理样片的红外谱透射效能。一种典型的单通道 LC-FP 微腔干涉滤光结构的结构特征如图 4.1 所示。构成 LC-FP 微腔干涉滤光结构的基片材料仍选用 ZnSe，该种材料在通常意义上的近、中、长红外波段，均显示较高谱透射率和较低光吸收。在双面抛光后的 ZnSe 基片的一个端面上镀 Al 膜，形成红外光束的高反射膜，即构成红外反射镜。在这一结构设计中，Al 膜既进行红外反射又作为控制电极使用，在加电后激励用于驱控填充在 FP 腔中的液晶材料分子偏转，而使液晶材料表现出随空间电场变动的特定折射率分布形态。

　　通常具有百纳米厚度的 Al 膜在红外波段既具有极高的光反射率，又呈现良好的导电性，以及与 ZnSe 材料的牢固结合等特征，常温下的面积比电阻为 $2.74 \times 10^{-4}\Omega/cm$。将一对镀铝 ZnSe 基片在镀 Al 面对顶耦合，形成上下 Al 反射镜相互对准平行耦合的配置形态，并通过具有微米级粒径的玻璃微球间隔子隔离形成具有一定深度的 FP 微腔。FP 微腔意味着具有腔深在几微米至几十微米尺度，腔面尺寸可在毫米至厘米尺度内变动的超大面形深度比。制作在 Al 膜表面的液晶定向层材料仍为 PI，采用旋涂工艺制作在 Al 膜表面，厚度在亚微米尺度。通过电子束刻蚀或常规的特殊绒布摩擦形成高密度定向凹槽，由于紧密附着在上、下反射镜表面而保证上、下定向层具有平行取向或者依照 LC-FP 微腔干涉滤光结构功能设计成相互垂直或形成特定夹角。封闭在 ZnSe 基 FP 微腔中的液晶材料为 E44 向列相液晶，其典型参数有 $n_o=1.5280$，$n_e=1.7904$，$k_{11}=15.5\times10^{-6}$，$k_{22}=13.0\times10^{-6}$，$k_{33}=28.0\times10^{-6}$，ep=$22\varepsilon_0$，et=$5.2\varepsilon_0$。仍采用常规的重力和毛细作用法，将液晶材料充分灌注进所构建的 FP 微腔中，并排空腔中原有的以及随液晶材料混入的空气泡。

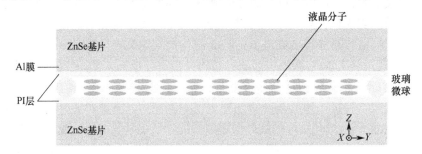

图 4.1　典型单通道 LC-FP 微腔干涉滤光结构

对 FP 微腔而言，当光波通过腔体时，只有满足共振条件的特定波长波束才能以高谱透射率从腔体出射，有

$$m\lambda = 2nd\cos\theta \tag{4.1}$$

式中：m 为正整数；θ 为光入射角；n 为填充在 FP 微腔中的光学介质折射率；d 为 FP 微腔深度。

由式（4.1）可知，通过改变 FP 微腔深度或者所填充的光学介质折射率，可实现滤光器对透射光波长的选择和调变。因此，两种类型的 FP 微腔干涉滤光结构，即通过静电驱动悬臂梁改变 FP 微腔深度的 MEMS-FP 滤光器，以及通过调节控制信号电压改变液晶材料折射率的 LC-FP 微腔干涉滤光结构，在近些年均获得迅速发展。本书仅涉及 LC-FP 微腔干涉滤光的光学、电光和成像属性。

当入射光垂直射入 FP 微腔时，谱透射率和光波长关系为

$$T(\lambda) = (1-\frac{A}{1-R})^2 \frac{1}{1+\frac{4R}{(1-R)^2}\sin^2(\frac{2\pi nd}{\lambda}+\varphi)} \tag{4.2}$$

式中：R 为所制金属膜（如 Al 膜）的光反射率；A 为构建 FP 微腔所有材料对入射光波的吸收率；d 为 FP 微腔深度；n 为所填充的液晶材料的非常光的等效折射率；φ 为入射光相位延迟或偏移程度。

146

在所激励的空间电场作用下，极性液晶分子的指向矢趋向于沿电场方向重新排布。当指向矢与电场方向相同时，液晶分子的吉布斯自由能最小。在不加载任何驱控信号电压时，液晶分子处于初始状态 S_1，其指向矢方向与反射镜端面平行。所加载的驱控信号电压越过阈值电压 U_{th} 后，液晶分子指向矢开始偏转。当驱动控制电压均方根值大于 U_{th} 并逐渐变大时，液晶分子从初始平衡态 S_1 偏转到新平衡态 S_2、S_3 等，同时液晶材料的非常光折射率减小，导致 LC-FP 微腔干涉滤光结构的透射光波长改变，如图 4.2 所示，图中的 k 表示入射光波矢。

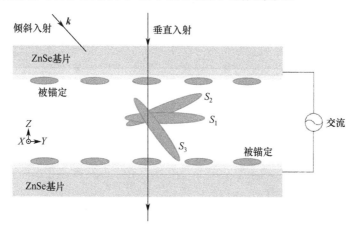

图 4.2　在所加载的驱控信号电压作用下液晶分子指向矢重新排布

在 LC-FP 微腔干涉滤光结构中所制作的对偶光反射膜或反射镜，作为微腔干涉滤光结构的一个关键性功能结构组成，起到构建多级次腔内反射光束，从而引发特定波长处的相干干涉这一光学滤波作用。目前，较为成熟的高反射膜通常有两种，即电介质高反射膜和金属高反射膜。一般而言，电介质高反射膜呈现更高的反射率和更低的光吸收，但工艺相对复杂，成本较高，波长适配范围相对狭窄，结构稳定性和耐久性相对较弱。本章选用金属 Al 膜同时作为红外反射镜并负荷所加载的信号电压的控制电极。因此，实现上述双重功能的 Al 膜其厚度控制就成为一项关键性要素，决定了所制作的 LC-FP 微腔干涉滤光结构的光学质量与性能指标。Al 膜太厚会使 LC-FP 微腔干涉滤光结构的红外谱透射率大幅降低，太薄又会导致因反射率不足，无法形成多级次的光波腔间反射来发挥 FP 微腔的干涉滤光作用。

通过图 4.1 所示的单通道 LC-FP 微腔干涉滤光结构，只能串行获得多个红外谱透射波段上的谱光波。通过区块化或阵列化即多通道型的 LC-FP 微腔干涉滤光结构，可将仅具备获取时序谱光波或谱图像这一能力扩展到空间序列上，实现多波段谱光波或谱图像的空变并行获取。所设计的一种阵列化即多通道型 LC-FP 微腔干涉滤光结构如图 4.3 所示。由图 4.3 可见，将 LC-FP 微腔干涉滤光结构阵列化，可通过在其一个控制电极上蚀刻出阵列化的图案电极来实现。所涉及的一种典型的 2×2 区块或阵列的图案电极结构如图 4.3（a）所示，由图案电极和公共电极耦合而成的 2×2 阵列 LC-FP 微腔干涉滤光结构的三维架构如图 4.3（b）所示。4 个控光通道分别标记为通道-11、通道-12、通道-21 和通道-22。各通道保持约 16μm 间隔（仅为典型值）并独立加电驱控，在各通道上所加载的信号电压驱控下，可同时获取相同或不同且可以调变的谱透射光波，实现谱透射光波的谱时序和谱空变一体化整合。

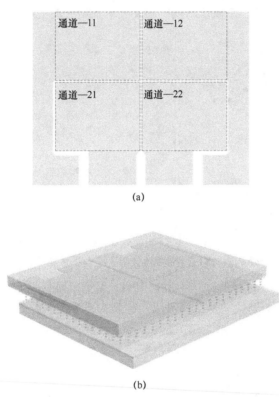

(a)

(b)

图 4.3　阵列化（2×2）LC-FP 微腔干涉滤光结构

（a）图案电极；（b）三维 LC-FP 架构。

将两个具有不同深度或厚度的 LC-FP 微腔干涉滤光结构重叠耦合，构建成级联 LC-FP 微腔干涉滤光结构的典型设计方案，如图 4.4 所示。由图 4.4 可见，相互间结构独立的上、下两个 FP 微腔被分别标记为 FP1 和 FP2，仅同时满足 FP1 和 FP2 共振条件的红外光波，才能以高谱透射率方式实现红外光波的级联 LC-FP 微腔干涉滤光结构谱透射。与单体 LC-FP 微腔干涉滤光结构相比，级联 LC-FP 微腔干涉滤光结构能更为有效地减少谱透射光波的波峰数量，扩大滤光结构的自由光谱范围，在宽光谱范围内进行高效滤光方面，有效适应具有单峰、双峰或有限数量本征谱辐射波峰的目标探测识别，充分发挥波谱选择和调变作用。

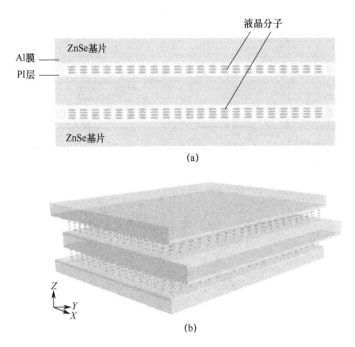

图 4.4　级联 LC-FP 微腔干涉滤光结构典型设计方案

（a）横截面图；（b）三维级联 LC-FP 微腔干涉滤光结构示意图。

基于 LC-FP 微腔干涉滤光结构与光敏阵列紧密耦合的谱成像光路配置如图 4.5 所示，主要包括 3 个关键性的结构组成，即红外成像物镜、LC-FP 微腔干涉滤光结构和光敏阵列。红外入射光束经过成像物镜后，被压缩聚集在其焦面处形成成像光场。红外聚焦光束主要以倾斜方式进入配置在成像物镜焦面附近的 LC-FP 微腔干涉滤光结构，进行波谱选择和谱透射光波后送，最终由光敏阵列完成感光和成图操作。考虑到光敏阵列与 LC-FP 微腔干涉滤光结构应尽可能紧密配置，以提高光耦合效能，减小界面间的光串扰以及杂光干扰等，可将 LC-FP 微腔干涉滤光结构与光敏阵列封装成耦合光敏架构。

总体而言，图 4.5 所示的谱成像光路配置方案，具有完成红外谱成像操作的控光与光电结构灵巧、易与功能化成像光学系统匹配、光路结构相对简单、易于完成光学结构配准、调整、替换、更新甚至升级等特点。

电调液晶材料折射率，实际上是基于极性化的液晶分子，具有趋向于作用在其上的可调变空间电场的分布取向进行再排布属性，呈现各向异性空间分布特征的电光响应行为。基于液晶材料的连续体弹性及自由能理论，并利用有限差分迭代法，对液晶材料的等效折射率与所加载的驱控信号电压间的相互关系进行仿真如下。

在驱控电场作用下，液晶材料的自由能密度会产生变化。由电场产生的液晶材料自由能密度为

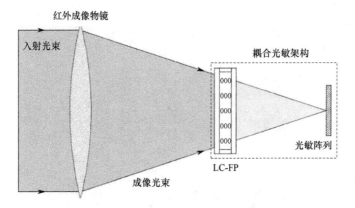

图 4.5　基于 LC-FP 微腔干涉滤光结构与光敏阵列紧密耦合的谱成像光路配置

$$w_{\mathrm{e}} = \frac{1}{2} \boldsymbol{D} \cdot \boldsymbol{E} \tag{4.3}$$

式中：$\boldsymbol{E} = -\nabla U$ ；$\boldsymbol{D} = \varepsilon \boldsymbol{E}$ ；ε 为液晶材料的介电常数。将液晶分子指向矢表示为 $\boldsymbol{n} = \left(n_x, n_y, n_z \right)$ ，则 $\boldsymbol{\varepsilon}$ 可表示为

$$\boldsymbol{\varepsilon} = \begin{bmatrix} \varepsilon_{\perp} + \Delta\varepsilon n_x^2 & \Delta\varepsilon n_x n_y & \Delta\varepsilon n_x n_z \\ \Delta\varepsilon n_x n_y & \varepsilon_{\perp} + \Delta\varepsilon n_y^2 & \Delta\varepsilon n_y n_z \\ \Delta\varepsilon n_x n_z & \Delta\varepsilon n_y n_z & \varepsilon_{\perp} + \Delta\varepsilon n_z^2 \end{bmatrix} \tag{4.4}$$

式中：n_x、n_y、n_z 分别为液晶指向矢在 x、y、z 方向上的分量；$\varepsilon_{\parallel}$ 和 $\varepsilon_{\perp}$ 分别为平行和垂直于指向矢的介电常数，$\Delta\varepsilon = \varepsilon_{\parallel} - \varepsilon_{\perp}$ 。液晶材料的吉布斯自由能密度为

$$w_{\mathrm{g}} = w_{\mathrm{s}} - w_{\mathrm{e}} \tag{4.5}$$

为了简化计算，将液晶指向矢表示为 $\boldsymbol{n} = \left(\cos\delta\cos\phi, \cos\delta\sin\phi, \sin\delta \right)$ ，其中 δ 和 ϕ 分别为液晶指向矢倾角和扭曲角，液晶指向矢的典型空间分布如图 4.6 所示。

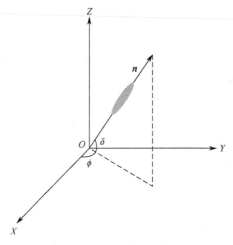

图 4.6　液晶指向矢的典型空间分布

液晶材料的吉布斯自由能密度可进一步表示为

$$w_{\mathrm{g}} = \frac{1}{2}\left[f(\delta)\left(\frac{\mathrm{d}\delta}{\mathrm{d}z}\right)^2 + g(\delta)\left(\frac{\mathrm{d}\phi}{\mathrm{d}z}\right)^2 \right] - k_{22}\frac{2\pi}{P}\cos^2\delta\frac{\mathrm{d}\phi}{\mathrm{d}z} - \frac{1}{2}\left(-\frac{\mathrm{d}U}{\mathrm{d}z}\right)^2 \tag{4.6}$$
$$\left(\varepsilon_{\parallel}\sin^2\delta + \varepsilon_{\perp}\cos^2\delta\right)$$

其中

$$f(\delta) = k_{11}\cos^2\delta + k_{33}\sin^2\delta \tag{4.7}$$

$$g(\delta) = \left(k_{22}\cos^2\delta + k_{33}\sin^2\delta\right)\cos^2\delta \tag{4.8}$$

液晶材料的吉布斯自由能为

$$W_{\mathrm{g}} = \int_{\Omega} f_{\mathrm{g}}\mathrm{d}v \tag{4.9}$$

在所加载的空间电场作用下，液晶指向矢经重新排列达到新的平衡态，使系统的吉布斯自由能最小。

本章利用变分法求解在平衡态下的液晶指向矢分布特征。由 Euler-Lagrange 方程可以得到以下关系，即

$$\frac{\partial f_{\mathrm{g}}}{\partial \delta} - \frac{\mathrm{d}}{\mathrm{d}z}\left[\frac{\partial f_{\mathrm{g}}}{\partial\left(\dfrac{\mathrm{d}\delta}{\mathrm{d}z}\right)}\right] = 0 \tag{4.10}$$

$$\frac{\partial f_{\mathrm{g}}}{\partial \phi} - \frac{\mathrm{d}}{\mathrm{d}z}\left[\frac{\partial f_{\mathrm{g}}}{\partial\left(\dfrac{\mathrm{d}\phi}{\mathrm{d}z}\right)}\right] = 0 \tag{4.11}$$

$$\frac{\partial f_{\mathrm{g}}}{\partial U} - \frac{\mathrm{d}}{\mathrm{d}z}\left[\frac{\partial f_{\mathrm{g}}}{\partial\left(\dfrac{\mathrm{d}U}{\mathrm{d}z}\right)}\right] = 0 \tag{4.12}$$

液晶指向矢的空间分布形态可通过求解以上 3 个偏微分方程获得。本章采用差分迭代法求解平衡状态下液晶指向矢的空间分布形态，迭代公式为

$$\delta_i^{(n+1)} = [2f(\delta_i^{(n)})\left(\frac{\delta_{i+1}^{(n)} + \delta_{i-1}^{(n)}}{h^2}\right) + f'(\delta_i^{(n)})\left(\frac{\delta_{i+1}^{(n)} - \delta_{i-1}^{(n)}}{2h}\right)^2 - g'(\delta_i^{(n)})\left(\frac{\phi_{i+1}^{(n)} - \phi_{i-1}^{(n)}}{2h}\right)^2$$
$$- k_{22}\frac{8\pi}{P}\cos\delta_i^{(n)}\sin\delta_i^{(n)}\left(\frac{\phi_{i+1}^{(n)} - \phi_{i-1}^{(n)}}{2h}\right) + 2\left(\frac{U_{i+1}^{(n)} - U_{i-1}^{(n)}}{2h}\right)^2\Delta\varepsilon\sin\delta_i^{(n)}\cos\delta_i^{(n)}]\frac{h^2}{4f(\delta_i^{(n)})}$$

$$\tag{4.13}$$

$$\phi_i^{(n+1)} = \left[g(\delta_i^{(n)}) \left(\frac{\phi_{i+1}^{(n)} + \phi_{i-1}^{(n)}}{h^2} \right) + g'(\delta_i^{(n)}) \left(\frac{\phi_{i+1}^{(n)} - \phi_{i-1}^{(n)}}{2h} \right) \left(\frac{\delta_{i+1}^{(n)} - \delta_{i-1}^{(n)}}{2h} \right) \right.$$
$$\left. + 2k_{22} \frac{2\pi}{P} \cos\delta_i^{(n)} \sin\delta_i^{(n)} \left(\frac{\delta_{i+1}^{(n)} - \delta_{i-1}^{(n)}}{2h} \right) \right] \frac{h^2}{2g(\delta_i^{(n)})} \tag{4.14}$$

$$U_i^{(n+1)} = \left[\left(\varepsilon_{\parallel} \sin^2\delta_i^{(n)} + \varepsilon_{\perp} \cos^2\delta_i^{(n)} \right) \frac{U_{i+1}^{(n)} + U_{i-1}^{(n)}}{h^2} \right.$$
$$\left. + 2 \left(\frac{U_{i+1}^{(n)} - U_{i-1}^{(n)}}{2h} \right) \Delta\varepsilon \sin\delta_i^{(n)} \cos\delta_i^{(n)} \left(\frac{\delta_{i+1}^{(n)} - \delta_{i-1}^{(n)}}{2h} \right) \right] \frac{h^2}{2 \left(\varepsilon_{\parallel} \sin^2\delta_i^{(n)} + \varepsilon_{\perp} \cos^2\delta_i^{(n)} \right)}$$
$$\tag{4.15}$$

液晶材料折射率与液晶指向矢倾角间的关系为

$$n(\theta) = \frac{n_o n_e}{\sqrt{n_e^2 \cos^2\theta + n_o^2 \sin^2\theta}} \tag{4.16}$$

未激励空间电场时的液晶指向矢分布为式(4.16)的初始值。利用上述迭代关系,可求得液晶指向矢在空间电场作用下的分布形态。对于式(4.13)～式(4.15)的总体思路是:将填充在 FP 微腔中的液晶材料进行层化处理,通过分层迭代计算得到液晶材料折射率数据特征,如图 4.7 所示。在图(4.7)中将液晶材料由上至下依次划分为: $i=0$, $i=1$, $\cdots$, $i=m$ 层。迭代计算关系式中的上标 n 表示进行第 n 次迭代,当两次迭代间的各液晶层上的值其相对变化量小于某一设定最小值 Δ 时,迭代结束。在强锚定条件下,靠近上下基片表面的液晶分子的倾角不变,一般取经验值 $2°$,不参与迭代计算。本节仅讨论一维情况下,液晶分子的电驱控倾角与信号电压和液晶分子空间位置间的关系属性,在仿真中液晶分子的扭曲角 ϕ 取 $0°$。

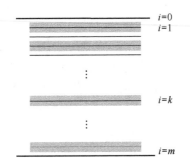

图 4.7　将液晶材料进行层化处理

通过迭代计算所得出的在不同驱控信号电压作用下,液晶分子倾角与位置的关系如图 4.8 所示。由图 4.8 可见,所加载的驱控信号电压越大,液晶指向矢的倾角即偏转角越大,并且越靠近液晶盒中心位置,倾角越大,越靠近液晶盒上下基片表面的倾角越小。通过计算液晶盒中不同位置处的液晶指向矢分布特征,可得到液晶指向矢在各液晶层中的倾角或偏转角数据,代入式(4.16)即可得到各液晶层的折射率情况。将各液晶层的折射率与所划分的液晶层厚度或步长的积求和,就可以得到液晶材料的等效光程,即

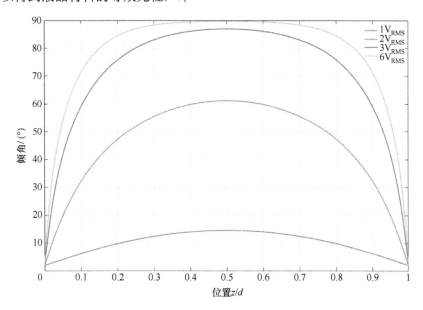

图 4.8 不同驱控信号电压下液晶分子倾斜角与位置的关系

$$l = \sum_{i=1}^{m} n_i h \tag{4.17}$$

进一步,可以得到液晶材料的等效折射率为

$$n_{\text{eff}} = \frac{l}{d} \tag{4.18}$$

从式(4.17)和式(4.18)可知,液晶材料的等效折射率与液晶盒厚度无关。

基于多光束干涉理论,分别对单体 LC-FP 微腔干涉滤光结构和级联 LC-FP 微腔干涉滤光结构的红外透射谱与驱控信号电压间的关系进行仿真。为了显著提高干涉滤光效能,图 4.9 利用了较第 3 章中的类似 FP 微腔具有更多路反射光束的情形。红外光波入射到 FP 微腔中,经过更多重反射形成等倾相干透射光。当透射光相位相同时,FP 微腔谱透射率最大;当透射光相位相反时,FP 微腔谱透射率最小。透射光相位是否相同,取决于入射光的频率、光束入射角、FP 微腔深度以及 FP 微腔中所填充的光学介质折射率,如图 4.9 所示。

在常规的平行平板多光束干涉中,相邻光束的相位差可表示为

$$\delta = k_0 L = \left(\frac{4\pi}{\lambda_0} \right) n_2 d \cos\theta_2 \tag{4.19}$$

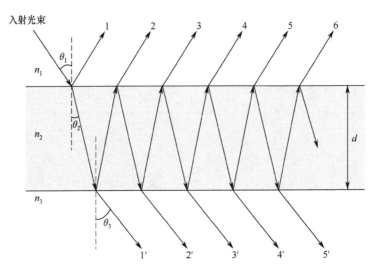

图 4.9　在 FP 微腔中形成的多光束干涉光路

式中：$L = 2n_2 d\cos\theta_2$ 为相邻光束间的光程差；n_2 为平行平板间所填充介质的折射率；d 为 FP 微腔深度；θ_2 为入射光束在 n_1 和 n_2 界面处的折射角；λ_0 为真空中的光波长。

在上界面处将光从 n_1 介质入射到 n_2 介质的反射系数和折射系数分别记为 r_1 和 t_1，相反方向上的反射系数和折射系数分别记为 r_1' 和 t_1'；在下界面处将光从 n_2 介质入射到 n_3 介质的反射系数和折射系数，分别记为 r_2 和 t_2，相反方向上的反射系数和折射系数分别记为 r_2' 和 t_2'。其中 $r_1' = -r_1$，$r_2' = -r_2$，$t_1 t_1' = 1 - r_1^2$，入射光的振幅记为 A_i，则透射光的振幅为

$$\begin{cases} A_{1'} = A_i t_1 t_2 \exp(j\delta_0) \\ A_{2'} = A_i t_1 t_2 r_1' r_2 \exp[j(\delta_0 + \delta)] \\ A_{3'} = A_i t_1 t_2 (r_1' r_2)^2 \exp[j(\delta_0 + 2\delta)] \\ \quad\vdots \end{cases} \tag{4.20}$$

式中：$\delta_0 = k_0 n_2 d / \cos\theta_2$ 为光束 $1'$ 相对于入射光的相位差。

对所有透射光求和，即可得到总透射光的振幅，即

$$\begin{aligned} A_t(\delta) &= A_i t_1 t_2 \exp(j\delta_0)[1 + r_1' r_2 \exp(j\delta) + (r_1' r_2)^2 \exp(2j\delta) + \cdots] \\ &= \frac{A_i t_1 t_2 \exp(j\delta_0)}{1 - r_1' r_2 \exp(j\delta)} \\ &= \frac{A_i t_1 t_2 \exp(j\delta_0)}{1 + r_1 r_2 \exp(j\delta)} \end{aligned} \tag{4.21}$$

透射系数为

$$t(\delta) = \frac{A_t(\delta)}{A_i} = \frac{t_1 t_2 \exp(j\delta_0)}{1 + r_1 r_2 \exp(j\delta)} \tag{4.22}$$

通过同样方法可得反射系数为

$$r(\delta) = \frac{A_r(\delta)}{A_i} = \frac{r_1 + r_2 \exp(j\delta)}{1 + r_1 r_2 \exp(j\delta)} \tag{4.23}$$

反射率为

$$R(\delta) = |r|^2 = \frac{r_1^2 + r_2^2 + 2r_1 r_2 \cos\delta}{1 + (r_1 r_2)^2 + 2r_1 r_2 \cos\delta} \tag{4.24}$$

透射率为

$$T(\delta) = 1 - R(\delta) \frac{\left(1 - r_1^2\right)\left(1 - r_2^2\right)}{1 + (r_1 r_2)^2 + 2r_1 r_2 \cos\delta} \tag{4.25}$$

在 LC-FP 微腔干涉滤光结构中的上、下介质折射率相同，即 $n_1 = n_3 = n_0$，$n_2 = n$，同时可得 $r_2 = r_1' = -r_1$，$t_2 = t_1'$，故透射率为

$$T(\delta) = \frac{t_1^2 t_1'^2}{1 + (r_1 r_1')^2 - 2r_1 r_1' \cos\delta} \tag{4.26}$$

令 $T_0 = t_1 t_1'$，$R_0 = r_1^2$，则透射率可化简为

$$T(\delta) = \frac{T_0^2}{1 + R_0^2 - 2R_0 \cos\delta}$$
$$= \frac{T_0^2}{(1 - R_0)^2 + 4R_0 \sin^2\left(\dfrac{\delta}{2}\right)} \tag{4.27}$$

同理，反射率可化简为

$$R(\delta) = \frac{2(1 - \cos\delta)R_0}{1 + R_0^2 - 2R_0 \cos\delta}$$
$$= \frac{4R_0 \sin^2\left(\dfrac{\delta}{2}\right)}{(1 - R_0)^2 + 4R_0 \sin^2\left(\dfrac{\delta}{2}\right)} \tag{4.28}$$

定义精细度系数为 $F = 4R_0 / (1 - R_0)^2$，则透射率和反射率可进一步简化为

$$T(\delta) = \frac{1}{1 + F \sin^2\left(\dfrac{\delta}{2}\right)} \tag{4.29}$$

$$R(\delta) = \frac{F \sin^2\left(\dfrac{\delta}{2}\right)}{1 + F \sin^2\left(\dfrac{\delta}{2}\right)} \tag{4.30}$$

对级联 LC-FP 微腔干涉滤光结构而言，仅有同时满足两个 FP 微腔共振条件

的红外光波，才能以高谱透射率穿透芯片。在光束垂直入射条件下，透射波长满足关系

$$\lambda = \frac{2n_1d_1}{m_1} = \frac{2n_2d_2}{m_2} \qquad (4.31)$$

式中：m_1 和 m_2 均为正整数；n_1 和 n_2 分别为在两个 FP 微腔中填充的液晶材料的等效折射率；d_1 和 d_2 分别为两个 FP 微腔的深度。

由式（4.31）可知，当加载在两个 FP 微腔上的驱控信号电压相同时，即 $n_1=n_2$，总能找到正整数 m_1 和 m_2，使其满足 $m_1d_1=m_2d_2$ 条件。因此，级联 LC-FP 微腔干涉滤光结构的谱透射率为

$$T(\lambda) = T_1(\lambda)T_2(\lambda) \qquad (4.32)$$

式中：$T_1(\lambda)$ 和 $T_2(\lambda)$ 分别为两个 FP 微腔的红外谱透射率。

基于多光束干涉理论，分别对单体 LC-FP 微腔干涉滤光结构和级联 LC-FP 微腔干涉滤光结构的透射谱特性与驱控信号电压间的关系，利用上述解析关系进行仿真如下。在进行单体 LC-FP 微腔干涉滤光结构仿真中，将 FP 微腔的深度设为 12μm，Al 膜反射镜的反射率设为 0.9，分别加载均方根值为 3.5V_{RMS}、5.5 V_{RMS}、8.0 V_{RMS} 和 17.5 V_{RMS} 的信号电压。在上述驱控信号电压作用下，单体 LC-FP 微腔干涉滤光结构在中波红外的谱透射率仿真曲线以及谱透射率峰波长情况，分别如图 4.10 和表 4.1 以及图 4.11 和表 4.2 所示。由仿真结果可见，单体 LC-FP 微腔干涉滤光结构在中波红外波段呈现 5 个锐利谱透射率峰，在长波红外波段呈现两个锐利谱透射率峰，各谱透射率峰的谱透射率均接近 100%这一理想情况，各谱透射率峰波长在相应波段中的分布并不均匀，上述结果显示该单体干涉滤光芯片，已具备所预设的对透射光波的波长值进行电控选择这一功能。在多个离散波长点，

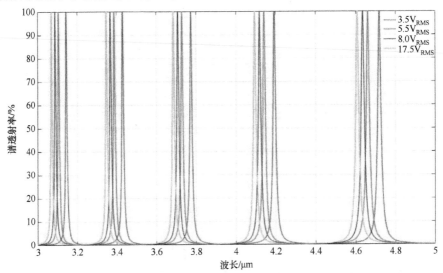

图4.10　在单体 LC-FP 上加载不同驱控信号电压时的典型中波红外谱透射率仿真曲线

随所加载信号电压的增大，各谱透射率峰均表现出向短波方向移动的趋势，波峰移动量从几十纳米到百纳米，显示出滤光芯片的透射波谱的可电调性。在若干红外波段，无论如何调节驱控信号电压幅值，均无谱透射率峰出现，显示单体 LC-FP 微腔干涉滤光结构对红外入射光呈现窗口效应。

表 4.1　在不同驱控信号电压作用下的单体 LC-FP 的中波红外谱透射率峰波长

电压/V$_{RMS}$	λ_1 / μm	λ_2 / μm	λ_3 / μm	λ_4 / μm	λ_5 / μm
3.5	3.145	3.431	3.774	4.193	4.718
5.5	3.107	3.389	3.728	4.142	4.660
8.0	3.089	3.370	3.707	4.119	4.634
17.5	3.071	3.350	3.685	4.095	4.606

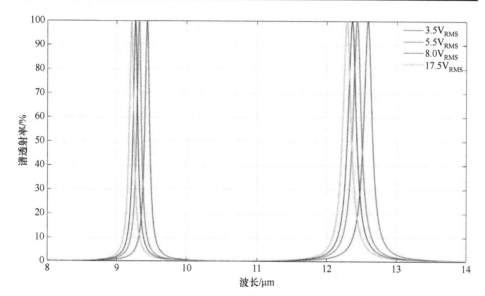

图 4.11　在单体 LC-FP 微腔干涉滤光结构上加载不同驱控信号电压时的典型长波红外谱透射率仿真曲线

表 4.2　在不同驱控信号电压作用下的单体 LC-FP 微腔干涉滤光结构的长波红外谱透射率峰波长表

电压/V$_{RMS}$	λ_1 / μm	λ_2 / μm
3.5	9.435	12.58
5.5	9.32	12.43
8.0	9.268	12.36
17.5	9.213	12.28

在进行级联 LC-FP 微腔干涉滤光结构仿真中,FP1 腔的深度控制在 12μm,FP2 腔的深度控制在 15μm,Al 膜反射镜的反射率约 0.9,分别在 FP1 微腔和 FP2 微腔上加载不同均方根值的信号电压,即（$0V_{RMS}$,9.5 V_{RMS}）（$0.5V_{RMS}$,0.5 V_{RMS}）（$1.0V_{RMS}$,5.5 V_{RMS}）（$1.5V_{RMS}$,3.5 V_{RMS}）（$6.5V_{RMS}$,0.5 V_{RMS}）和（$6.5V_{RMS}$,1.5 V_{RMS}）等信号电压组,级联 LC-FP 微腔干涉滤光结构在中波红外和长波红外波段的谱透射率仿真如图 4.12 和图 4.13 所示,在上述红外波段中的谱透射率峰波长与谱透射率如表 4.3 和表 4.4 所列。

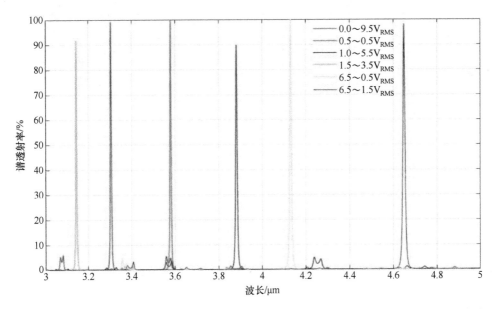

图 4.12　在级联 LC-FP 微腔干涉滤光结构上加载不同驱控信号电压时的典型中波红外谱透射率仿真曲线

从仿真结果可见,级联 LC-FP 微腔干涉滤光结构在中波和长波红外波段,均可以通过调节加载在两个 FP 微腔上的驱控信号电压进行单峰透射。当所加载的驱控信号电压大于阈值电压后,匹配调节分别加载在两个 FP 微腔上的驱控信号电压,可以观察到谱透射率峰移动现象。与单体 LC-FP 微腔干涉滤光结构所具有的类似情形是:无论如何调节所加载的驱控信号电压,在某些红外波段上均不会出现红外透射现象,即同样显示红外入射光的窗口效应。仿真结果表明:级联 LC-FP 微腔干涉滤光结构较单体 LC-FP 微腔干涉滤光结构呈现更好的单谱选择功能,即实现锐利的单峰透射。尽管级联 LC-FP 微腔干涉滤光结构与单体 LC-FP 微腔干涉滤光结构均表现出谱调节功能,但单体 LC-FP 微腔干涉滤光结构的波谱移动方向随加载信号电压的增大或减小,呈现相对固定的长波长向或短波长向移动趋势。级联 LC-FP 微腔干涉滤光结构的波谱移动则呈现方向不确定性。

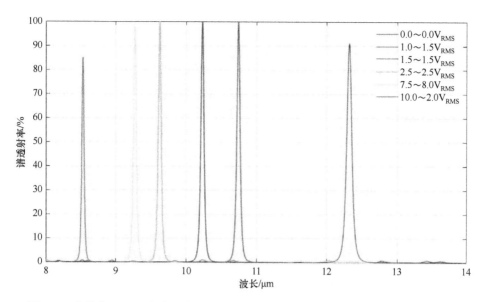

图 4.13 在单体 LC-FP 微腔干涉滤光结构上加载不同驱控信号电压时的典型长波红外
谱透射率仿真曲线

表 4.3 在不同驱控信号电压作用下的级联 LC-FP 微腔干涉滤光结构的中波红外
谱透射率特性

FP1 电压/V_{RMS}	FP2 电压/V_{RMS}	中心波长/μm	谱透射率/%
0.0	9.5	3.304	99.13
0.5	0.5	3.58	100
1.0	5.5	3.882	89.81
1.5	3.5	3.146	91.83
6.5	0.5	4.13	99.98
6.5	1.5	4.648	98.12

表 4.4 在不同驱控信号电压作用下的级联 LC-FP 微腔干涉滤光结构的长波红外
谱透射率特性

FP1 电压/V_{RMS}	FP2 电压/V_{RMS}	中心波长/μm	谱透射率/%
0.0	0.0	10.7	100
1.0	1.5	8.528	85.1
1.5	1.5	10.23	100
2.5	2.5	9.622	100
7.5	8.0	9.271	97.94
10.0	2.0	12.31	91.11

对置于成像物镜焦面附近的 LC-FP 微腔干涉滤光结构而言，大部分入射到 LC-FP 微腔干涉滤光结构光接收端面上的红外波束为汇聚光波，相对滤光芯片的光接收端面呈一定夹角，仅沿光轴向传播的入射光波以垂直方式射向光接收端面。一般而言，沿不同方向入射的红外波束被 LC-FP 微腔干涉滤光结构作用后，其透射谱的 FWHM 和谱透射率峰值均显示差异性。在 FP 微腔中布设具有不同反射率的反射膜，对 LC-FP 微腔干涉滤光结构的红外透射谱的 FWHM 和谱透射率峰值也会产生明显影响。针对反射率不同以及光束入射角呈现差异性的现象，对单体 LC-FP 微腔干涉滤光结构透射谱的 FWHM 和谱透射率峰值进行了仿真分析。当所加载的驱控信号电压为 $0V_{RMS}$，反射镜的反射率为 0.99 时，单体 LC-FP 微腔干涉滤光结构谱透射率峰的 FWHM 和谱透射率与光束入射角的关系曲线如图 4.14 所示。其中图 4.14（a）给出了谱透射率峰的 FWHM 与光束入射角的关系曲线，图 4.14（b）给出了谱透射率峰值与光束入射角的关系曲线。由图 4.14 可知，当

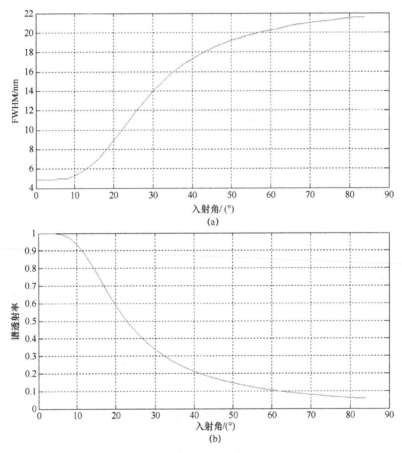

图 4.14　单体 LC-FP 微腔干涉滤光结构的谱透射率与光束入射角影响的仿真

（a）谱透射率峰的 FWHM 与光束入射角的关系曲线；（b）谱透射率峰的谱透射率峰值与光束入射角的关系曲线。

160

入射光束与 LC-FP 光接收端面所成的入射角大于 10° 时,透射谱的 FWHM 迅速增大,而谱透射率峰值则迅速降低。因此,在将 LC-FP 微腔干涉滤光结构与光敏阵列耦合甚至集成后,在保证结构灵巧的同时,要尽量兼顾入射光束与滤光芯片入射端面的入射角小于 10° 的参数要求。

在驱控信号电压为 0V$_{RMS}$ 时,单体 LC-FP 微腔干涉滤光结构的谱透射光波的 FWHM、谱透射率峰及谱透射率与光束入射角和反射率的三维关系如图 4.15 所示。其中图 4.15(a)给出了红外波束的入射角、反射率与谱透射率峰的 FWHM 间的相互关系,图 4.15(b)给出了光束入射角、光波反射率与谱透射率峰值间的相互

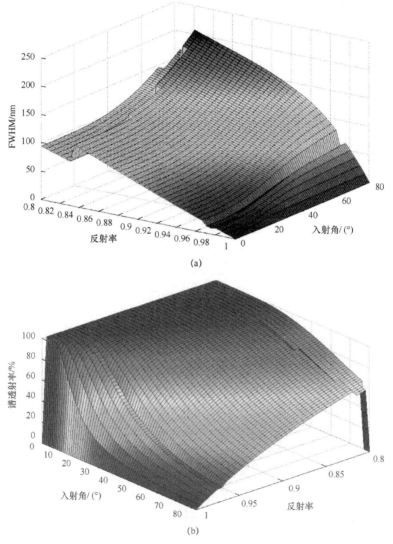

(a)

(b)

图 4.15　单体 LC-FP 微腔干涉滤光结构的谱透射光波与光束入射角和反射率的三维关系

(a)入射角、反射率与 FWHM 间的相互关系;(b)入射角、反射率与谱透射率间的相互关系。

关系。由图 4.15 可知，增大光束入射角在造成透射谱的 FWHM 增加的同时，也会降低谱透射率峰和谱透射率；反射率越大，谱透射率峰的 FWHM 越小，但谱透射率峰值会随光束入射角的增大而快速下降。

获取和评估所构建 LC-FP 微腔干涉滤光结构的透射谱特性的仿真算法流程如图 4.16 所示。典型的操作处理如下：将液晶材料均分成多层，如将液晶层数 m 取为 500，设定每层液晶分子的初始倾角为 2°；当加载驱控信号电压时，基于有限差分迭代算法计算液晶指向矢的分布形态；当前、后两次迭代之差绝对值的最大值小于预设的某一小量 Δ，如将 Δ 取为 0.0000001 时，即认为液晶指向矢分布达到稳定，否则继续迭代计算；当液晶分子倾角达到稳定后，根据角度数据计算出液晶材料的等效折射率；基于多光束干涉模型计算 LC-FP 微腔干涉滤光结构的谱透射率与谱透射波长的关系。针对显著提高从 LC-FP 微腔干涉滤光结构出射的谱透射率这一关键性问题，比上述章节仿真流程增加了谱透射率计算和反馈迭代这一环节。

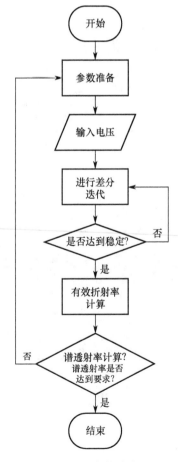

图 4.16　仿真算法流程

由仿真结果可知，当加载在 LC-FP 微腔干涉滤光结构上的驱控信号电压大于阈值电压后，液晶材料的有效折射率随驱控信号电压的增大而减小，直至达到饱和，也就是液晶分子的偏转角度已经达到最大值。所设计的单体 LC-FP 微腔干涉滤光结构的透射波长随所加载的信号电压的增大向波长缩短方向移动，各谱透射率峰间均存在无波谱成分透射的"盲区"，即呈现窗口效应，增大 FP 微腔深度可增加谱透射率峰数量，缩减"盲区"宽度，副作用表现在过深的 FP 微腔会导致滤光响应时间显著增加甚至丧失响应能力。级联 LC-FP 微腔干涉滤光结构可有效实现单峰谱透射率，考虑到级联结构增加了多个结构界面，从而显著降低了谱透射率峰值。

4.2 红外 LC-FP 微腔干涉滤光结构工艺制作

制作具有较高红外谱透射率的 LC-FP 微腔干涉滤光结构所涉及的工艺环节与第 3 章所述类似，主要涉及所利用的标准微电子工艺中的基片研磨抛光、镀膜、紫外光刻、电子学控制线路蚀刻、微米深度液晶盒成形、结构封装等关键步骤。针对 2×2 阵列规模的可寻址加电单体 LC-FP 微腔干涉滤光结构和级联 LC-FP 微腔干涉滤光结构所开展的典型工艺制作见下述内容。

一般而言，利用标准微电子工艺制作具有较高谱透射率的红外 LC-FP 微腔干涉滤光结构，主要涉及两个关键性的结构功能组成，即红外基片和 FP 滤光腔体。制作符合要求的红外基片主要包括衬底材料选择与成形、研磨、抛光和镀膜等工艺操作。制作浅深度 LC-FP 微腔干涉滤光结构的主要工艺操作包括光刻、显影、功能结构腐蚀成形、腔体构建、液晶灌注和结构封装等。

选择适用于中波和长波红外波段的 ZnSe 晶体作为衬底材料。ZnSe 射晶体通常呈黄色透明状，光谱透射范围为 0.5～15μm，在 3～14μm 波段内的平均谱透射率大于 70%，熔点为 1520℃，可耐受高温冲击。为了保证制作在 FP 腔体的上、下基片对顶面处的反射镜的面形平整度，具有特定结构尺寸的 ZnSe 型材在镀制光学薄膜前需进行精细研磨和抛光。目前，主要采用机械抛光工艺，经粗磨、细磨、滚边和抛光处理，形成具有规定指标要求的 ZnSe 基片表面平整度和表面粗糙度。利用台阶仪对所制作的 ZnSe 基片表面的平整度进行测试的结果如图 4.17 所示。由图 4.17 可见，所制作的 ZnSe 基片表面平均起伏小于 5nm，已达到光学镜面加工的第三级标准。在完成 ZnSe 基片的研磨抛光操作后，采用真空蒸发镀膜工艺在其表面镀制纳米厚度的金属 Al 膜，实物如图 4.18 所示，基片的长×宽×高尺寸为 23mm×18mm×1mm 表面平整度测试情况如图 4.19 所示，表面测试曲线显示 Al 膜的表面平均起伏小于 10nm，为良好光学镜面。

在所设计的 LC-FP 微腔干涉滤光结构中，Al 膜即作为电极又起到反光镜这样的双重作用，需满足一定厚度要求。换言之，所制作的 Al 膜厚度决定了 LC-FP 微腔干涉滤光结构的功能构建与所能实现的性能指标高低。由于 Al 膜本身吸收红外能量，其过厚会使 LC-FP 微腔干涉滤光结构的红外谱透射率显著降低，太薄会大幅降低红外光波反射率，导致红外谱透射率峰的半高宽过大，甚至极端情况下无法形成干涉滤光效应，也会造成因导电性减弱而难以在液晶层中激励有效的空间电场，驱使液晶分子指向矢产生所需程度的取向偏转，即形成具有所需指标要求的液晶材料折射率。

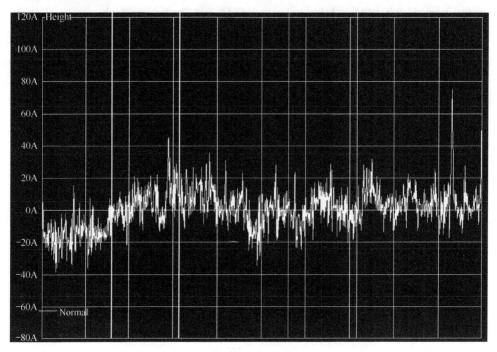

图 4.17　ZnSe 基片表面平整度测试曲线

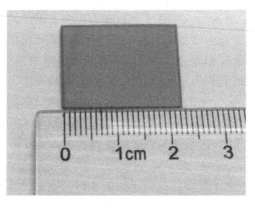

图 4.18　在 ZnSe 基片表面镀制 Al 膜后的实物

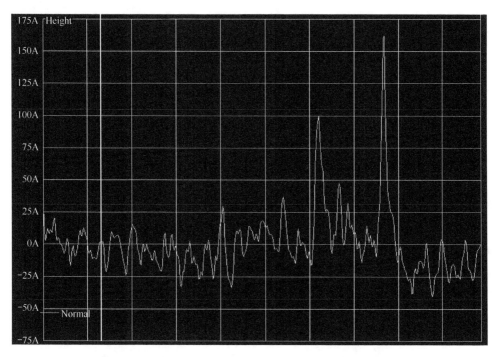

图 4.19 镀制 Al 膜后 ZnSe 基片的表面平整度测试曲线

在 ZnSe 表面镀制 Al 膜的合理经验数据为：约 15nm 厚度的 Al 膜可以保证 ZnSe 基 LC-FP 微腔干涉滤光结构呈现最佳谱透射效能，其典型测试曲线如图 4.20 所示。其中图 4.20（a）给出了在 ZnSe 表面镀制 Al 膜的厚度情况，如图 4.20 所示的台阶高度。图 4.20（b）所示为单面镀 Al 的 ZnSe 基片在 2～12μm 红外波段的谱透射率曲线。由图 4.20（b）可见，镀制 Al 膜的 ZnSe 基片的平均谱透射率约为 20%，随着红外测试波长的增大，谱透射率逐渐降低，在约 12μm 处达到最小值（约 17%），也就是说，不考虑吸收损耗的红外反射率最大可达到 83%。

制作 LC-FP 微腔干涉滤光结构主要包括图案电极制作、液晶材料初始定向层制作、FP 微腔成形、液晶材料灌注、结构封装等工艺操作。在制作阵列化 LC-FP 微腔干涉滤光结构过程中，需要通过常规紫外光刻工艺，制作区块分布的图案化电极。在制作级联 LC-FP 微腔干涉滤光结构过程中，中间结构的 ZnSe 基片需完成双面镀膜，分别作为两个上下级联的 FP 腔体中的光反射镜和加载驱控信号电极的复合结构。制作 LC-FP 微腔干涉滤光结构所用到的辅助材料和溶剂主要有丙酮、酒精、去离子水、正性光刻胶（RZJ-390PG）、显影液（RZX-3038）、聚酰胺树脂（650）、环氧树脂（E-44）、PI（ZKPI-440）、微米粒径玻璃微球、E44 向列相液晶材料等。正性光刻胶和显影液用于光刻制作图案化电极，聚酰胺树脂和环氧树脂混合液用于 FP 腔体黏合封装，PI 用于制作液晶材料的初始定向层，玻璃微球用于控制 LC 腔体深度。

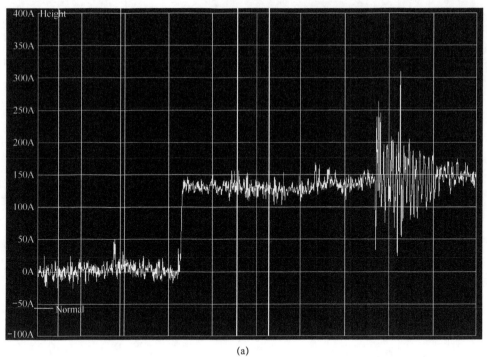

(a)

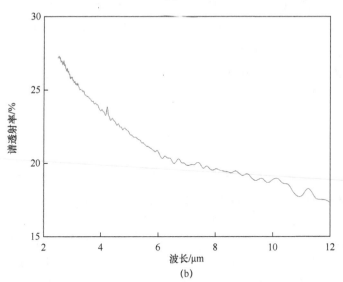

(b)

图 4.20　在 ZnSe 基片表面镀制 Al 膜的典型形貌和测试曲线

（a）Al 膜厚度；（b）红外谱透射率。

制作液晶材料的初始定向层一般有以下两种方法。

（1）手工摩擦法。首先将定向层材料均匀涂布在基片表面并经热固化处理，然后将涂覆定向层的一面朝下，置于绒布材料上，以确定方向摩擦定向层表面，形成沿摩擦方向的线列凹槽。具有制作工艺成熟、成本低廉、设备条件要求不高等特点。

（2）电子束光刻或蚀刻。在基片表面镀制一层 SiO_2 薄膜，经电子束光刻处理形成一定深度、宽度和间距的线列凹槽，由于设备和材料成本高，加工周期长，一般用于制作复杂的定向层结构。采用工艺流程简单、成熟的手工摩擦法制作定向层的结构如图 4.21 所示，具体数据要求有：用于敷设液晶分子的沟道宽度在亚微米尺度；深度在百纳米程度；相邻沟道间隔在亚微米/微米尺度。

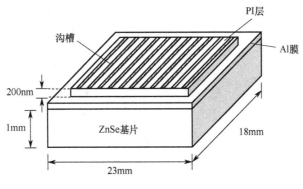

图 4.21　定向层结构

对实验中所涉及的多种材料结构采用超声清洗进行清洁处理，主要控制参数有超声清洗温度和时长。多种材料和样品烘干主要采用在洁净环境中，将它们置于烘干台上进行缓慢加热，主要控制参数是烘干温度。制作光刻胶膜以及 PI 胶膜等采用旋转涂胶法进行，主要控制参数有匀胶机的起始加速度、平均转速和平均时长。一般应保证匀胶机的平均转速稳定度在±1%以内，控制薄膜的均匀性在±3%内。常规紫外光刻采用四川南光真空科技有限公司的 H94-25C 型单面紫外光刻机进行。

高红外谱透射率 LC-FP 微腔干涉滤光结构制作工艺见上述的相关内容。利用摩擦操作制作液晶材料的初始定向层是有效制作 FP 腔体的关键性环节之一，其典型操作特征如下：取出固化后的基片冷却至室温，用直尺压住绒布，PI 层面朝下并沿直尺方向缓慢前行摩擦 PI 层，反复约 10 余次。同时，用于 FP 腔体构建的两片基片的摩擦方向应一致。吹走基底表面杂质并用去离子水清洗烘干。在原子力显微镜下所观察到的 PI 定向层如图 4.22 所示。由图 4.22 可见，通过手工摩擦制作的定向层并不均匀，沟槽的宽度、深度、间距、分布密度等的均匀性较差，沟槽间的排布取向并不严格平行，在定向层上的局部区域仍留有其他方向上的划痕，因而基片结构仍存在较大改进空间。通过密封将两块 ZnSe 基片封闭成 FP 微腔，是另一个关键性环节。典型操作特征如下：将聚酰胺树脂和环氧树脂按照 1:1 比例均匀混合，加入少许特定粒径的玻璃微球并搅拌均匀；用小针蘸取少许混合胶液涂在 FP 微腔的一侧基片底非电极侧边缘，两基片电极面相对牢固粘贴，用铁块压紧并静置，约放置 24h 至胶完全干燥。在光学显微镜下分布在聚酰胺树脂和环氧树脂混合液中的微米级粒径玻璃微球形态如图 4.23 所示。由图 4.23 可见，玻璃微球在混合液中的分布并不均匀，但未发现微球重叠聚集凸起现象。

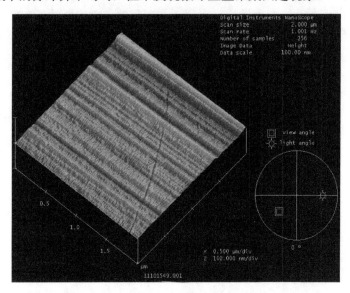

图 4.22　原子力显微镜下的 PI 定向层图片

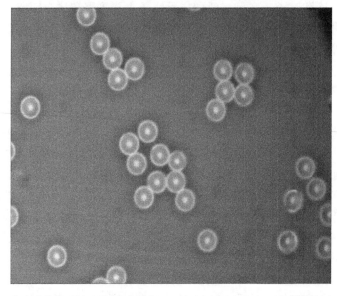

图 4.23　光学显微镜下分布在聚酰胺树脂和环氧树脂混合液中的微米级粒玻璃微球形态

　　将液晶材料充分注入所构建的 FP 微腔并封装成芯片，这是最重要的工艺环节。典型操作如下。将 FP 腔体竖直放置，未封胶的两侧分别朝上、朝下，用针头蘸取少量 E44 向列相液晶，滴在 FP 腔体的上边缘间隙或开口处，利用液晶的重力和毛细作用使液晶材料渐次填充进 FP 微腔中，待液晶材料完全充满 FP 微腔后，用密封胶封堵 FP 微腔的液晶出口和入口，完成液晶盒制作流程。待密封胶完全干燥后进行清洁处理，去除表面污物和杂质，制成 LC-FP 微腔干涉滤光结构（包括 2×2 阵列规模的单体 LC-FP 微腔干涉滤光结构和级联 LC-FP 微腔干涉滤光结构），在制作级联 LC-FP 微腔干涉滤光结构过程中无紫外光刻操作步骤。所制作的 LC-FP 微腔干涉滤光结构实物照片如图 4.24 所示。其中，图 4.24（a）给出了 2×2 阵列规模的单体 LC-FP 微腔干涉滤光结构形貌，图 4.24（b）给出了级联 LC-FP 微腔干涉滤光结构形貌。所制原理样片的典型结构参数如下：2×2 阵列规模的 LC-FP 微腔干涉滤光结构的尺寸为 23mm×21mm×2mm，所用玻璃微球间隔子粒径为 12μm，滤光结构中的 4 个独立 LC-FP 滤光通道相互独立，相邻通道间隔为 16μm（经验值），如图 4.24（a）中的较暗十字形亮线和靠近底部的两个反向 L 形亮线所示，靠近底部直尺的 3 个小矩形为用于焊接电引线的管脚；级联 LC-FP 微腔干涉滤光结构的尺寸为 28mm×23mm×3mm，构建上下 FP 微腔所用玻璃微球间隔子的粒径分别为 12μm 和 15μm；两种 LC-FP 微腔干涉滤光结构的有效光作用区域面积均为 1cm。

(a)   (b)

图 4.24 所制作的 LC-FP 微腔干涉滤光结构实物

（a）2×2 阵列规模单体 LC-FP；（b）级联 LC-FP。

4.3 电控干涉滤光特征

对所制作的 ZnSe 基 2×2 阵列规模的单体 LC-FP 微腔干涉滤光结构与单通道级联 LC-FP 微腔干涉滤光结构，进行中波和长波红外实验测试与评估，分别搭建了 LC-FP 微腔干涉滤光结构谱透射特征和谱成像测试平台，通过加载不同均方根值的驱控信号电压，获取 LC-FP 微腔干涉滤光结构的红外谱透射谱和谱成像图片。由实验室自研的液晶精密驱控仪驱控所制的 LC-FP 微腔干涉滤光结构，该设备可并行输出 16 路可调幅值、频率和波形的电压信号，通过一台数字示波器监测输出电压信号情况，最多能同时驱控 16 片或 16 通道的可寻址 LC-FP 微腔干涉滤光结构，如图 4.25 所示。一种典型的输出信号为频率 1kHz，占空比 1∶1 的方波信号，输出信号电压可调节范围为 0～30V_{RMS}，调节精度为 0.01V_{RMS}。

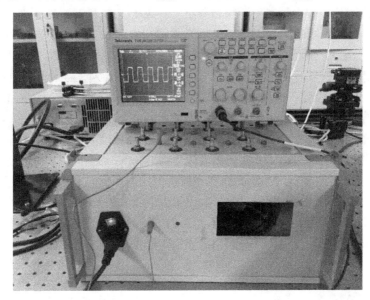

图 4.25 液晶精密驱控仪

谱透射特征测试主要基于 EQUINOX 55 傅里叶变换红外光谱仪进行，通过该设备的 OPUS 软件对红外光谱仪进行控制及显示透射谱。该红外光谱仪的主要参数指标有信噪比 36000dB、波数范围 4000～400/cm、采样速率 80 组/s、分辨率 0.4/cm（可选 0.15/cm）。该设备适用于气体、液体和固体样本测试，具有高信噪比、高测量精度、高分辨率、高效率、高灵敏度、测量波段宽、全波段分辨率一致性好等特点。该设备在正常使用前需要预热，去除空气中的水分影响。在预热过程中，不断扫描获取背景光谱，直至所获得的背景光谱无明显水峰干扰且谱透射率为 100%。预热结束后设备达到稳定状态，放入样本测试透射谱。利用实验室自研的液晶精密驱控仪输出多路驱控信号电压驱动 LC-FP 微腔干涉滤光结构工作。

针对 LC-FP 微腔干涉滤光结构所构建的谱测试平台如图 4.26 所示。傅里叶变换红外光谱仪的扫描时间设定为 8s，扫描波数间隔为 0.4/cm。在阵列化（多个谱通道）LC-FP 微腔干涉滤光结构的测试过程中，各谱通道由液晶精密驱控仪的多路输出信号电压分别控制，通过调节各通道上所加载的驱控信号电压，测试各谱通道的透射谱情况。在级联 LC-FP 微腔干涉滤光结构的测试过程中，上下 FP 微腔由液晶精密驱控仪的两路输出信号电压分别控制，通过调节所加载的驱控信号电压的均方根值，获得所需要的 LC-FP 微腔干涉滤光结构透射红外谱。在测试数据中可观察到多个波谷，如在波数为 2400/cm 附近时，这些波谷源于液晶材料的吸收峰，并非 LC-FP 微腔干涉滤光结构的谱选择所致。对 LC-FP 微腔干涉滤光结构的透射谱进行平滑处理后，得到最终的谱透射数据体系并绘制成图。

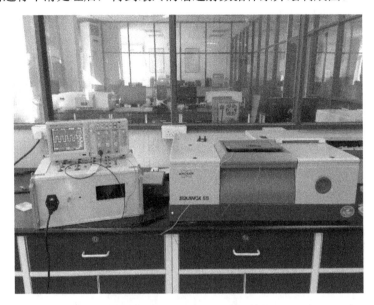

图 4.26　LC-FP 微腔干涉滤光结构透射谱测试平台

　　红外入射光波经 LC-FP 微腔干涉滤光结构滤光后，仅有若干特定波长的光波能以高谱透射率出射。利用红外相机对透射 LC-FP 微腔干涉滤光结构的光束成像，获取红外目标图像。对 LC-FP 微腔干涉滤光结构所构建的谱成像测试平台如图4.27所示。该测试平台主要包括目标、黑体、偏振片、信号源和红外相机。黑体为 ELETRIP BR1000，其温度调节范围为 10～1000℃，调节精度为 0.1℃，升温速率 200℃/45min。考虑到液晶材料所具备的电控折射率效应仅针对非寻常光，在谱图中所存在的寻常光为背景光。通过在测试光路中放置 THORLAB 公司的 RSP1X15/M 红外偏振片，可有效消除寻常光的扰动影响。由于级联 LC-FP 微腔干涉滤光结构的红外谱透射率相对较低，在进行谱成像测试中移除了红外偏振片。

　　利用武汉高德信息产业有限公司的 IR126 和 IR121D 红外相机成像目标。中波和长波物镜焦距均为 20mm，中波物镜的工作波段为 3.7～4.8μm，长波物镜的工作波段为 8～12μm。利用 IR126 相机获取中波红外图像，探测器工作波段为 3～5μm，阵列规模为 320×240，像元尺寸为 45μm×45μm。利用 IR121D 相机获取长波红外图像，探测器工作波段为 8～14μm，阵列规模为 640×480，像元尺寸为 25μm×25μm。如图 4.27 所示，由黑体辐射出的红外光波依次经过目标反射、偏振片消光、成像物镜聚焦和 LC-FP 微腔干涉滤光结构滤光后，由成像探测器获得目标谱图像。通过调节加载在 LC-FP 微腔干涉滤光结构上的驱控信号电压，选择 LC-FP 微腔干涉滤光结构的红外透射波段。针对阵列化 LC-FP 微腔干涉滤光结构中的典型滤光通道（通道-11）的测试结果如图 4.28 所示。所加载的驱控信号电压分别为 0V_{RMS}、8.32V_{RMS}、10.7V_{RMS}、15.2V_{RMS}、18.9V_{RMS} 和 21.7V_{RMS}。

中的典型滤光通道（通道-11）的测试结果如图 4.28 所示。所加载的驱控信号电压分别为 $0V_{RMS}$、$8.32V_{RMS}$、$10.7V_{RMS}$、$15.2V_{RMS}$、$18.9V_{RMS}$ 和 $21.7V_{RMS}$。

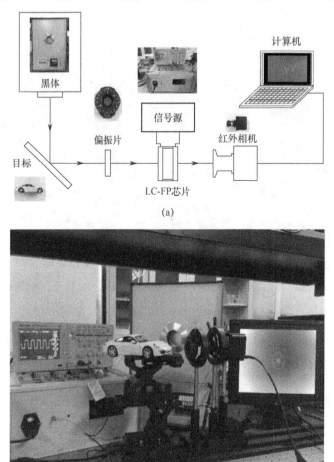

图 4.27　LC-FP 微腔干涉滤光结构谱成像测试平台

（a）谱成像测试光路配置；（b）谱成像测试平台。

由于 E44 向列相液晶材料在 3.2～3.6μm 波段存在较强吸收峰，以下仅涉及对 2.5～3.2μm 和 3.8～5.4μm 波段的红外透射波谱情况，如图 4.28 所示。由其中图 4.28（a）和图 4.28（b）可见，在所测试的近红外和中波红外波段内，谱透射率峰均呈现多峰形态。由图 4.28（c）可见，由于存在液晶材料的吸收峰，在长波红外波段仅存在一个有效的谱透射率峰。测试结果显示，2×2 阵列规模的多通道 LC-FP 微腔干涉滤光结构的透射率峰的谱透射率约 24%（已接近最大值 25%），在不同驱控信号电压下，谱透射率峰存在明显移动。在逐渐增大所加载的驱控信号电压的过程中，谱透射率峰的移动方向首先呈现先向长波向移动，然后再移向短波向的趋势。

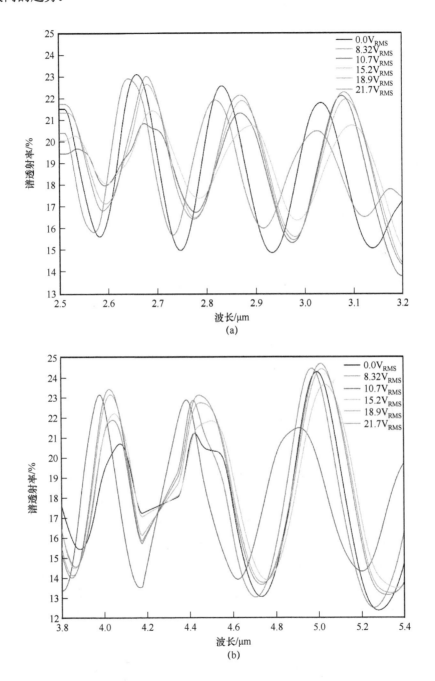

(a)

(b)

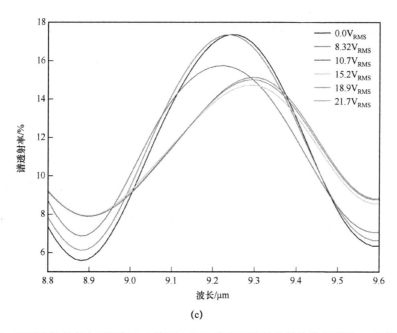

(c)

图 4.28　不同驱控信号电压下的 2×2 阵列 LC-FP 微腔干涉滤光结构滤光通道-11 的谱透射率
测试结果

（a）近红外；（b）中波红外；（c）长波红外。

　　一般而言，通过理论预测的谱透射率峰波长移动特征如图 4.29 所示。图 4.29
（a）显示在不加载任何驱控信号电压条件下，封闭在 FP 微腔中的液晶分子，按照
腔体构建时所设定的排布取向牢固锚定，呈现整齐划一的指向矢分布。在 LC-FP
微腔干涉滤光结构上加载驱控信号电压并且其均方根值大于经验性阈值后，液晶
指向矢开始偏转，距离基片表面越远的液晶分子指向矢的偏转程度越大，分布在
基片表面及其附近的液晶分子则被牢固锚定，且距离基片越远则锚定作用越弱，直
至达到新的偏转分布平衡态，如图 4.29（b）所示。在图 4.29（a）所示的平衡态转
变为图 4.29（b）所示的新的平衡态的过程中，液晶材料的等效折射率减小，共振性
穿透 LC-FP 微腔干涉滤光结构的红外透射光的波长向波长减小的方向移动。

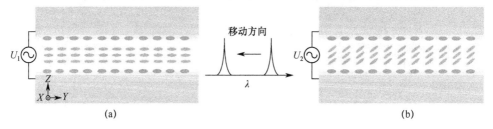

(a)　　　　　　　　　　　　　　　　　　　　　　　(b)

图 4.29　加载不同驱控信号电压使液晶指向矢偏转引起 LC-FP 微腔干涉滤光结构的
透射波长移动

（a）无驱控信号电压加载；（b）加载驱控信号电压。

实验显示，上述基于模型的仿真结果在有些情况下与测试结果并不完全一致，分析可能的原因后发现。由于目前主要采用手工摩擦法制作液晶材料的初始定向层，在进行这一摩擦定向过程中，存在构建定向层时摩擦力度不均匀，同一凹槽形态的深度分布也高低不平，导致强锚定后液晶分子的初始倾角与基片表面成一定夹角，如图 4.30 所示。当不加载任何驱控信号电压时，液晶分子处于初始状态，也就是被制作在基片表面的液晶初始定向层所设定的平衡态 S_1。当加载足够大的驱控信号电压后，液晶指向矢开始偏转，趋于稳定后处于新的平衡态 S_2。继续增大驱控信号电压，液晶指向矢继续偏转直至更新的平衡态 S_3。液晶材料从状态 S_1 偏转到状态 S_2，其等效折射率增大，使谱透射率峰值移向长波方向。液晶材料从状态 S_2 偏转到状态 S_3 时，液晶材料等效折射率减小，导致谱透射率峰向波长减小方向移动。

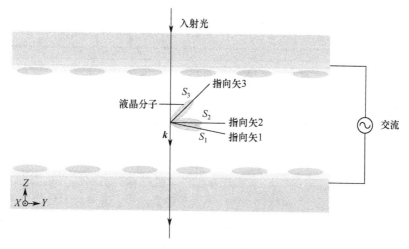

图 4.30　加载不同幅度驱控信号电压时的液晶指向矢分布特征

阵列化单体 LC-FP 微腔干涉滤光结构中滤光通道-11 的谱透射率峰值时波长与所加载的驱控信号电压关系如表 4.5 所列。由表 4.5 可见，所发展的阵列化单体 LC-FP 微腔干涉滤光结构可有效工作在 0～21.7V_{RMS} 这一相对较低的信号电压范围内，滤光芯片在中波红外波段的波谱调节范围约 181nm，在长波红外波段的波谱调节范围约 80nm。

表 4.5　阵列化单体 LC-FP 微腔干涉滤光结构中滤光通道-11 的谱透射率峰值时波长与电压的关系

电压/V_{RMS}	中心波长/μm					
0	3.032	3.756	4.077	4.421	4.997	9.259
1.48	3.031	3.755	4.076	4.423	4.995	9.258
2.91	3.032	3.755	4.073	4.422	4.995	9.257
5.4	3.030	3.751	4.074	4.424	4.996	9.258

电压/V$_{RMS}$	中心波长/μm					
6.28	3.031	3.757	4.077	4.423	4.997	9.259
8.32	3.027	3.705	4.049	4.418	4.967	9.247
9.84	3.101	3.668	3.998	4.402	4.934	9.231
10.7	3.076	3.639	3.983	4.390	4.907	9.237
11.3	3.056	3.626	3.972	4.380	4.867	9.243
12.3	3.045	3.619	3.955	4.382	4.847	9.257
13.6	3.037	3.615	3.909	4.395	4.965	9.264
15.2	3.098	3.698	4.055	4.499	5.028	9.310
16.3	3.096	3.694	4.047	4.487	5.025	9.311
17.3	3.085	3.691	4.042	4.481	5.021	9.309
18.9	3.083	3.687	4.030	4.472	5.016	9.308
21.7	3.079	3.684	4.026	4.436	5.013	9.309

图 4.10 和图 4.11 所示的仿真计算显示，当 FP 微腔深度为 12μm 时，LC-FP 微腔干涉滤光结构在中波红外波段存在 5 个谱透射率峰，在长波红外波段存在两个谱透射率峰。对 LC-FP 微腔干涉滤光结构所进行的实测结果显示，在中波红外波段存在 5 个谱透射率峰，与仿真结果一致；在长波红外波段仅存在一个谱透射率峰，少于仿真结果。造成上述在长波红外波段谱透射率峰数量减少的原因在于：E44 向列相液晶材料本身在长波红外存在多个吸收峰。测试结果也表明，LC-FP 微腔干涉滤光结构谱透射率峰的 FWHM 大于仿真结果，谱透射率峰值小于仿真结果。其原因主要在于：构建 LC-FP 微腔干涉滤光结构的 Al 膜、ZnSe 和液晶材料均对红外光波存在程度不同的能量吸收，造成腔间红外波束的反射级次减少。另外，Al 膜材料的红外反射率相对较低也是一个重要因素。

红外 LC-FP 微腔干涉滤光结构的电调光谱分辨率定义为：在不同驱控信号电压作用下，从 LC-FP 微腔干涉滤光结构透射的谱透射率峰波长的最小移动范围，在本书中称为光谱分辨率。所发展的 LC-FP 微腔干涉滤光结构在中波和长波红外波段的光谱分辨率情况如图 4.31 所示。在中波红外波段，当所加载的驱控信号电压约 15.2V$_{RMS}$ 时，从 LC-FP 微腔干涉滤光结构透射的红外光波谱透射率峰波长约 3.695μm；当驱控信号电压约 16.3V$_{RMS}$ 时，所形成的谱透射率峰波长约 3.6932μm，在中波红外波段所实现的光谱分辨率小于 2.8nm，如图 4.31（a）所示。在长波红外波段，当驱控信号电压约 15.2V$_{RMS}$ 时，所透射的红外谱光波的谱透射率峰波长约 13.8351μm；当驱控信号电压约 16.3V$_{RMS}$ 时，谱透射率峰波长约 13.8274μm，所实现的光谱分辨率小于 7.7nm，如图 4.31（b）所示。一般而言，由液晶材料等效折射率与驱控信号电压间的仿真分析可知，液晶材料等效折射率随驱控信号电压呈现连续变化趋势。理论上所预言的红外 LC-FP 微腔干涉滤光结构谱透射率峰波长移动也应呈现连续变化这一趋势。考虑到受实验设备制约，如液晶精密驱控仪的输出信号电压的调节精度和稳定性等，所发展的红外 LC-FP 微腔干涉滤光结构谱透射率峰波长随驱控信号的变化并不显示连续性。

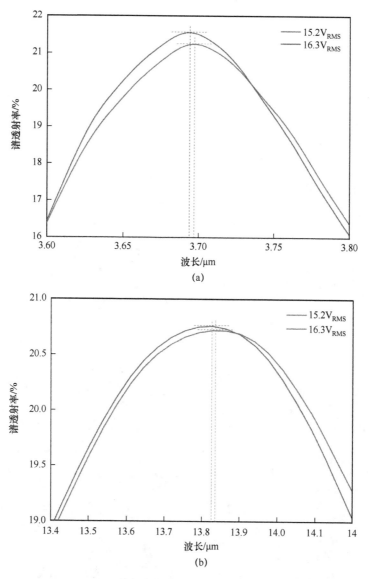

图 4.31 红外 LC-FP 微腔干涉滤光结构的电调光谱分辨率

（a）中波红外；（b）长波红外。

利用 2×2 阵列规模的 LC-FP 微腔干涉滤光结构开展中波红外谱成像测试，如图 4.32 所示。为了分析滤光芯片上的不同加电通道即谱成像通道的成像效果，将原始谱图像划分为 4 个区块，各区块与所划分的谱成像通道一一对应。由图 4.32

所示的测试结果可见，在不同驱控信号电压作用下，经过每个通道滤光后从红外相机获得的目标谱图像灰度值和图像细节略有差异，在各通道上所加载的驱控信号电压分别为（通道-11 为 8.32V_{RMS}，通道-12 为 0V_{RMS}，通道-21 为 0V_{RMS}，通道-22 为 0V_{RMS}）（通道-11 为 0V_{RMS}，通道-12 约 10.7V_{RMS}，通道-21 为 0V_{RMS}，通道-22 为 0V_{RMS}）（通道-11 为 0V_{RMS}，通道-12 为 0V_{RMS}，通道-21 约 15.2V_{RMS}，通道-22 为 0V_{RMS}）（通道-11 为 0V_{RMS}，通道-12 为 0V_{RMS}，通道红21 为 0V_{RMS}，通道-22 约 18.9V_{RMS}）。

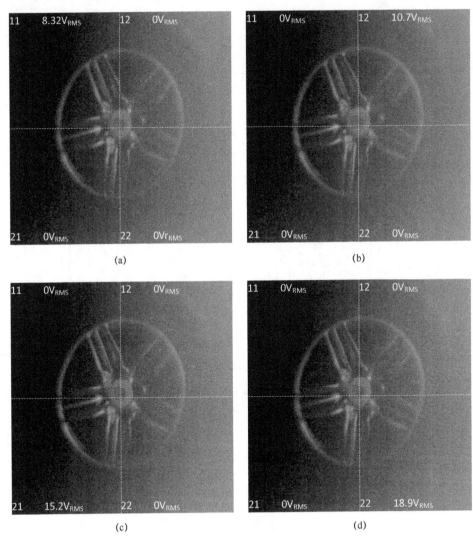

图 4.32　利用 2×2 阵列规模的 LC-FP 微腔干涉滤光结构开展的中波红外谱成像测试

（a）在通道-11 加载 8.32V_{RMS}信号电压；　（b）在通道-12 加载 10.7V_{RMS}信号电压；

（c）在通道-21 加载 15.2V_{RMS}信号电压；　（d）在通道-22 加载 18.9V_{RMS}信号电压。

以通道-21 为例，放大该通道分别在 0V$_{RMS}$ 和约 15.2V$_{RMS}$ 驱控信号电压作用下的中波红外谱成像结果，如图 4.33 所示。分别计算由通道-21 所获得的谱图平均灰度值和相对灰度值。由于红外相机自身温度的变化也会导致图像平均灰度值产生变化，需要计算区块图像的相对灰度值，分析滤光芯片的波谱调节作用对谱图像灰度值的影响。将各区块图像的灰度值求和，再除以整个图像的灰度值，就可以得到区块图像的相对灰度值。按照上述方法针对图 4.33（a）所得到的平均灰度值约 78.3，相对灰度值约 21.6%；图 4.33（b）所示的平均灰度值约 75.7，相对灰度值约 21.1%。

由上述结果可知，图 4.33（a）所示的平均灰度值和相对灰度值，均大于图 4.33（b）所示相应情形，该结果与图 4.28 所示大体一致。在图 4.28 中，当驱控信号电压约 15.2V$_{RMS}$ 时，从滤光芯片透射的谱透射率峰波长大于 0V$_{RMS}$ 时的相应情形。考虑到黑体温度为 800℃时，在 2.5～5μm 红外波段范围内，红外辐射能量随波长的增大而减小，图 4.33（a）的灰度值略大于图 4.33（b）的相应情形。

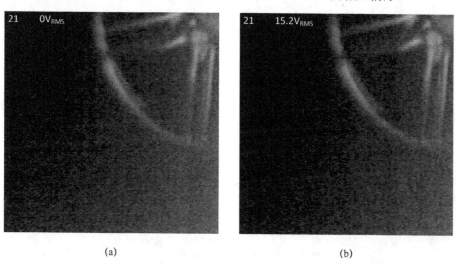

(a)   (b)

图 4.33   在不同驱控信号电压作用下通道-21 在中波红外的谱成像结果

（a）加载 0V$_{RMS}$ 信号电压；（b）加载 15.2V$_{RMS}$ 信号电压。

利用 2×2 阵列的 LC-FP 微腔干涉滤光结构开展长波红外谱成像测试，如图 4.34 所示。由图 4.34 可见，在不同驱控信号电压作用下，经过每个通道滤光后从红外相机获得的目标谱图灰度值和图像细节略有差异，在各通道上所加载的驱控信号电压分别为（通道-11 为 8.32V$_{RMS}$，通道-12 为 0V$_{RMS}$，通道-21 为 0V$_{RMS}$，通道-22 为 0V$_{RMS}$）（通道-11 为 0V$_{RMS}$，通道-12 约 10.7V$_{RMS}$，通道-21 为 0V$_{RMS}$，通道-22 为 0V$_{RMS}$）（通道-11 为 0V$_{RMS}$，通道-12 为 0V$_{RMS}$，通道-21 约 15.2V$_{RMS}$，通道-22 为 0V$_{RMS}$）（通道-11 为 0V$_{RMS}$，通道-12 为 0V$_{RMS}$，通道-21 为 0V$_{RMS}$，通道-22 约 18.9V$_{RMS}$）。放大通道-21 分别在 0V$_{RMS}$ 和 15.2V$_{RMS}$ 驱控信号电压作用下获得

的谱成像结果如图 4.35 所示。分别计算由通道-21 获得的谱图像平均灰度值和相对灰度值，图 4.35（a）所示的平均灰度值约 94.2，相对灰度值约 25.82%；图 4.35（b）所示的平均灰度值约 91.7，相对灰度值约 24.63%。由计算结果可知，图 4.35（a）所示的平均灰度值和相对灰度值，均大于图 4.35（b）所示相应情形，该结果与图 4.28 所示基本一致。在图 4.28 中，当驱控信号电压约 15.2V$_{RMS}$ 时，滤光芯片的谱透射率峰波长约 9.31μm；当驱控信号电压为 0V$_{RMS}$ 时，谱透射率峰波长约 9.259μm。黑体在 800℃时，8～14μm 波段内的辐射能量随波长增大而减小，导致图 4.35（a）所示灰度值大于图 4.35（b）所示的相应情形。

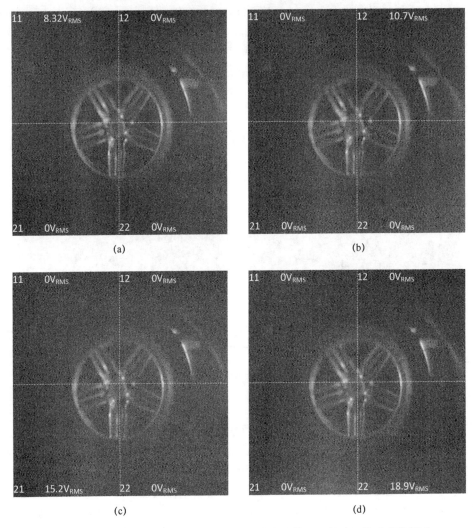

图 4.34　利用 2×2 阵列的 LC-FP 微腔干涉滤光结构开展长波红外谱成像测试

（a）在通道-11 加载 8.32V$_{RMS}$ 电压；　（b）在通道-12 加载 10.7V$_{RMS}$ 电压；

（c）在通道-21 加载 15.2V$_{RMS}$ 电压；　（d）在通道-22 加载 18.9V$_{RMS}$ 电压。

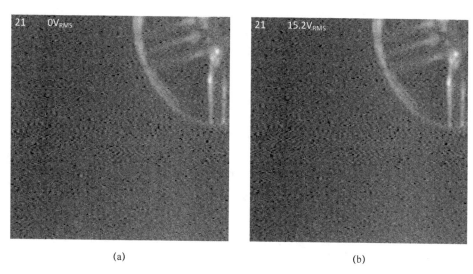

图 4.35 在不同驱控信号电压作用下的通道-21 在长波红外波段的谱成像结果

（a）$0V_{RMS}$; （b）$15.2V_{RMS}$。

4.4 级联 LC-FP 微腔干涉滤光结构红外成像波谱特性

将 ZnSe 基级联 LC-FP 微腔干涉滤光结构中的上下 FP 微腔分别标记为 FP1 和 FP2，它们分别由两路独立的驱控信号电压控制。在施加不同驱控信号电压条件下，级联 LC-FP 微腔干涉滤光结构的谱透射率测试结果如图 4.36 所示，各谱透射率峰波长与驱控信号电压的关系如表 4.6 所列。由图 4.28 可知，单体 LC-FP 微腔干涉滤光结构的最大谱透射率约 25%，可推断级联 LC-FP 微腔干涉滤光结构的理论最大谱透射率约 6%。由图 4.34 所示数据可知，级联 LC-FP 微腔干涉滤光结构的实际最大谱透射率接近 6%，理论预测与实际情况基本一致。当在 FP1 和 FP2 上不加载任何驱控信号电压时，观察不到任何谱透射率峰。当在 FP2 上加载驱控信号电压并将其增加到约 $13.5V_{RMS}$ 时，出现两个谱透射率峰，峰值波长分别为 3.899μm 和 4.596μm，谱透射率分别为 5.02% 和 5.62%。当加载在 FP1 和 FP2 上的驱控信号电压分别为 $8.86V_{RMS}$ 和 $2.5V_{RMS}$ 时，峰值波长约 3.899μm 的谱透射率峰移动到约 3.847μm 波长处，峰值波长约 4.596μm 的谱透射率峰移动到约 4.805μm 处，并且谱透射率峰的谱透射率也略有增加，分别为 5.94% 和 6.02%。当加载在 FP1 和 FP2 上的驱控信号电压分别为 $19V_{RMS}$ 和约 $15V_{RMS}$ 时，出现 3 个谱透射率峰，峰值波长分别为 3.763μm、4.188μm 和 4.789μm，相应的谱透射率分别为 5.68%、5.31% 和 5.65%。对比单体 LC-FP 微腔干涉滤光结构和级联 LC-FP 微腔干涉滤光结构的谱透射率测试结果可见，虽然级联 LC-FP 微腔干涉滤光结构的红外谱透射率显著降低，但可以有效减少谱透射率峰数量，从而显示更好的单峰波谱选择能力。级联LC-FP微腔干涉滤光结构的波谱调节范围约209nm，该数据也略大于单体LC-FP微腔干涉滤光结构的相应指标。

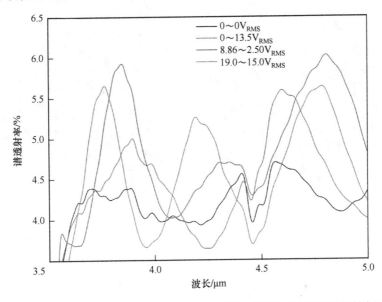

图4.36　在不同驱控信号电压作用下的级联LC-FP微腔干涉滤光结构的谱透射率测试结果

表4.6　级联LC-FP微腔干涉滤光结构谱透射率峰波长与电压的关系

电压/V_{RMS}	中心波长/μm		
0.00～0.00	—	—	—
0.00～13.5	3.899	—	4.596
8.86～2.50	3.847	—	4.805
19.0～15.0	3.763	4.188	4.789

　　图4.11和图4.12的仿真结果显示，级联LC-FP微腔干涉滤光结构均能在中波和长波红外波段实现单峰透射。实际谱透射率测试表明，在中波红外波段，级联LC-FP微腔干涉滤光结构存在2～3个谱透射率峰，即使调节加载在上下FP微腔干涉滤光结构微腔上的驱控信号电压，也无法实现单峰透射。其原因在于FP1和FP2的谱透射率峰的半高宽过大，透射作用叠加后无法做到单峰透射。在长波红外波段，级联LC-FP微腔干涉滤光结构无有效谱透射率峰出现，主要由于E44向列相液晶材料在长波红外存在多个吸收峰造成的。在不同驱控信号电压作用下，利用级联LC-FP微腔干涉滤光结构在中波红外波段所进行的谱成像测试如图4.37所示。由于级联LC-FP微腔干涉滤光结构的红外谱透射率过低，在进行谱成像测试时未使用偏振片。在FP1和FP2上所加载的驱控信号电压分别为（$0V_{RMS}$，$0V_{RMS}$）

（0V$_{RMS}$，13.5V$_{RMS}$）（8.86V$_{RMS}$，2.5V$_{RMS}$）和（19V$_{RMS}$，15V$_{RMS}$），所获得的飞机模型图像分别如图4.37（a）～（d）所示。

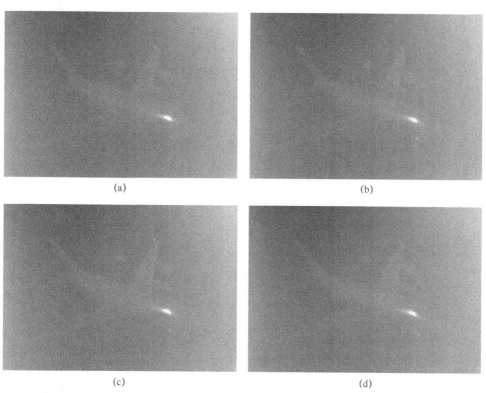

(a)

(b)

(c)

(d)

图4.37 在级联LC-FP微腔干涉滤光结构上加载不同驱控信号电压的中波红外波段谱成像测试

(a) 0V$_{RMS}$和0V$_{RMS}$；(b) 0V$_{RMS}$和13.5V$_{RMS}$；(c) 8.86V$_{RMS}$和2.5V$_{RMS}$；(d) 19V$_{RMS}$和15V$_{RMS}$。

由图4.37可知，在不同驱控信号电压作用下，经过级联LC-FP微腔干涉滤光结构滤波后的目标谱图略有不同，其变化主要体现在目标图像亮度上。图4.37(a)～(d)的平均灰度值分别为92.03、93.29、93.34和94.21，谱成像测试结果与谱透射率测试结果基本一致。由图4.36可知，当FP1和FP2未加载任何驱控信号电压时，不存在谱透射率峰，图4.37（a）的平均灰度值最低。图4.37（c）的平均灰度值大于图4.37（b），是归因于谱透射率峰的谱透射率较高这一因素。当加载在FP1和FP2上的驱控信号电压分别为19V$_{RMS}$和15V$_{RMS}$时，存在3个谱透射率峰，图4.37（d）显示最大的平均灰度值。

由于在执行上述测试过程中未使用偏振片，图4.37所示的谱图像既包含寻常光成分，也存在非常光的贡献，导致谱图像平均灰度值的变化并不如理论分析那样明显。考虑到所发展的LC-FP微腔干涉滤光结构有偏振敏感性，改变加载在LC-FP微腔干涉滤光结构上的驱控信号电压仅能调节非常光的等效折射率，在透射谱中所存在的寻常光就构成了背景光。由图4.36可知，当不加载任何驱控信号电压时无谱透射率峰，能从滤光芯片透射的红外能量最小，寻常光和非常光的能量几乎相同，谱透射率可表示为

$$T_0(\lambda) = \frac{E_o(\lambda)}{E(\lambda)} = \frac{E_e(\lambda)}{E(\lambda)} \tag{4.33}$$

式中：$E_o(\lambda)$ 和 $E_e(\lambda)$ 分别为寻常光和非常光的谱透射光能，由于寻常光和非常光的入射能量相等，用 $E(\lambda)$ 表示。

非常光的谱透射能量为

$$E_e = \int_\lambda E(\lambda) T_0(\lambda) \mathrm{d}\lambda \tag{4.34}$$

当在 FP1 和 FP2 上所加载的驱控信号电压分别为 19.0V_{RMS} 和 15.0V_{RMS} 时，谱透射能量最大，并且寻常光能量不变，谱透射率为

$$T'(\lambda) = \frac{E_o(\lambda) + E_e'(\lambda)}{2E(\lambda)} \tag{4.35}$$

此时，非常光的谱透射率为

$$T_e'(\lambda) = \frac{E_e'(\lambda)}{E(\lambda)} = 2 \times [T'(\lambda) - T_0(\lambda)] \tag{4.36}$$

非常光的谱透射能量为

$$E_e' = \int_\lambda E(\lambda) T_e'(\lambda) \mathrm{d}\lambda \tag{4.37}$$

非常光的谱透射能量的相对变化为

$$\Delta E_e = \frac{E_e' - E_e}{E_e} = \frac{\int_\lambda T_e'(\lambda) \mathrm{d}\lambda}{\int_\lambda T_0(\lambda) \mathrm{d}\lambda} - 1 \tag{4.38}$$

通过对谱透射率曲线积分，可求得谱透射能量的相对变化。当减去透射谱中的寻常光能量后，谱透射能量的相对变化从约9.5%增加到约19.1%。

4.5 小结

本章主要针对高红外谱透射率 LC-FP 微腔干涉滤光结构开展理论分析和建模、结构制作、谱红外透射特征与成像效能测试评估等工作。首先对单体 LC-FP 微腔干涉滤光结构建模，确定结构方案和参数体系配置；然后开展了 2×2 阵列规模的可寻址加电驱控 LC-FP 微腔干涉滤光结构以及级联 LC-FP 微腔干涉滤光结构的建模、制作、谱成像效能测试评估。实验测试显示，列化 LC-FP 微腔干涉滤光结构和级联 LC-FP 微腔干涉滤光结构均具有所规划的谱选择和谱调节能力，阵列化 LC-FP 微腔干涉滤光结构随所加载的驱控信号电压的增大，透射谱呈现首先向长波长方向移动，再转向短波长这一趋势。所发展的阵列化 LC-FP 微腔干涉滤光

结构中波红外谱调节范围约 181nm，光谱分辨率小于 2.8nm；在长波红外波段的谱调节范围约 80nm，光谱分辨率大于 7.7nm，谱透射率最大峰值约 25%；所发展的 LC-FP 微腔干涉滤光结构可有效工作在 0～21.7V$_{RMS}$ 这一较低信号电压范围内；级联 LC-FP 微腔干涉滤光结构能有效减少谱透射率峰数量，在中波红外的谱调节范围约 209nm，谱透射率最大峰值约 6%。为该技术方法向实用化方向进一步发展奠定了方法和数据基础。

第5章　一体化微腔干涉滤光与液晶微镜聚光调焦

　　构建结构灵巧的多模成像探测芯片架构，发展无机械移动结构，在电驱控导引下的波谱成像、光场成像、波前成像、偏振成像一体化的微纳控光成像芯片和成像微系统技术的一个基本方法，是获得一体化 LC-FP 微腔干涉滤光结构与 LC-ML 阵列的理论模型、仿真、结构设计和工艺方法、光学和电光参数体系以及测试评估手段。期望将应对杂光干扰的波谱成像，应对不稳定大气和流场的波前成像，应对雨、雪、雾、沙尘风暴等恶劣天气的偏振成像，应对高速运动、全局态势感知与目标精确探测识别定位的光场成像等凝固在一个灵巧控光结构和成像微系统中。本章主要涉及对电调滤光与电控聚光调焦一体化微纳控光芯片的理论分析、建模、仿真设计、工艺制作、性能测试和分析等内容。达到通过多模微纳控光一体化芯片可对入射光波有效进行滤光、调谱、聚光和成像处理。

5.1　复合微腔干涉滤光与电控液晶微镜聚光调焦

　　将 LC-FP 微腔干涉滤光结构与 LC-ML 阵列一体化所形成的复合芯片结构如图 5.1 所示。图 5.1（a）所示为复合结构剖面图，图 5.1（b）显示了三维形貌。衬底基片选用 ZnSe 单晶材料，在其表面制作一层 Al 膜作为导电膜和以高反射率反射红外光的高反射膜，也就是说，既作为控光结构的导电电极，又作为形成 FP 微腔的高反射膜。在 ZnSe 基片的 Al 膜面上，进一步制作用于锚固液晶材料初始排布取向的 PI 定向层。将两片制作有 Al 膜和 PI 定向层的 ZnSe 基片，以 PI 面对偶耦合方式构建成用于填充液晶材料的液晶盒，其腔深控制在几微米至几十微米范围内。通常情况下，制作在光入射端面处的 ZnSe 基片上的 Al 膜也就是膜电极，被制作成阵列化图案形态如常用的微圆孔阵，用于形成阵列化电控液晶聚光微镜。微圆孔间的 Al 膜与对偶的光出射端面处的 ZnSe 基片上的 Al 膜，形成多级次光反射结构，也就是 FP 滤光腔，从而实现 FP 微腔滤光与电控平面 LC-ML 聚光调焦阵列的一体化构建。通过 LC-FP 微腔干涉滤光结构进行透射光束的波谱选择与调变，通过电控 LC-ML 阵列进行波前、偏振或光场成像。在构成液晶盒的上下 Al 膜表面所制作的 PI 定向层的取向相同，将 E44 向列相液晶材料充分填充在液晶盒中。

设计 LC-FP 微腔干涉滤光结构与电控 LC-ML 阵列的复合结构需要关注两个关键性参数，即 Al 膜厚度和微腔深度。Al 膜厚度与芯片的滤光性能密切相关，Al 膜太薄，会使布设在 FP 微腔中的反光膜呈现过低反射率，导致透射波谱的 FWHM 过宽，透射波形过于平缓而呈现低滤光效能，甚至无法形成滤光作用。Al 膜过薄也会显著降低其导电能力，使用于偏转液晶分子的空间电场激励效能降低甚至丧失。如果 Al 膜过厚，归结于红外吸收的光反射级次降低，将导致谱透射率大幅减小。在微腔深度设计方面，需要兼顾 LC-FP 微腔干涉滤光结构滤光与 LC-ML 阵列聚光调焦效能间的平衡。腔深过大，会使 FP 微腔所滤选的光波自由光谱范围减小并过多增加谱透射率峰数量，也将显著降低芯片的电光响应速度；腔深太小又会造成 LC-ML 阵列的相位变动程度不足，使焦长增大，光线弯折能力变差。

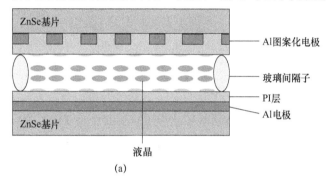

(a)

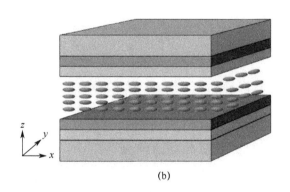

(b)

图 5.1　一体化 LC-FP 微腔干涉滤光结构与 LC-ML 阵列一体化形成的复合芯片结构

(a) 剖面图；(b) 三维形貌。

在芯片上施加高于阈值的驱控信号电压所产生的控光作用如图 5.2 所示，图中的非微孔即非微镜区域对应 FP 微腔滤光区域，用于执行干涉滤光操作，圆孔即微镜区域，涉及圆孔边缘向圆孔所遮挡的内部延伸一部分的液晶区域，对应于端面为平面的 LC-ML 阵列聚光调焦操作。因此，在对芯片的红外控光作用进行模拟时，将按照电极图案分解为 LC-FP 微腔干涉滤光结构滤光仿真区和 LC-ML 阵列聚光调焦仿真区。依据液晶弹性连续体理论和总自由能最小原理，可对液晶指向矢的空间分布进行求解，从而计算液晶材料的等效折射率。求解空间电场作用下的液晶指向矢分布特征有多种方法，包括常用的退火法、牛顿法和差分法等。本章基于差分法对液晶指向矢在空间电场作用下的分布特征进行运算求解，具有运算速度快、精度高、可控性好、运算结果可信性和可靠性高及适用范围广等特点。

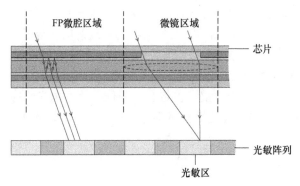

图 5.2　控光作用

在复合芯片的 FP 微腔区，离衬底基片表面相同距离处的液晶分子所受到的电场作用大致相同，其指向矢的电控偏振程度即倾角也大体一致，可以把微腔中所填充的液晶材料按层划分，将三维指向矢分布转化为在液晶盒中的垂直光轴二维截面上的求解问题。液晶材料的层化划分如图 5.3 所示，将液晶层划分为 m 层，从上电极到下电极的层数依次为 $i=1$、$i=2$、$i=3$、…。通过对每层液晶进行有限差分迭代，当相邻两次迭代间的相对变化量小于某一设定的极小值 Δ 时，结束迭代。基于图 5.3 所示进行液晶材料仿真计算的情形与上述章节相同。

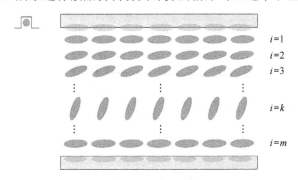

图 5.3　液晶材料的层化划分

通过在液晶结构上激励不同空间电场时，液晶指向矢倾角与其在液晶盒中的空间位置关系，如图 5.4 所示。图 5.4 中横坐标表示液晶分子距上电极表面的距离占液晶盒厚度的位置百分比，在液晶结构上所加载的驱控信号电压分别为 $0V_{RMS}$、$1.0V_{RMS}$、$2.0V_{RMS}$、$4.0V_{RMS}$、$6.0V_{RMS}$ 和 $8.0V_{RMS}$。由图可见，随着所加载驱控信号电压均方根值的增大，相同位置处的液晶指向矢的偏转程度即倾角也逐渐增大。

保持液晶盒中的空间电场分布不变，越靠近液晶盒中部，液晶指向矢的偏转程度或倾角越大。仿真结果与上述章节类似。通过求解液晶指向矢排列情况，可以获得每层液晶指向矢的电控倾斜程度，进而获得层化液晶的等效折射率和总的光程情况，即 $l=\sum\limits_{i=1}^{m} n_i h$。其中，$l$ 为等效光程；n_i 为第 i 层液晶材料的等效折射率；h 为其厚度，封闭在液晶盒中的液晶材料的等效折射率为 $n_{\text{eff}}=l/d$，其中的 d 为液晶盒厚度。

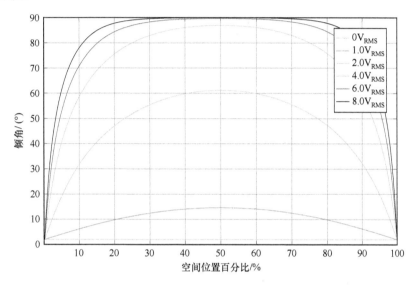

图 5.4　液晶指向矢倾角与空间位置关系

基于 FP 微腔的多光束干涉效应，可以对复合芯片中的 FP 微腔区域的滤光属性进行仿真评估。基本原则是：入射光进入 FP 微腔后会发生多级次反射，仅波长满足 FP 微腔共振条件的谱光波才能以高谱透射率从复合芯片射出。由前述章节的相关内容可知，FP 微腔的滤光性能与入射光的波长、FP 微腔深度、腔内外介质的折射率、腔中布设的对偶反射镜的反射率等密切相关。按照前述关于 FP 微腔的谱透射特征仿真流程可知，首先需要设置 E44 液晶材料的各项相关参数、液晶盒中所需划分的层数 m、判断是否达到稳定态的 Δ 值等；然后确定所需加载的驱控信号电压的均方根值，进行差分迭代运算，求解液晶材料的等效折射率，获得不同波长光波的谱透射率数据。当复合芯片的膜反射率分别为 90%、70% 和 50% 时，在不加载任何驱控信号电压情况下，从复合芯片出射的光波谱透射率和光波长的关系如图 5.5 所示，由图可见，加大膜反射率，能显著锐化谱透射率峰，显示更佳的谱滤光效能。

当光波垂直复合芯片表面入射时，针对近红外波段光波谱透射率的仿真情况如下：高反射膜的反射率取 90%，FP 微腔深度 12μm，在复合芯片上加载不同均方根值信号电压，如图 5.6 所示，各谱透射率峰波长如表 5.1 所列。由仿真图谱可见，复合芯片在 1.7~2.4μm 波长范围内，随所加载的驱控信号电压的变化，共呈现 6 个谱透射率峰群。在各谱透射率峰的中心波长附近的极小波谱范围内，光波以极高谱透射率从芯片出射，其他波长的入射光则被芯片阻挡，显示所构建的复合芯片架构具有入射光波的谱透射选择能力。图 5.6 所示均为理想情况，所显示的谱透射率值为考虑测试数据后的加权平均值。

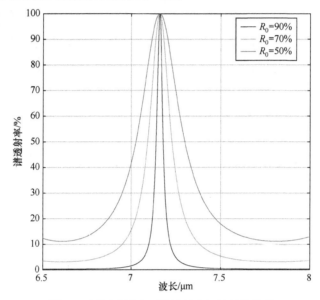

图 5.5　不同反射率下谱透射率与波长的关系

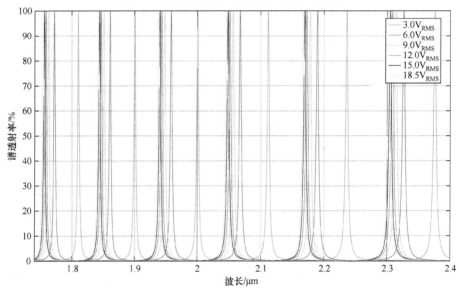

图 5.6　复合芯片在近红外波段光波谱透射率的仿真结果

分别在复合芯片上加载不同均方根值的驱控信号电压，典型取值为 3.0V$_{RMS}$、6.0V$_{RMS}$、9.0V$_{RMS}$、12.0V$_{RMS}$、15.0V$_{RMS}$ 和 18.5V$_{RMS}$ 等，随着所加载的驱控信号电压的逐渐增大，各谱透射率峰均向波长减小方向移动。各驱控信号电压下的谱透射率峰分布情况由不同颜色表征。由表 5.1 可见，随着所加载的驱控信号电压的渐次升高，各谱透射率峰波长逐渐减小，各谱透射率峰波长分布随信号电压增大并未呈现均匀分布形态，相邻谱透射率峰波长间隔随所加载的驱控信号电压的均方根值的变化而改变，也未呈现均匀分布形态。尽管随所加载的驱控信号电压以均匀增大方式升高，谱透射率峰分布形态呈现非均匀变化响应，但已展现了所构建的复合芯片具有较为灵敏的谱透射电调制属性，为发展具有极高谱透射能力的复合芯片结构奠定了基础。

表 5.1　近红外谱透射率峰波长与电压的关系

电压/V$_{RMS}$	中心波长/μm					
	λ_1	λ_2	λ_3	λ_4	λ_5	λ_6
3.0	1.810	1.901	2.001	2.112	2.236	2.376
6.0	1.772	1.861	1.959	2.068	2.190	3.326
9.0	1.763	1.851	1.949	2.057	2.178	2.314
12.0	1.759	1.847	1.944	2.052	2.173	2.308
15.0	1.756	1.844	1.941	2.049	2.169	2.305
18.5	1.754	1.842	1.939	2.047	2.167	2.303

在复合芯片上分别加载 3.0V$_{RMS}$、6.0V$_{RMS}$、9.0V$_{RMS}$、12.0V$_{RMS}$ 和 18.5V$_{RMS}$ 均方根值信号电压，在 2.6～3.2μm 和 3.6～5.0μm 波段内的谱透射率情况如图 5.7 所示和表 5.2 所列。图 5.7 中显示分别存在 3 个谱透射率峰群，随着信号电压的逐渐升高，谱透射率峰向短波长方向移动，同样呈现波峰分布及其电控移动，随所加载的驱控信号电压和波长变化，呈现不均匀分布现象。图 5.7 所示谱透射率峰值为加权平均值。

在复合芯片上加载上述驱控信号电压，在 8.0～14μm 长波红外波段的谱透射率如图 5.8 所示和表 5.3 所列。图 5.8 中显示分别存在两个谱透射率峰群，随着所加载驱控信号电压的逐渐升高，谱透射率峰也呈现向短波长方向移动，波峰分布及其电控移动随信号电压和波长变化显示不均匀变动特征。图 5.8 所示谱透射率峰值也为加权平均值。

由上述复合芯片受不同均方根值信号电压驱控，在近红外、中波红外和长波红外波段所呈现的谱透射率仿真结果可见，芯片对特定波长入射光可以有效显示电控选谱和调谱功能，并且这一功能作用在不同红外波段显示差异性。例如，1.7～2.4μm 波段，在长度为 0.7μm 的波长范围内存在 6 个谱透射率峰群，并且在约 3.0V$_{RMS}$ 信号电压作用下，相邻谱透射率峰波长间的距离从左至右分别为 91nm、

100nm、111nm、124nm、140nm；2.6～3.2μm 波段内，在约 0.6μm 波长范围内存在 3 个谱透射率峰群，相邻谱透射率峰波长间的距离分别为 209nm 和 244nm；3.6～5.0μm 波段内，在约 1.4μm 波长范围内存在 3 个谱透射率峰，相邻

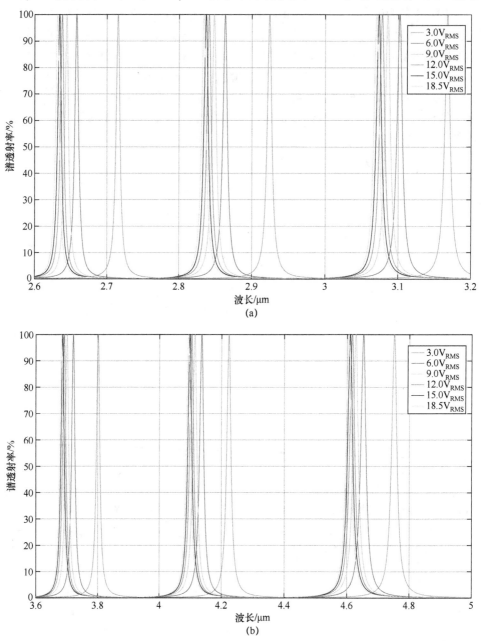

图 5.7　中波红外谱透射率仿真结果

（a）2.6～3.2μm 波段；（b）3.6～5μm 波段。

谱透射率峰波长间的距离分别是 423nm 和 527nm；8～14μm 波段内，在总长约 5μm 波长范围内仅存在两个谱透射率峰群，其谱透射率峰波长相距约 3.164μm。

表 5.2　中波红外谱透射率峰波长与电压的关系

电压 /V_RMS	中心波长/μm					
	λ_1	λ_2	λ_3	λ_4	λ_5	λ_6
3.0	2.715	2.924	3.168	3.801	4.224	4.751
6.0	2.659	2.863	3.102	3.722	4.136	4.653
9.0	2.645	2.848	3.085	3.702	4.114	4.628
12.0	2.638	2.841	3.078	3.693	4.104	4.617
15.0	2.634	2.837	3.073	3.688	4.098	4.610
18.5	2.632	2.834	3.070	3.684	4.093	4.605

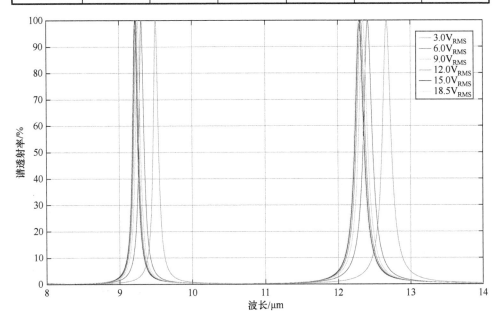

图 5.8　长波红外谱透射率仿真结果

表 5.3　长波红外谱透射率峰波长与电压的关系

电压 /V_RMS	中心波长/μm	
	λ_1	λ_2
3.0	9.503	12.667
6.0	9.306	12.412
9.0	9.256	23.341
12.0	9.233	12.329
15.0	9.220	12.291
18.5	9.210	12.280

上述仿真数据显示，沿着波长增加的方向，两相邻谱透射率峰间的距离逐渐增大，也就是说，谱透射率峰呈现逐渐失锐趋势，其波形渐次展开或发散。其原因可归结为：当光波垂直芯片表面入射时，谱透射率峰波长满足 $\lambda = 2nd / k$ 关系。式中，液晶材料的有效折射率 n 与所加载的驱控信号电压相关。在所加载的均方根值信号电压相对稳定时，n 也保持不变。考虑到 FP 微腔深度 d 固定这一因素，谱透射率峰波长 λ 与正整数 k 成反比关系；沿着波长增加方向，k 值逐渐减小，λ 逐渐增大，从而呈现上述效果。

从仿真数据可见，当驱控信号电压以均匀增加方式增大时，谱透射率峰向短波长方向移动的距离渐次减小。如在近红外波段的红外谱图中所出现的第一个谱透射率峰波长，在驱控信号电压从约 $3.0V_{RMS}$ 增大到约 $15.0V_{RMS}$ 这一过程中，每增加约 $3.0V_{RMS}$，谱透射率峰波长的距离变动分别为 38nm、9nm、4nm 和 3nm。其他红外波段内的数据情况也大都存在类似的变化属性。从理论分析可知，由于所加载的驱控信号电压对液晶材料等效折射率的影响并不成线性关系，在所加载的有效信号电压范围内，也就是信号电压既高于驱控液晶指向矢产生有效偏转的阈值电压，又低于因液晶指向矢可以偏转的程度已达到最大而终止所界定的饱和信号电压，随着信号电压的逐渐升高，液晶材料等效折射率逐渐减小，且其所产生的变动程度也逐渐减小。与此对应的是，当相对均匀调大驱控信号电压时，谱透射率峰向短波长方向可移动的距离也渐次减小，显出一种向左"聚拢"的效果。

在仅改变复合芯片微腔的深度 d 时，以 $3\sim5\mu m$ 波段范围内的仿真结果为例，图 5.9 中的芯片微腔深度分别为 $20\mu m$、$12\mu m$ 和 $6\mu m$，与 $20\mu m$ 微腔深度对应的谱

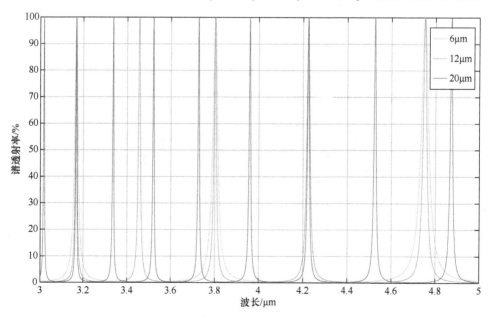

图 5.9　具有不同微腔深度的复合芯片谱透射率与波长的关系

透射率峰有 9 个，与 12μm 微腔深度对应的谱透射率峰有 5 个，与 6μm 微腔深度对应的谱透射率峰有 3 个。也就是说，随着芯片微腔深度的逐渐减小，复合芯片在一定波长范围内的谱透射率峰数量呈减小趋势。换言之，将复合芯片做得越薄，也就是说芯片中的 FP 微腔的深度越小，能从芯片透射的谱红外光波的自由光谱范围越大，以极小数量甚至单峰透射为典型标志的谱滤光效果越好。考虑到在特定条件下，若干典型红外目标的光辐射以多峰辐射为主，各辐射峰间保持相对固定的强度和波长配比关系即呈现谱指纹特征，在大多数情况下不显示波长或强度呈均匀分布的特性。因此，以出现单峰透射为典型标志的谱透射仅具有相对意义。

5.2　用于多模成像的液晶基电控聚焦与调焦

凸透镜聚光作为一种常见光学现象已广为人知。其聚光作用源于光波通过凸透镜不同厚度层化结构所依存的等光程性，使光波前呈现结构弯曲导致光波空间聚束实现聚光。等光程性既可以通过构建与环境介质具有不同折射率的光学结构厚度变动形成，如形成曲面轮廓的传统折射透镜以及浮雕轮廓的传统衍射透镜，也可以通过维持光学结构厚度但形成特定折射率梯度分布形态实现，或者将二者结合起来通过显著增强光束弯折能力实现强聚光等。通过在液晶材料中激励空间电场，驱控液晶分子偏转形成特定折射率空间分布形态实现聚光，以及通过调变空间电场实现聚光能力调节的典型情形如图 5.10 所示。图 5.10（a）显示了通过构建液晶材料折射率从上端和下端起，向中部逐渐增大实现聚光的典型情形，右下角插图给出了光束向折射率大的空间区域弯曲的光束走向情况。图 5.10（b）显示了与常规曲面轮廓聚光透镜等效的光路情况，其中的 $n_{小}$ 和 $n_{大}$ 指（a）子图中的相应情形。

通过控制液晶材料的折射率形成聚光作用，如图 5.11 所示，由图可见，当在电极上加载适当强度和频率的信号电压后，在液晶层中将激励起特定强度和分布形态的空间电场，处于不同空间位置的液晶分子受电场驱动偏转，趋向于沿电场向排布。也就是说，不同强度和取向的空间电场将激励起不同偏转角度的液晶指向矢分布，从而形成基于空间电场的具有梯度分布形态的等效折射率渐变形态。通过调变在电极上所加载的驱控信号电压，将改变电场的空间分布形态，相应于调变液晶材料折射率的分布形态，相当于调节了光线弯折能力也就是焦点位置。

对图 5.11 所示的圆孔电极而言，圆孔周围的电场线垂直电极面且均匀分布，一般在距圆孔边缘相对圆孔孔径约 20%处的电场线开始出现明显的弯折现象。越靠近圆孔，电场线的弯折程度越大，甚至可用扭曲描述。沿圆孔中心轴线在靠近对偶的平面电极一侧，可发现弯曲程度最大的电场线，在圆孔表面及其附近的液晶分子沿初始锚定取向排布。总体而言，形成沿圆孔中心轴线向外侧逐渐减小的折射率梯度分布形态，如图 5.11 所示的最大 n_e 折射率以及最小 n_o 折射率。通常情况下，所形成的折射率梯度分布为非圆形轮廓，可与非球面折射轮廓对应。通过调节所加载的驱控信号电压，相应于改变在液晶材料中所激励的空间电场，也就是改变上述的液晶折射率梯度分布等效轮廓，从而对入射光的聚光位置和光斑形貌尺寸进行调节，展现电控液晶微镜的主要功能特征。对其他可激励能够有效驱控液晶材料产生折射率分布形态变动的微孔结构而言，其形貌结构尺寸等因控光目的不同而异。

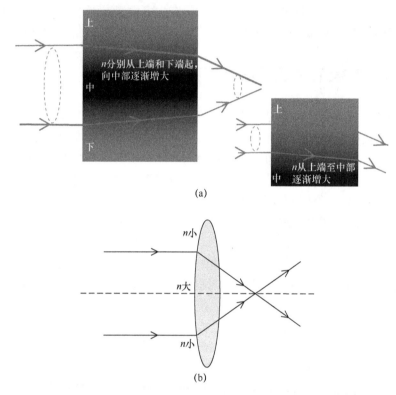

图 5.10　基于液晶材料折射率的梯度分布实现聚光的典型情形

（a）折射率实现聚光；（b）等效光路。

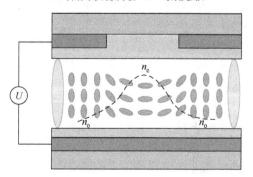

图 5.11　聚光作用

196

在对液晶微镜进行建模时，由于电场分布不均匀，需要完全求解液晶指向矢在三维空间中的分布情况。此时，可将指向矢沿三维坐标轴分解，即 $\boldsymbol{u}=(u_x,u_y,u_z)$。故液晶材料总的自由能 F_g 可表示为

$$F_\mathrm{g}=\int_\Omega f_\mathrm{g}\mathrm{d}\boldsymbol{u} \tag{5.1}$$

式中：f_g 为自由能密度，则

$$\begin{cases}
\dfrac{\partial F_\mathrm{g}}{\partial U}-\dfrac{\mathrm{d}}{\mathrm{d}x}\dfrac{\partial F_\mathrm{g}}{\partial\left(\dfrac{\mathrm{d}U}{\mathrm{d}x}\right)}-\dfrac{\mathrm{d}}{\mathrm{d}y}\dfrac{\partial F_\mathrm{g}}{\partial\left(\dfrac{\mathrm{d}U}{\mathrm{d}y}\right)}-\dfrac{\mathrm{d}}{\mathrm{d}z}\dfrac{\partial F_\mathrm{g}}{\partial\left(\dfrac{\mathrm{d}U}{\mathrm{d}z}\right)}=0 \\[4ex]
-\left(\dfrac{\partial F}{\partial u_x}-\dfrac{\mathrm{d}}{\mathrm{d}x}\dfrac{\partial F_\mathrm{g}}{\partial\left(\dfrac{\mathrm{d}u_x}{\mathrm{d}x}\right)}-\dfrac{\mathrm{d}}{\mathrm{d}y}\dfrac{\partial F_\mathrm{g}}{\partial\left(\dfrac{\mathrm{d}u_x}{\mathrm{d}y}\right)}-\dfrac{\mathrm{d}}{\mathrm{d}z}\dfrac{\partial F_\mathrm{g}}{\partial\left(\dfrac{\mathrm{d}u_x}{\mathrm{d}z}\right)}\right)+u_x=0 \\[4ex]
-\left(\dfrac{\partial F}{\partial u_y}-\dfrac{\mathrm{d}}{\mathrm{d}x}\dfrac{\partial F_\mathrm{g}}{\partial\left(\dfrac{\mathrm{d}u_y}{\mathrm{d}x}\right)}-\dfrac{\mathrm{d}}{\mathrm{d}y}\dfrac{\partial F_\mathrm{g}}{\partial\left(\dfrac{\mathrm{d}u_y}{\mathrm{d}y}\right)}-\dfrac{\mathrm{d}}{\mathrm{d}z}\dfrac{\partial F_\mathrm{g}}{\partial\left(\dfrac{\mathrm{d}u_y}{\mathrm{d}z}\right)}\right)+u_y=0 \\[4ex]
-\left(\dfrac{\partial F}{\partial u_z}-\dfrac{\mathrm{d}}{\mathrm{d}x}\dfrac{\partial F_\mathrm{g}}{\partial\left(\dfrac{\mathrm{d}u_z}{\mathrm{d}x}\right)}-\dfrac{\mathrm{d}}{\mathrm{d}y}\dfrac{\partial F_\mathrm{g}}{\partial\left(\dfrac{\mathrm{d}u_z}{\mathrm{d}y}\right)}-\dfrac{\mathrm{d}}{\mathrm{d}z}\dfrac{\partial F_\mathrm{g}}{\partial\left(\dfrac{\mathrm{d}u_z}{\mathrm{d}z}\right)}\right)+u_z=0
\end{cases} \tag{5.2}$$

式中：U 为所加载的驱控信号电压的均方根值。

在此基础上，引入时间参数 t 和黏滞系数 r 后，有

$$\begin{cases}
\dfrac{\partial F_\mathrm{g}}{\partial U}-\dfrac{\mathrm{d}}{\mathrm{d}x}\dfrac{\partial F_\mathrm{g}}{\partial\left(\dfrac{\mathrm{d}U}{\mathrm{d}x}\right)}-\dfrac{\mathrm{d}}{\mathrm{d}y}\dfrac{\partial F_\mathrm{g}}{\partial\left(\dfrac{\mathrm{d}U}{\mathrm{d}y}\right)}-\dfrac{\mathrm{d}}{\mathrm{d}z}\dfrac{\partial F_\mathrm{g}}{\partial\left(\dfrac{\mathrm{d}U}{\mathrm{d}z}\right)}=0 \\[4ex]
r\dfrac{\mathrm{d}u_x}{\mathrm{d}t}=-\left(\dfrac{\partial F}{\partial u_x}-\dfrac{\mathrm{d}}{\mathrm{d}x}\dfrac{\partial F_\mathrm{g}}{\partial\left(\dfrac{\mathrm{d}u_x}{\mathrm{d}x}\right)}-\dfrac{\mathrm{d}}{\mathrm{d}y}\dfrac{\partial F_\mathrm{g}}{\partial\left(\dfrac{\mathrm{d}u_x}{\mathrm{d}y}\right)}-\dfrac{\mathrm{d}}{\mathrm{d}z}\dfrac{\partial F_\mathrm{g}}{\partial\left(\dfrac{\mathrm{d}u_x}{\mathrm{d}z}\right)}\right)+u_x \\[4ex]
r\dfrac{\mathrm{d}u_y}{\mathrm{d}t}=-\left(\dfrac{\partial F}{\partial u_y}-\dfrac{\mathrm{d}}{\mathrm{d}x}\dfrac{\partial F_\mathrm{g}}{\partial\left(\dfrac{\mathrm{d}u_y}{\mathrm{d}x}\right)}-\dfrac{\mathrm{d}}{\mathrm{d}y}\dfrac{\partial F_\mathrm{g}}{\partial\left(\dfrac{\mathrm{d}u_y}{\mathrm{d}y}\right)}-\dfrac{\mathrm{d}}{\mathrm{d}z}\dfrac{\partial F_\mathrm{g}}{\partial\left(\dfrac{\mathrm{d}u_y}{\mathrm{d}z}\right)}\right)+u_y \\[4ex]
r\dfrac{\mathrm{d}u_z}{\mathrm{d}t}=-\left(\dfrac{\partial F}{\partial u_z}-\dfrac{\mathrm{d}}{\mathrm{d}x}\dfrac{\partial F_\mathrm{g}}{\partial\left(\dfrac{\mathrm{d}u_z}{\mathrm{d}x}\right)}-\dfrac{\mathrm{d}}{\mathrm{d}y}\dfrac{\partial F_\mathrm{g}}{\partial\left(\dfrac{\mathrm{d}u_z}{\mathrm{d}y}\right)}-\dfrac{\mathrm{d}}{\mathrm{d}z}\dfrac{\partial F_\mathrm{g}}{\partial\left(\dfrac{\mathrm{d}u_z}{\mathrm{d}z}\right)}\right)+u_z
\end{cases} \tag{5.3}$$

根据上述章节所定义的时域差分，有

$$\frac{\mathrm{d}u_i}{\mathrm{d}t} = \frac{u_i^{t+\Delta t} - u_i^t}{\Delta t} \quad i = x, y, z \tag{5.4}$$

式（5.3）可进一步改写为

$$\begin{cases} \dfrac{\partial F_g}{\partial U} - \dfrac{\mathrm{d}}{\mathrm{d}x}\dfrac{\partial F_g}{\partial\left(\dfrac{\mathrm{d}U}{\mathrm{d}x}\right)} - \dfrac{\mathrm{d}}{\mathrm{d}y}\dfrac{\partial F_g}{\partial\left(\dfrac{\mathrm{d}U}{\mathrm{d}y}\right)} - \dfrac{\mathrm{d}}{\mathrm{d}z}\dfrac{\partial F_g}{\partial\left(\dfrac{\mathrm{d}U}{\mathrm{d}z}\right)} = 0 \\[4mm] u_x^{t+\Delta t} = u_x^t - \dfrac{\Delta t}{r}\left(\dfrac{\partial F}{\partial u_x} - \dfrac{\mathrm{d}}{\mathrm{d}x}\dfrac{\partial F_g}{\partial\left(\dfrac{\mathrm{d}u_x}{\mathrm{d}x}\right)} - \dfrac{\mathrm{d}}{\mathrm{d}y}\dfrac{\partial F_g}{\partial\left(\dfrac{\mathrm{d}u_x}{\mathrm{d}y}\right)} - \dfrac{\mathrm{d}}{\mathrm{d}z}\dfrac{\partial F_g}{\partial\left(\dfrac{\mathrm{d}u_x}{\mathrm{d}z}\right)}\right) \\[4mm] u_y^{t+\Delta t} = u_y^t - \dfrac{\Delta t}{r}\left(\dfrac{\partial F}{\partial u_y} - \dfrac{\mathrm{d}}{\mathrm{d}x}\dfrac{\partial F_g}{\partial\left(\dfrac{\mathrm{d}u_y}{\mathrm{d}x}\right)} - \dfrac{\mathrm{d}}{\mathrm{d}y}\dfrac{\partial F_g}{\partial\left(\dfrac{\mathrm{d}u_y}{\mathrm{d}y}\right)} - \dfrac{\mathrm{d}}{\mathrm{d}z}\dfrac{\partial F_g}{\partial\left(\dfrac{\mathrm{d}u_y}{\mathrm{d}z}\right)}\right) \\[4mm] u_z^{t+\Delta t} = u_z^t - \dfrac{\Delta t}{r}\left(\dfrac{\partial F}{\partial u_z} - \dfrac{\mathrm{d}}{\mathrm{d}x}\dfrac{\partial F_g}{\partial\left(\dfrac{\mathrm{d}u_z}{\mathrm{d}x}\right)} - \dfrac{\mathrm{d}}{\mathrm{d}y}\dfrac{\partial F_g}{\partial\left(\dfrac{\mathrm{d}u_z}{\mathrm{d}y}\right)} - \dfrac{\mathrm{d}}{\mathrm{d}z}\dfrac{\partial F_g}{\partial\left(\dfrac{\mathrm{d}u_z}{\mathrm{d}z}\right)}\right) \end{cases} \tag{5.5}$$

可根据高斯公式求解

$$\nabla \cdot \boldsymbol{D} = 0 \tag{5.6}$$

再结合电场关系式，有

$$\begin{aligned} &(\varepsilon_\perp + \Delta\varepsilon u_x^2)\frac{\partial^2 U}{\partial x^2} + (\varepsilon_\perp + \Delta\varepsilon u_y^2)\frac{\partial^2 U}{\partial y^2} + (\varepsilon_\perp + \Delta\varepsilon u_z^2)\frac{\partial^2 U}{\partial z^2} \\[2mm] &+2\Delta\varepsilon u_x u_y\frac{\partial^2 U}{\partial x\partial y} + 2\Delta\varepsilon u_y u_z\frac{\partial^2 U}{\partial y\partial z} + 2\Delta\varepsilon u_x u_z\frac{\partial^2 U}{\partial x\partial z} \\[2mm] &+\Delta\varepsilon\left(\frac{\partial u_y}{\partial y}u_x + \frac{\partial u_x}{\partial y}u_y\right)\frac{\partial U}{\partial x} + \Delta\varepsilon\left(\frac{\partial u_z}{\partial z}u_x + \frac{\partial u_x}{\partial z}u_z\right)\frac{\partial U}{\partial x} \\[2mm] &+\Delta\varepsilon\left(\frac{\partial u_x}{\partial x}u_y + \frac{\partial u_y}{\partial x}u_x\right)\frac{\partial U}{\partial y} + \Delta\varepsilon\left(\frac{\partial u_z}{\partial z}u_y + \frac{\partial u_y}{\partial z}u_z\right)\frac{\partial U}{\partial y} \\[2mm] &+\Delta\varepsilon\left(\frac{\partial u_x}{\partial x}u_z + \frac{\partial u_z}{\partial x}u_x\right)\frac{\partial U}{\partial z} + \Delta\varepsilon\left(\frac{\partial u_y}{\partial z}u_y + \frac{\partial u_z}{\partial z}u_z\right)\frac{\partial U}{\partial z} \\[2mm] &+2\Delta\varepsilon u_x\frac{\partial U}{\partial x}\frac{\partial u_x}{\partial x} + 2\Delta\varepsilon u_y\frac{\partial U}{\partial y}\frac{\partial u_y}{\partial y} + 2\Delta\varepsilon u_z\frac{\partial U}{\partial z}\frac{\partial u_z}{\partial z} = 0 \end{aligned} \tag{5.7}$$

将液晶层作三维空间的网格划分，其在 x、y、z 轴向上的划分长度分别用 Δx、Δy、Δz 表示，f 泛指液晶层某一个网格所对应的指向矢或信号电压，采用时域差分法，有

$$
\begin{cases}
\dfrac{\partial f}{\partial x} = \dfrac{1}{2}\dfrac{f(i+1,j,k)-f(i-1,j,k)}{\Delta x} \\[3mm]
\dfrac{\partial f}{\partial y} = \dfrac{1}{2}\dfrac{f(i,j+1,k)-f(i,j-1,k)}{\Delta y} \\[3mm]
\dfrac{\partial f}{\partial z} = \dfrac{1}{2}\dfrac{f(i,j,k+1)-f(i,j,k-1)}{\Delta z} \\[3mm]
\dfrac{\partial^2 f}{\partial x^2} = \dfrac{f(i+1,j,k)+f(i-1,j,k)-2f(i,j,k)}{(\Delta x)^2} \\[3mm]
\dfrac{\partial^2 f}{\partial y^2} = \dfrac{f(i,j+1,k)+f(i,j-1,k)-2f(i,j,k)}{(\Delta y)^2} \\[3mm]
\dfrac{\partial^2 f}{\partial z^2} = \dfrac{f(i,j,k+1)+f(i,j,k-1)-2f(i,j,k)}{(\Delta z)^2} \\[3mm]
\dfrac{\partial^2 f}{\partial x \partial y} = \dfrac{f(i+1,j+1,k)+f(i-1,j-1,k)-f(i+1,j-1,k)-f(i-1,j+1,k)}{4\Delta x \Delta y} \\[3mm]
\dfrac{\partial^2 f}{\partial y \partial z} = \dfrac{f(i,j+1,k+1)+f(i,j-1,k-1)-f(i,j+1,k-1)-f(i,j-1,k+1)}{4\Delta y \Delta z} \\[3mm]
\dfrac{\partial^2 f}{\partial z \partial x} = \dfrac{f(i+1,j,k+1)+f(i-1,j,k-1)-f(i-1,j,k+1)-f(i+1,j,k-1)}{4\Delta z \Delta x}
\end{cases}
$$

$$(5.8)$$

因此，通过输入液晶层在初始状态下的指向矢分布和驱控信号电压参数，即可求得在下一时刻的分布形态，通过逐次迭代直至液晶材料在空间电场作用下，其总自由能收敛到稳定态为止。在求解获得指向矢分布特征后，可由下式计算液晶微镜的相位延迟角 φ，即

$$
\varphi = \frac{2\pi}{\lambda}\int_0^d \frac{n_o n_e}{\sqrt{n_o^2 \cos^2\theta + n_e^2 \sin^2\theta}}dz
$$

$$(5.9)$$

将液晶微镜内的液晶材料看作层化连续体，做空间网格划分，使用时域差分法，对液晶微镜的电控聚焦与调焦特性进行仿真的流程框图如图 5.12 所示。执行该流程首先需要确定图案化电极的结构尺寸和液晶层网格划分数据，并配置结构和控制参数，包括预倾角（一般设为 2°）、驱控信号电压及其初始值（一般设为 0），通常以未加载电场时的液晶分子排布状态作为迭代起始值，依次迭代计算下一时刻网格点指向矢和电场的分布形态，直到达到所设置的驱控信号电压值，并且相邻两次迭代的相对变化量小于 Δ（一般设为 0.0000001）时，可认为液晶材料在电场作用下重新达到新的稳定或平衡态，进而输出指向矢和相位延迟分布数据。

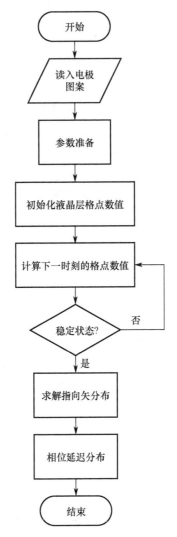

图 5.12　液晶微镜的电控聚焦与调焦特性进行仿真的流程框图

1. 基础性的单圆孔电极

　　针对单圆孔电极的基础性结构进行仿真如图 5.13 所示。液晶连续体的外形尺寸为 332μm×332μm×12μm，将其划分为 169×169×13 个网格，设置驱控信号电压为 7V$_{RMS}$，如图 5.13（a）和图 5.13（b）所示。图 5.13（c）给出了 z=7 截面上的电势分布情况，图 5.13 显示了沿圆孔边缘到中心轴线处，电势以圆对称方式逐渐降低，从约 3.5V$_{RMS}$ 降至约 0.57V$_{RMS}$。图 5.13（d）显示了 z=7 截面上的相位延迟角分布情况，竖直坐标为以度为单位的相位延迟角，从圆孔边缘到中心轴线处，相位延迟角逐渐增大，其变化趋势与电势相反。图 5.13（e）和图 5.13（f）分别给出了在 x=85 和 z=7 截面上液晶指向矢的分布情况。其第一层和最后一层（均被 PI

层锚固）的液晶分子无论是在圆孔区还是非圆孔区，均保持与腔面近似平行（实际存在 2° 预倾角）。远离圆孔和 PI 定向层的液晶分子的指向矢保持趋向电场分布这一趋势，一般呈竖直状排列。在靠近圆孔的液晶层中，由于空间电场相对较弱，

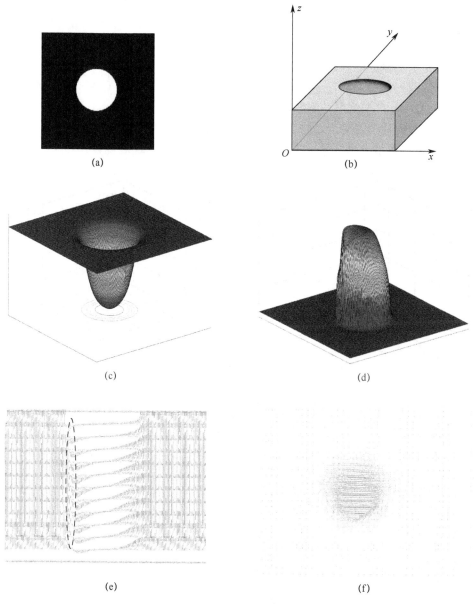

(a)

(b)

(c)

(d)

(e)

(f)

图 5.13　单圆孔电极的基础性结构仿真

（a）单圆孔电极；（b）液晶连续体；（c）$z=7$ 横截面电势分布；（d）$z=7$ 横截面相位延迟角分布；

（e）$x=85$ 截面液晶指向矢分布；（f）$z=7$ 截面液晶指向矢分布。

液晶分子指向矢几乎仍沿平行腔面态排布。在相对圆孔且从圆孔边缘部位逐渐过渡到孔内时，指向矢渐次从竖直排布状过渡到趋向电场向排布。一般而言，在过渡区存在液晶指向矢排列混乱现象，如图5.13中的虚线所示区域，一般称为液晶向错。可归结为在施加外电场的瞬间：一部分液晶分子受电场作用产生指向矢沿顺时针方向偏转；另一部分液晶指向矢沿逆时针方向偏转，从而形成了向错交界区，这也是降低液晶结构聚焦效能的一个重要因素。

改变所加载的驱控信号电压均方根值，保持液晶连续体的其他条件不变，对液晶指向矢的分布特征进行仿真如图5.14所示。图5.14（a）、图5.14（c）和图5.14（e）分别给出了驱控信号电压为3V_{RMS}、5V_{RMS}和7V_{RMS}时，在$z=7$截面上的指向矢分布情况。它们均显示了从非圆孔到圆孔区指向矢倾角逐渐减小这一趋势，意味着这3个信号电压都处在有效取值范围内，均展现聚光效能。图5.14（b）、图5.14（d）和图5.14（f）进一步给出了在$x=85$和$z=7$的交线上，液晶指向矢的倾角变化情况。从非圆孔区到圆孔区，当信号电压为3V_{RMS}时，指向矢倾角从约67°逐渐减小到约2.64°；当信号电压为5V_{RMS}时，指向矢倾角从86.00°减小到3.46°；当信号电压为7V_{RMS}时，指向矢倾角从89.25减小到3.77°。上述结果

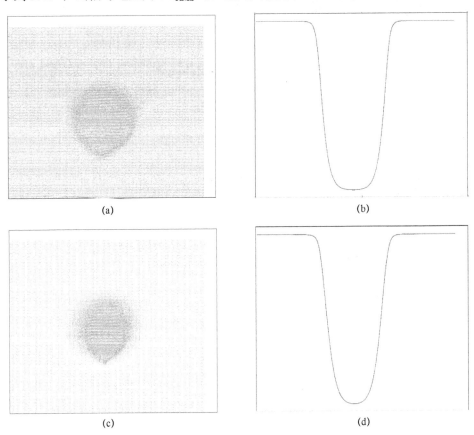

(a)

(b)

(c)

(d)

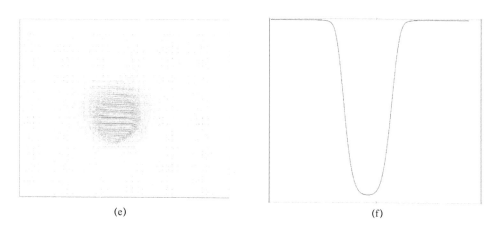

(e)   (f)

图 5.14   单圆孔电极的液晶指向矢分布特征仿真

(a) 3V$_{RMS}$ 处 z=7 截面上的指向矢分布；(b) 3V$_{RMS}$ 处 x=85 和 z=7 交线上的指向矢倾角；

(c) 5V$_{RMS}$ 处 z=7 截面上的指向矢分布；(d) 5V$_{RMS}$ 处 x=85 和 z=7 交线上的指向矢倾角；

(e) 7V$_{RMS}$ 处 z=7 截面上的指向矢分布；(f) 7V$_{RMS}$ 处 x=85 和 z=7 交线上的指向矢倾角。

显示，当增大信号电压时，分布在圆孔中心处的液晶指向矢的倾角仅略有增加，分布在非圆孔区的指向矢则偏转更大角度。

图 5.15 给出了加载不同驱控信号电压，在 x=85 和 z=7 两平面交线处的相位延迟角仿真。由图 5.15 可见，当驱控信号电压为 3V$_{RMS}$ 时，相位延迟角从 120.15° 增加到 134.12°，最大相位差 13.97°；当驱控信号电压为 5V$_{RMS}$ 时，相位延迟角从 115.16° 变化到 134.06°，最大相位差 18.90°；当驱控信号电压为 7V$_{RMS}$ 时，相位延迟角从 114.93° 增加到 134.06°，最大相位差 19.13°。上述仿真结果表明，随着信号电压的升高，最大相位差也在逐渐变大。对基于折射率梯度变化所构建的聚光微镜来说，相位差越大则焦距越小，聚光能力越强。因此，随着信号电压的升高，微镜焦距会逐渐变小。

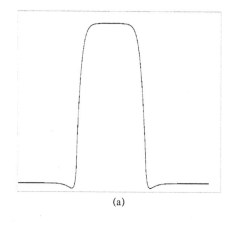

(a)

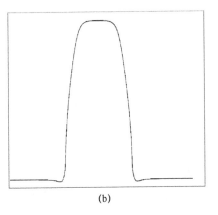
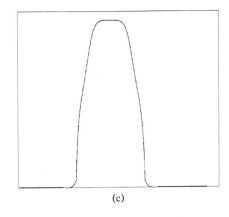

(b)   (c)

图 5.15　加载不同驱控信号电压时在 $x=85$ 和 $z=7$ 交线处的相位延迟角仿真

(a) $3V_{RMS}$；（b) $5V_{RMS}$；（c) $7V_{RMS}$。

　　固定所加载的驱控信号电压，通过改变液晶层厚度进行的指向矢倾角仿真如图 5.16 所示。典型设置为：驱控信号电压 $5V_{RMS}$，液晶层厚度分别取为 6μm、12μm 和 20μm，并将其划分为 7 个、13 个和 21 个网格。图 5.16 所示为在液晶盒 z 轴 1/2 处的指向矢排布情况，分别对应 z 为 4、7 和 11 处截面。比较图 5.16（a）、图 5.16（c）和图 5.16（e）可见，蓝色阴影面积在逐渐减小，该现象表明圆孔内指向矢的偏转在逐渐增大。从图 5.16（b）、图 5.16（d）和图 5.16（f）可见，从圆孔区到非圆孔区，当液晶层厚度为 6μm 时，指向矢倾角从 2.02° 增加到 86.62°；当液晶层厚度为 12μm 时，指向矢倾角从 3.46° 增加到约 85.94°；当液晶层厚度为 20μm 时，指向矢倾角从 7.80° 改变为约 84.93°。上述结果表明，随着液晶层厚度的增加，分布在非圆孔区中的液晶分子指向矢倾角仅略微减小，而分布在圆孔区的液晶分子其指向矢倾角则显著增大。

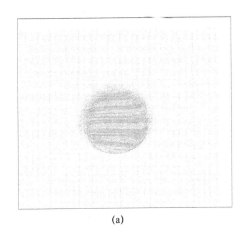
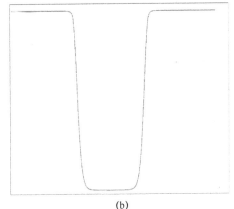

(a)   (b)

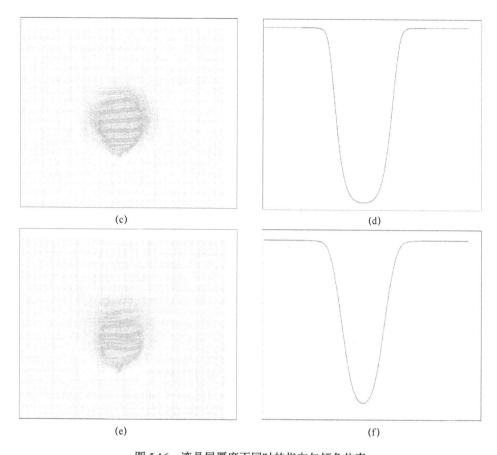

(c)　　　　　　　　　　　　　　　　　　(d)

(e)　　　　　　　　　　　　　　　　　　(f)

图 5.16　液晶层厚度不同时的指向矢倾角仿真

（a）6μm；（b）指向矢倾角；（c）12μm；（d）指向矢倾角；（e）20μm；（f）指向矢倾角。

图 5.17 给出了液晶层厚度不同时，在 x=85 截面与液晶盒 z 轴中间面交线处的相位延迟角仿真情况。由图 5.17 可见，从圆孔边缘到其中心区域，液晶层厚度为 6μm 时，相位延迟角从约 57.42° 逐渐改变为约 67.03°，最大相位差约 9.61°；液晶层厚度为 12μm 时，相位延迟角从 115.16° 增加到 134.06°，最大相位差 18.90°；液晶层厚度为 20μm 时，相位延迟角从 193.73° 变化到 223.43°，最大相位差 29.70°。上述仿真结果表明，随着液晶层厚度的增加，最大相位差在逐渐变大，图中曲线顶部斜率为 0 处的长度在逐渐减小，曲线越来越接近抛物线形，也就是说所构建的液晶微镜的相位延迟角分布，越来越接近理想分布形态，即液晶微镜对入射光的会聚作用会逐渐加强。

2. 圆孔阵电极仿真

针对圆孔阵电极结构进行仿真如图 5.18 所示。液晶连续体外形尺寸为 664μm×664μm×12μm，划分为 169×169×13 个网格，所加载的驱控信号电压为 5V$_{RMS}$，如图 5.18（a）和图 5.18（b）所示。图 5.18（c）是在 y=43 截面（经过第一排圆孔正中心的截面）上，电势的整体分布情况，区域 A 表示电势最低，约为 $0V_{RMS}$；区域 F 表示电势最高，接近 $4.8V_{RMS}$。由圆孔电极所形成的微镜阵内的单元结构其电势分布与单圆孔电极形态的液晶微镜类似，从非圆孔区到圆孔区，电势均呈现逐渐降低趋势。图 5.18（d）给出了在 $z=7$ 截面上的电势分布情况，其与图 5.18（e）所示的相应截面上的相位延迟角分布中，均出现了在圆孔边缘附近渐变这一效果，但变化趋势相反。图 5.18（f）和图 5.18（g）分别为液晶指向矢的侧视图和俯视图，其变化趋势也与单圆孔情形类似，都显示液晶分子指向矢已呈现梯度排布。因此，阵列化电控液晶微镜可实现电控聚焦与调焦的控光操作。

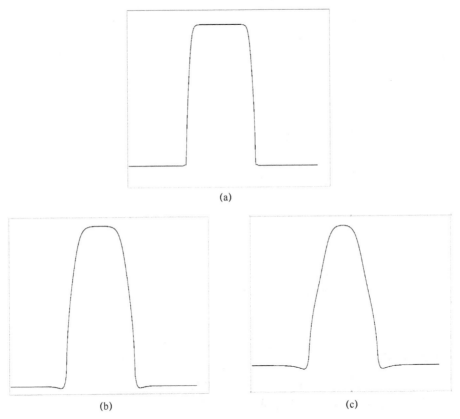

图 5.17　液晶层厚度不同时的相位延迟角仿真

（a）6μm；（b）12μm；（c）20μm。

发展 LC-FP 微腔干涉滤光镜与电控液晶微镜的复合架构，用于一体化进行谱成像、波前成像、偏振成像和光场成像以及基于谱成像所诱导的上述多模成像，需要兼顾基于 FP 微腔共振与电控聚光调焦能力间的协调配合，关键性的控制因素就是微腔深度或者说腔内所封闭的液晶材料厚度。由仿真结果可知，改变液晶材料厚度，复合芯片中的 FP 微腔干涉滤光部分和聚光调焦微镜部分将呈现不同结果。增加液晶材料厚度，FP 干涉滤光谱图中的谱透射率峰数量明显变多，透射谱的自由光谱范围变窄，滤波效果变差；而微镜则与之相反，其最大相位差将逐渐增大，相位延迟角分布逐渐接近理想情况，对入射光的会聚效果变强。一般而言，厚液晶层会使复合芯片的电光响应时间常数增大，响应速度变慢。综合上述因素，将液晶材料厚度取 12μm，较为适合目前的工艺、材料和电子学驱控条件，复合芯片既能获得良好的滤光和聚光调焦性能，又能兼顾快速响应的要求。

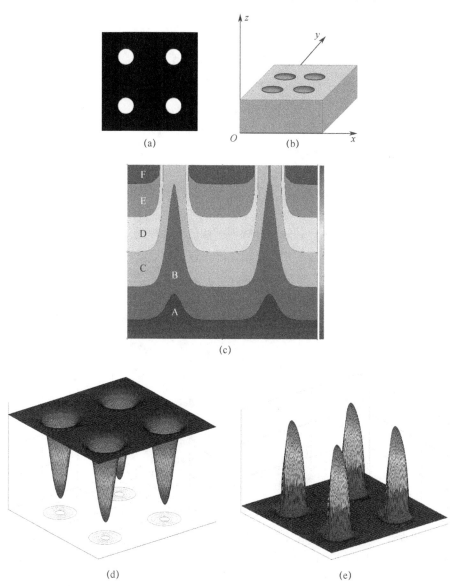

(a)

(b)

(c)

(d)

(e)

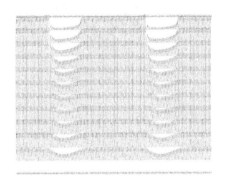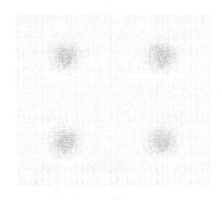

(f)　　　　　　　　　　　　　　　　　(g)

图 5.18　圆孔电极结构仿真

（a）电极图案；（b）液晶层连续体；（c）$y=43$ 截面上的电势分布；（d）$z=7$ 截面上的电势分布；

（e）$z=7$ 截面上的相位延迟角分布；（f）$x=85$ 截面上的指向矢分布；（g）$z=7$ 截面上的指向矢分布。

5.3　液晶基微腔干涉滤光与聚光调焦复合芯片

本节主要涉及液晶基红外滤光与聚光调焦复合芯片的结构参数配置、面阵微孔图案电极设计及原理性复合芯片工艺制作等内容。构建适用于宽谱红外的微腔基片采用 ZnSe 材料，结构尺寸为 23mm×18mm×1mm，呈黄色透明状，如图 5.19 所示。在红外波段的谱透射率如图 5.20 所示。由图 5.20 可见，在 1～12μm 波长范围内，谱透射率从短波长处的约 84% 快速下降到约 72%，然后基本稳定在约 70% 附近。

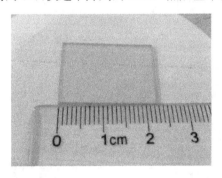

图 5.19　ZnSe 基片结构尺寸和外观形貌

进一步在双面抛光的 ZnSe 基片外表面上制作 Al 膜，作为电极层和红外高反射膜，其经验厚度约 20nm。采用真空蒸镀法在 ZnSe 表面镀 Al 后的实物如图 5.21 所示，在红外波段的谱透射率如图 5.22 所示。由图 5.22 可见，在 1.0～2.5μm 波段，透射率约从 39% 逐渐下降至约 23%，平均透射率约 28%，即其反射率约 72%。在 2.5～5μm 波段，其透射率约从 23% 下降至约 16.7%，即平均透射率约 19%，反射

率约 81%。在 2.5～12μm 波段，谱透射率约从 23% 逐渐降至 12.5%，平均透射率
约 15%，反射率约 85%。

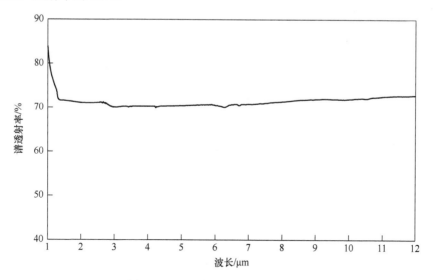

图 5.20　ZnSe 材料的红外谱透射率

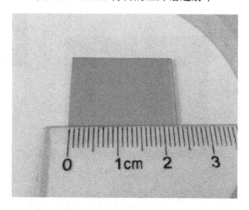

图 5.21　镀 Al 后的 ZnSe 基片实物

　　复合芯片中的图案化电极采用微孔阵结构，阵列规模为 44×38，微孔直径为
120μm，孔间距为 336μm，微孔阵电极通过一个矩形方块电极接入所加载的驱控
信号。公共电极由另一块镀 Al 的 ZnSe 基片上的 Al 膜构成，同样通过一个矩形方
块电极接入所加载的驱控信号，在上述电极间的液晶层中激励可调变的空间电场，
驱控液晶分子偏转而呈现所需要的折射率分布形态。在 ZnSe 表面所构建的微孔阵
图案通过常规光刻工艺完成，所设计的光刻版如图 5.23 所示。其中图 5.23（a）给
出了版图全貌，图 5.23（b）显示了局部版图中的微孔排布和结构参数配置。原理
性复合芯片的工艺制作流程与前述章节类似，主要包括基片清洗与烘干、旋涂光
刻胶、紫外光刻、PI 定向层旋涂制作、摩擦定向、微腔成形、液晶材料填充与封

装等关键环节。图 5.24 给出了所制作的复合芯片实物，外形尺寸约 28mm×20mm×2mm。

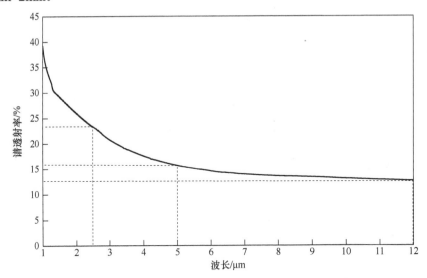

图 5.22　镀 Al 基片红外谱透射率

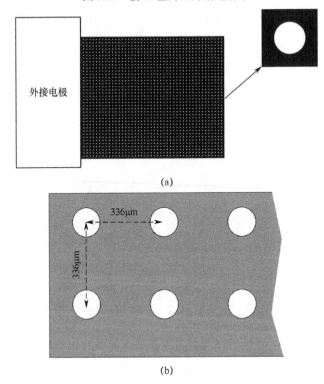

(a)

(b)

图 5.23　光刻版图

（a）整体形态；（b）微孔阵结构参数。

图 5.24　所制作的复合芯片

5.4　红外光学特性测试与评估

复合芯片的红外特性主要包括：在驱控信号电压作用下的红外谱透射特征；主要以点扩散函数表征的面阵电控液晶微镜的红外聚光调焦特性。

1. 谱透射特征测试与评估

对原理性复合芯片进行红外谱透射特征测试系统如图 5.25 所示。测试系统包括近红外 INVENIO-R 型傅里叶光谱仪、中远红外 INOX55 型傅里叶光谱仪以及自研的电控液晶精密控制仪等主要设备。设备性能指标情况如下：INVENIO-R 型傅里叶光谱仪的波数可测量范围为 10000～4000/cm，分辨率为 8/cm，样品扫描时间和背景扫描时间均为 16s。EQUINOX 55 傅里叶光谱仪的可测量波数范围为 4000～400/cm，分辨率为 4/cm，样品与背景的扫描时间均为 8s。这两台设备在测量前均需预热以去除空气中的水分干扰，对背景扫描时所得到的谱图显示谱透射率稳定在 100%处方可放入待测芯片开展测量工作。将复合芯片电引线接入电控液晶精密控制仪接收驱控信号，该信号的可调节范围为 0～30V_{RMS}、调节精度为 10mV_{RMS}、输出频率约 10^3Hz、占空比为 50%的方波。测试开始后，将信号电压加载到测试芯片上，从 0V_{RMS} 起逐渐升高到约 22V_{RMS}，分别测量不同电压下的红外透射谱，数据经平滑处理并用 Origin 软件绘制成图。

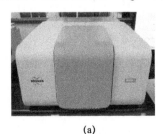 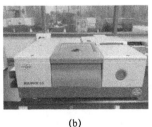 

(a)　　　　　　　　　　(b)　　　　　　　　　　(c)

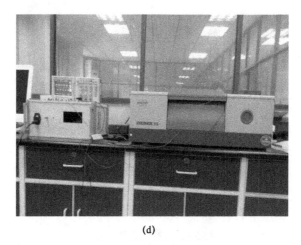

(d)

图 5.25　红外谱透射特征测试系统

（a）近红外光谱仪；（b）中远红外光谱仪；（c）电控液晶精密控制仪；（d）傅里叶光谱测试仪。

　　在复合芯片上分别加载 $0V_{RMS}$、$4.01V_{RMS}$、$7.99V_{RMS}$、$10.02V_{RMS}$、$16.02V_{RMS}$ 和 $22.0V_{RMS}$ 均方根值信号电压，在 $1.0\sim1.29\mu m$ 波段内的谱透射率、波长、电压的关系如图 5.26 所示和表 5.4 所列。在此波段，共出现了 7 个谱透射率峰群，最大谱透射波峰的谱透射率约 28%，最低约 17%，最大可调节范围约 61nm。随着信号电压的逐渐升高，谱透射率峰向短波长方向移动，同样出现波峰分布及其电控移动随所加载的驱控信号电压和波长呈现不均匀现象。

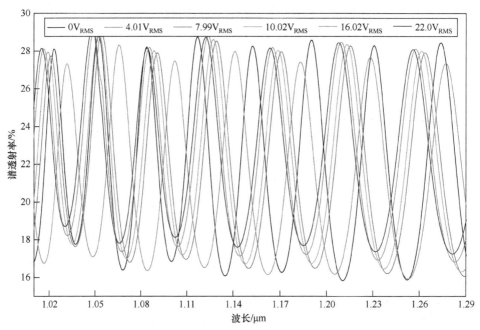

图 5.26　在 $1.0\sim1.29\mu m$ 波段内的谱透射率与波长的关系

表 5.4　1.0～1.29μm 波段内的谱透射率峰波长与电压的关系

电压/V_RMS	中心波长/μm						
0	1.023	1.052	1.084	1.117	1.153	1.231	1.274
4.01	1.032	1.065	1.103	1.141	1.183	1.228	1.277
7.99	1.021	1.054	1.091	1.130	1.171	1.215	1.264
10.02	1.019	1.052	1.089	1.127	1.169	1.213	1.262
16.02	1.016	1.049	1.086	1.123	1.165	1.209	1.258
22.00	1.015	1.048	1.084	1.123	1.164	1.208	1.256

在复合芯片上分别加载 $0V_{RMS}$、$4.01V_{RMS}$、$7.99V_{RMS}$、$10.02V_{RMS}$、$16.02V_{RMS}$ 和 $22.0V_{RMS}$ 均方根值信号电压，在 1.29～1.68μm 波段内的谱透射率、波长、电压的关系如图 5.27 所示和表 5.5 所列。在此波段，共出现了 6 个谱透射率峰群，最大谱透射率峰的谱透射率约 27%，最低约 15%，最大可调节范围约 80nm。随着信号电压的逐渐升高，谱透射率峰也向短波长方向移动，同样出现波峰分布及其电控移动，随所加载的驱控信号电压和波长呈现不均匀现象。

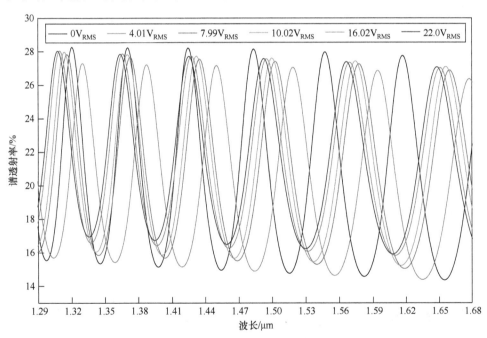

图 5.27　在 1.29～1.68μm 波段范围内的谱透射率与波长的关系

在复合芯片上分别加载 $0V_{RMS}$、$4.01V_{RMS}$、$7.99V_{RMS}$、$10.02V_{RMS}$、$16.02V_{RMS}$ 和 $22.0V_{RMS}$ 均方根值信号电压，在 1.71～2.48μm 波段内的谱透射率、波长、电压的关系如图 5.28 所示和表 5.6 所列。在此波段，同样出现 6 个谱透射率峰群，最大谱透射率峰的谱透射率约 27%，最低约 15%，最大可调节范围约 80nm。随着信

213

号电压的逐渐升高，谱透射率峰也向短波长方向移动，同样出现波峰分布及其电控移动，随所加载的驱控信号电压和波长呈现不均匀现象。

表 5.5　1.29～1.68μm 波段内的谱透射率峰波长与电压的关系

电压/V_{RMS}	中心波长/μm					
0	1.320	1.371	1.425	1.483	1.548	1.617
4.01	1.330	1.388	1.450	1.519	1.595	1.678
7.99	1.316	1.373	1.435	1.503	1.578	1.660
10.02	1.313	1.371	1.432	1.500	1.575	1.656
16.02	1.310	1.366	1.428	1.495	1.569	1.651
22.00	1.307	1.364	1.425	1.493	1.567	1.648

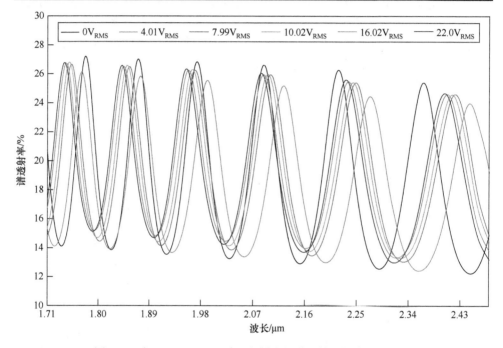

图 5.28　在 1.71～2.48μm 波段范围内的谱透射率与波长的关系

表 5.6　1.71～2.48μm 波段内的谱透射率峰波长与电压的关系

电压/V_{RMS}	中心波长/μm					
0	1.777	1.870	1.973	2.088	2.218	2.366
4.01	1.771	1.874	1.990	2.122	2.273	2.446
7.99	1.752	1.854	1.971	2.100	2.248	2.420
10.02	1.748	1.850	1.965	2.095	2.244	2.415
16.02	1.742	1.844	1.959	2.088	2.235	2.407
22.00	1.740	1.841	1.955	2.084	2.231	2.402

由于所采用的 E44 液晶材料在 3.2～3.6μm 波段内存在较强红外吸收，仅测试了在 2.5～3.20μm 和 3.6～5.20μm 波段内的谱透射率、波长、电压的关系，如图 5.29 和图 5.30 所示。在 2.5～3.2μm 波段内，仅存在 3 个谱透射率峰，其最高

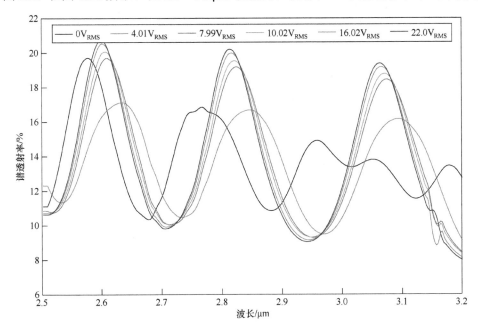

图 5.29　在 2.5～3.2μm 波段内的谱透射率与波长的关系

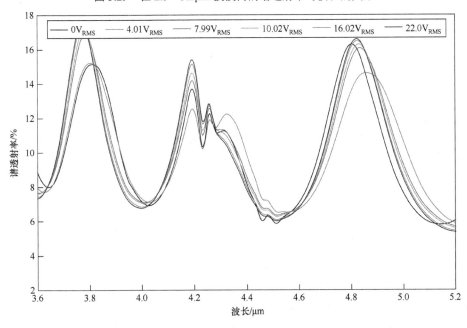

图 5.30　在 3.6～5.2 波段的谱透射率与波长的关系

和最低谱透射率约 21% 和 8%，最大可调节范围约 135nm。在 3.6～5.2μm 波段内，同样存在 3 个谱透射率峰，其最高和最低谱透射率约 17% 和 6%，最大可调节范围约 55nm，图 5.30 中在 4.2～4.3μm 波段所出现的红外吸收由空气中的 CO_2 引起。图 5.31 给出了在长波红外波段的测量情况，在此波段内仅出现一个谱透射率峰，其最高和最低谱透射率约 12% 和 0.7%，最大可调节范围约 39nm。表 5.7 显示在中、长红外波段的谱透射率峰波长与电压的关系。

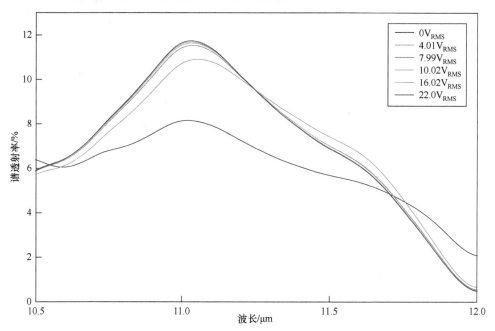

图 5.31 在 10.5～12.0μm 波段内的谱透射率与波长的关系

表 5.7 中、长波红外谱透射率峰波长与电压的关系

电压/V_{RMS}	中心波长/μm					
0	2.577	2.768	2.959	3.812	4.803	11.015
4.01	2.635	2.845	3.094	3.805	4.858	11.054
7.99	2.609	2.824	3.075	3.785	4.834	11.037
10.02	2.606	2.821	3.073	3.781	4.829	11.035
16.02	2.601	2.816	3.065	3.776	4.824	11.032
22.00	2.599	2.814	3.063	3.773	4.822	11.030

由上述测试可见，所发展的原理性复合芯片的工作波段覆盖了常规的短波、中波和长波红外谱段，可对红外入射光有效执行加电驱控下的干涉滤光处理，选择特定波长的红外光波以较高谱透射率从芯片出射，所进行的仿真计算与测试结果基本一致。在长波红外波段，实测仅出现一个有效谱透射率峰，且峰高仅约 12%，

与仿真结果存在较大差距，这一现象可归结为所用液晶材料对此波段内的光波存在较强吸收作用。鉴于 Al 膜在红外波段同样存在较强光吸收而显著减少光波在微腔内的反射级次，其厚度选择也成为决定透射效能高低的一个重要因素，合理的经验性数据为：厚度约 20nm 的 Al 膜在现有工艺、材料和驱控条件下较为适当。

2. 聚光调焦特性测试与评估

对原理性复合芯片进行聚光调焦特性测试系统如图 5.32 所示。图 5.32（a）显示了测试光路情况，由红外激光器出射一平行光束，经过两片偏振片后垂直入射到芯片表面。两偏振片的偏振取向设置成某一小于 90°的夹角以削弱入射光能量，避免强光扰动。从芯片透射的光波经一物镜放大后再由光束质量分析仪接收，最后将测试结果显示在测试计算机上。图 5.32（b）给出了测试光路中的测试装置和设备配置情况。光源为西安凌越机电科技公司的 H980-2000P 型半导体激光器，出射波长约 980nm 的近红外平行光，光束质量分析仪为 DataRay 公司的 WinCamD 系列，波长测量范围 355～1550nm。

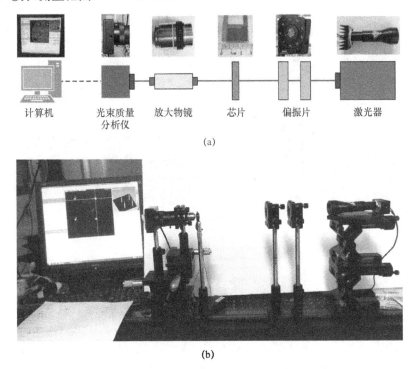

图 5.32　聚光调焦特性测试系统

（a）聚光调焦测试光路；（b）测试装置。

图 5.33 所示为使用 10 倍放大物镜，在复合芯片上加载不同均方根值的驱控信号电压时所获得的面阵聚光效果。其中图 5.33（a）和图 5.33（b）分别显示了加载约 $0.5V_{RMS}$ 时所形成的二维和三维光场分布情况，图 5.33（c）和图 5.33（d）分

别显示了加载约 3.0V$_{RMS}$ 时的光聚焦即点扩散函数的二维和三维分布情况，此时物镜距芯片距离约 2.805mm，考虑到基片厚度约 1mm，约 3.0V$_{RMS}$ 时的复合芯片焦距约 3.805mm。

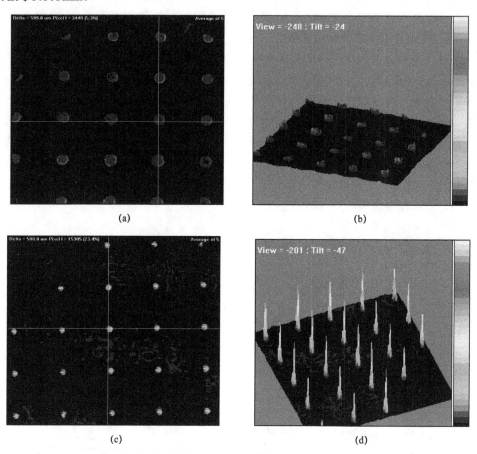

(a)

(b)

(c)

(d)

图 5.33　面阵聚光效果

（a）约 0.5V$_{RMS}$ 时的二维光场分布；（b）三维光场分布；（c）约 3.0V$_{RMS}$ 时的二维光场分布；（d）三维光场分布。

　　调变所加载的驱控信号电压，分别测量距芯片不同距离处的汇聚光斑情况，可寻找到调焦后的焦点位置。图 5.34 所示为采用 20 倍放大物镜所获得的驱控信号电压约 2.0V$_{RMS}$ 时，不同距离处（已考虑了基片厚度）的汇聚光斑分布。当从约 2.215mm 处开始，逐渐变动到约 3.93mm 位置的过程中，所形成的汇聚光斑面积在逐渐减小，其中心处光强逐渐增大；当继续变动到约 5.571mm 处时，光斑开始显示逐渐扩大趋势，光斑中心处光强渐次降低。在约 3.93mm 处，汇聚光斑面积最小，中心处光强最大，显示聚焦特征，其三维光场分布即为锐化的点扩散函数。换言之，驱控信号电压约 2.0V$_{RMS}$ 时的焦长约 3.93mm。图 5.35 给出了点扩散函数的加权量化数据，其峰值能量约 83.3%，底部约 1.2%，显示了复合芯片同样显示优越的聚光能力这一特征。

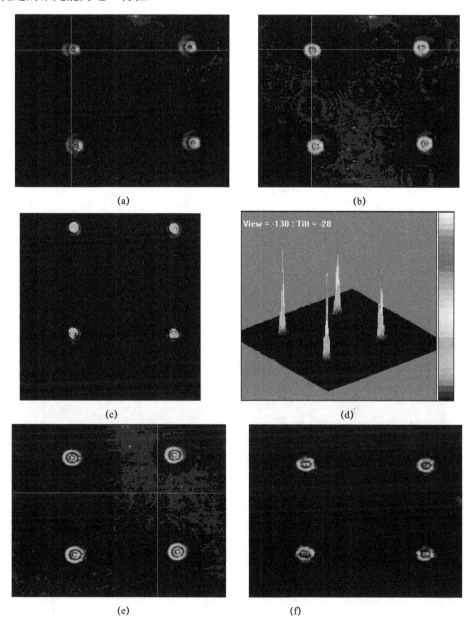

图 5.34 驱控信号电压约 2.0V$_{RMS}$ 时不同距离处的汇聚光斑分布

（a）约 2.215mm 处；（b）约 2.955mm 处；（c）约 3.93mm 处二维光场分布；

（d）约 3.93mm 处三维光场分布；（e）约 4.81mm 处；（f）约 5.571mm 处。

测量在复合芯片上加载不同均方根值信号电压，如典型的 4.0V$_{RMS}$、6.0V$_{RMS}$ 和 8.0V$_{RMS}$ 时的聚焦光场分布如图 5.36～5.38 所示。各信号电压处的焦斑数据为

（4.0V$_{RMS}$ 处，焦距约 3.551mm，峰值能量约 85.4%）（6.0V$_{RMS}$，焦距约 3.049mm，峰值能量约 99.2%）（8.0V$_{RMS}$，焦距约 2.802mm，峰值能量约 94.4%）。不同驱控信号电压作用下的面阵微镜焦距情况如表 5.8 所列。

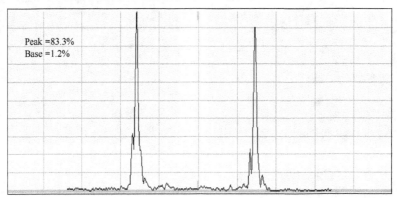

图 5.35　驱控信号电压约 2.0V$_{RMS}$ 时的二维点扩散函数

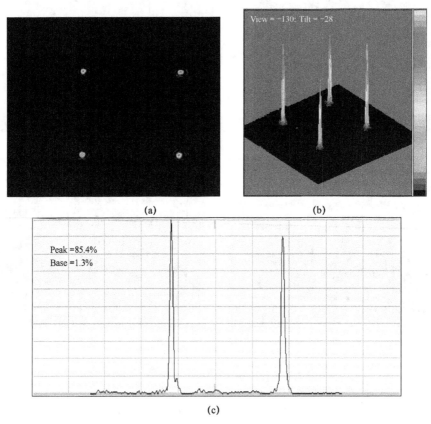

(a)　　　　　　　　　　　(b)

(c)

图 5.36　约 4.0V$_{RMS}$ 信号电压在 3.551mm 处的聚焦光场分布

（a）二维焦斑分布；（b）三维点扩散函数；（c）加权量化的二维点扩散函数。

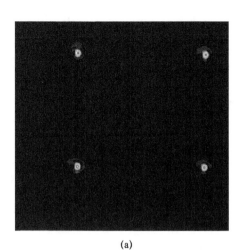

(a)

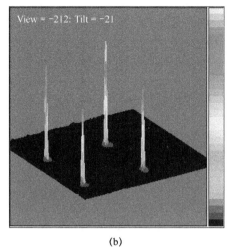

View = -212: Tilt = -21

(b)

Peak =99.2%
Base =1.2%

(c)

图 5.37　约 6.0V$_{RMS}$ 信号电压在 3.049mm 处的聚焦光场分布

（a）二维焦斑分布；（b）三维点扩散函数；（c）加权量化的二维点扩散函数。

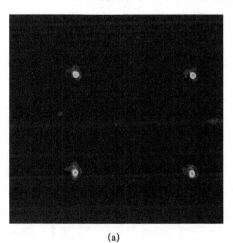

(a)

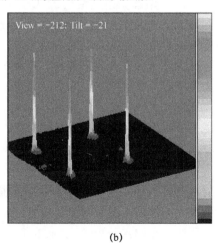

View = -212: Tilt = -21

(b)

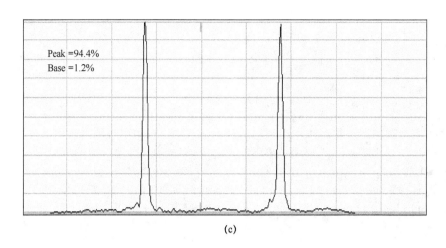

Peak =94.4%
Base =1.2%

(c)

图 5.38 约 8.0V$_{RMS}$ 信号电压在 2.802mm 处的聚焦光场分布

（a）二维焦斑分布；（b）三维点扩散函数；（c）加权量化的二维点扩散函数。

表 5.8 不同驱控信号电压下的面阵微镜焦距

电压/V$_{RMS}$	焦距/mm	电压/V$_{RMS}$	焦距/mm	电压/V$_{RMS}$	焦距/mm
2.0	3.930	7.0	3.002	12.0	3.250
3.0	3.805	8.0	2.802	13.0	3.310
4.0	3.551	9.0	2.950	14.0	3.402
5.0	3.120	10.0	3.088	15.0	3.452
6.0	3.049	11.0	3.171	16.0	3.503

在实际测量过程中，所加载的信号电压以 1.0V$_{RMS}$ 为基本调节单位进行增减调节。将包括表 5.8 所列数据绘制为平滑曲线，所得到的面阵电控液晶微镜的焦距与驱控信号电压关系如图 5.39 所示。由图 5.39 可见，当信号电压从 2.0V$_{RMS}$ 增加到 8.0V$_{RMS}$ 时，液晶微镜焦距从 3.93mm 减小到 2.802mm；继续升高驱控信号电压后，焦距显示增大趋势，在 16V$_{RMS}$ 处达到最大值 3.503mm。出现 8.0V$_{RMS}$ 后，焦距随信号电压升高而变大，这种现象主要归结于驱控信号电压已较强，继续升高导致电场线向单元微孔光轴向靠拢，液晶分子倾角逐渐增大，孔周边液晶分子已基本处在接近 90° 的垂直态，从而引起折射率梯度发生跃变，导致最大相位差变小而使焦距变长。当电压小于 2.0V$_{RMS}$ 或大于 16.0V$_{RMS}$ 后，由于电场过弱或过强，已不能形成有效的折射率梯度分布，失去聚光能力。

本章所发展的液晶微腔滤光与阵列化液晶微镜聚光调焦复合芯片，其工作波段覆盖近红外、中红外和远红外谱段，可对入射光中的特定波长成分进行选择性透射，并可以通过调变驱控信号均方根值对透射波谱进行调节。同时又能协同进行阵列化电控聚光调焦的控光操作。一般而言，芯片上的 LC-ML 部分和 LC-FP 部分存在一定的相互影响，分布在 FP 区域外围的谱光波如果已进入微孔边缘相对

222

微孔孔径约 20%区域内，则将被微孔界定的液晶微镜聚焦。若液晶微镜用于光场成像，则会产生较为明显的边缘渐晕现象，若用于波前成像则会因串扰而减小信杂比，若用于偏振成像则会降低偏振的可测量范围和精度。复合芯片的不同功能区块分布情况如图 5.40 所示。显示聚光作用的液晶微镜其有效作用范围为区域Ⅰ、区域Ⅱ和区域Ⅲ。显示干涉滤光作用的 FP 微腔其工作范围在区域Ⅳ。考虑到存在区域Ⅰ、区域Ⅱ和区域Ⅲ中的光的叠加和串扰影响，FP 微腔的谱透射率会所提高。

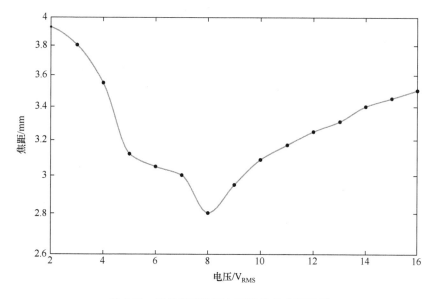

图 5.39　液晶微镜焦距与驱控信号电压关系

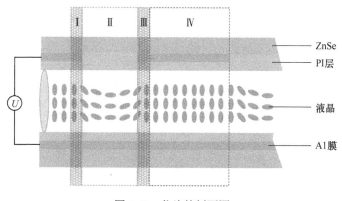

图 5.40　芯片的剖面图

5.5　小结

本章主要开展了对电调干涉滤光与电控聚光调焦一体化微纳控光芯片的理论

分析、建模、仿真、结构设计、工艺制作、性能测试和分析等工作。实验测试表明，所发展的多模一体化微纳控光芯片可对入射光波有效地进行滤光、调谱、聚光调焦和成像处理。在近红外波段，谱透射光波的谱透射率平均峰值约 28%；在中红外波段，谱透射率平均峰值约 19%；在远红外波段，谱透射率平均峰值约 12%。聚光调焦实验测试显示，在 2.0～8.0V_{RMS} 范围内，焦距随驱控信号电压的升高而减小；在 8.0～16.0V_{RMS} 范围内，焦距随驱控信号电压的升高而增大。实验测试显示，电调干涉滤光与电控聚光调焦一体化微纳控光芯片，可对红外光波有效地进行透射波谱的电选电调，并可以协同进行电控聚光和电调焦，为发展波谱成像、光场成像、波前成像及偏振成像一体化芯片技术和成像微系统技术奠定了方法和数据基础。

参考文献

[1] Dazzi A, Prater C B. AFM-IR: technology and applications in nanoscale infrared spectroscopy and chemical imaging[J]. Chemical Reviews, 2016, 117(7): 5146-5173.

[2] Guo Q, Pospischil A, Bhuiyan M, et al. Black phosphorus mid-infrared photodetectors with high gain[J]. Nano Letters, 2016, 16(7): 4648-4655.

[3] OuYang C, Zhou W, Wu J, et al. Fabrication and characterization of back-incident optically immersed bolometer based on Mn-Co-Ni-O thin films for infrared detection[J]. Sensors and Actuators A: Physical, 2015, 233: 442-450.

[4] Albatici R, Tonelli A M, Chiogna M. A comprehensive experimental approach for the validation of quantitative infrared thermography in the evaluation of building thermal transmittance[J]. Applied Energy, 2015, 141: 218-228.

[5] Ackerman M M, Tang X, Guyot-Sionnest P. Fast and sensitive colloidal quantum dot mid-wave infrared photodetectors[J]. ACS Nano, 2018, 12(7): 7264-7271.

[6] Kana J D, Djongyang N, Raïdandi D, et al. A review of geophysical methods for geothermal exploration[J]. Renewable and Sustainable Energy Reviews, 2015, 44: 87-95.

[7] Chen T, Chang Q, Clevers J, et al. Rapid identification of soil cadmium pollution risk at regional scale based on visible and near-infrared spectroscopy[J]. Environmental Pollution, 2015, 206: 217-226.

[8] Zhang W, Zhang S, Wang J, et al. Microplastic pollution in the surface waters of the Bohai Sea, China[J]. Environmental Pollution, 2017, 231: 541-548.

[9] Li F, Yang W, Liu X, et al. Using high-resolution UAV-borne thermal infrared imagery to detect coal fires in Majiliang mine, Datong coalfield, Northern China[J]. Remote Sensing Letters, 2018, 9(1): 71-80.

[10] Cerra D, Agapiou A, Cavalli R, et al. An objective assessment of hyperspectral indicators for the detection of buried archaeological relics[J]. Remote Sensing, 2018, 10(4):500.

[11] Pilling M, Gardner P. Fundamental developments in infrared spectroscopic imaging for biomedical applications[J]. Chemical Society Reviews, 2016, 45(7): 1935-1957.

[12] Liu T, Li R, Zhong X, et al. Estimates of rice lodging using indices derived from UAV visible and thermal infrared images[J]. Agricultural and Forest Meteorology, 2018, 252: 144-154.

[13] Arora V, Siddiqui J A, Mulaveesala R, et al. Pulse compression approach to

nonstationary infrared thermal wave imaging for nondestructive testing of carbon fiber reinforced polymers[J]. IEEE Sensors Journal, 2015, 15(2): 663-664.

[14] Nishi I, Oguchi T, Kato K. Broad-passband-width optical filter for multi/demultiplexer using a diffraction grating and a retroreflector prism[J]. Electronics Letters, 1985, 21(10): 423-424.

[15] Xie S, Meng Y, Bland-Hawthorn J, et al. Silicon nitride/silicon dioxide echelle grating spectrometer for operation near 1.55 μm[J]. IEEE Photonics Journal, 2018, 10(6): 1-7.

[16] De Vries C P, den Herder J W, Gabriel C, et al. Calibration and in-orbit performance of the reflection grating spectrometer onboard XMM-Newton[J]. Astronomy & Astrophysics, 2015, 573: A128.

[17] Li Z, Liao C, Wang Y, et al. Highly-sensitive gas pressure sensor using twin-core fiber based in-line Mach-Zehnder interferometer[J]. Optics Express, 2015, 23(5): 6673-6678.

[18] Ahmed M H, Jeske J, Greentree A D. Guided magnonic Michelson interferometer[J]. Scientific Reports, 2017, 7: 41472.

[19] Yang W, Liu Y, Xiao L, et al. Wavelength-tunable erbium-doped fiber ring laser employing an acousto-optic filter[J]. Journal of Lightwave Technology, 2010, 28(1): 118-122.

[20] Zheng Z, Yang G, Li H, et al. Three-stage Fabry–Perot liquid crystal tunable filter with extended spectral range[J]. Optics Express, 2011, 19(3): 2158-2164.

[21] Lin J, Tong Q, Lei Y, et al. An arrayed liquid crystal Fabry–Perot infrared filter for electrically tunable spectral imaging detection[J]. IEEE Sensors Journal, 2016, 16(8): 2397-2403.

[22] Wang W, Li X, Luo J, et al. Ultracompact Multilayer Fabry–Perot Filter Deposited in a Micropit[J]. Journal of Lightwave Technology, 2017, 35(22): 4973-4979.

[23] Ao T, Xu X, Gu Y, et al. A tunable Fabry–Perot filter ($\lambda/18$) based on all-dielectric metamaterials[J]. Optics Communications, 2018, 414: 160-165.

[24] Weir H, Edel J B, Kornyshev A A, et al. Towards Electrotuneable Nanoplasmonic Fabry–Perot Interferometer[J]. Scientific Reports, 2018, 8: 565.

[25] Huang Q, Liu Q, Xia J. Traveling wave-like Fabry–Perot resonator-based add-drop filters[J]. Optics Letters, 2017, 42(24): 5158-5161.

[26] Kilgus J, Duswald K, Langer G, et al. Mid-infrared standoff spectroscopy using a supercontinuum laser with compact Fabry–Pérot filter spectrometers[J]. Applied Spectroscopy, 2018, 72(4): 634-642.

[27] Huang H, Winchester K, Liu Y, et al. Determination of mechanical properties of

226

PECVD silicon nitride thin films for tunable MEMS Fabry–Perot optical filters[J]. Journal of Micromechanics and Microengineering, 2005, 15(3): 608-614.

[28] Masson J, St-Gelais R, Poulin A, et al. Tunable fiber laser using a MEMS-based in plane Fabry-Pérot filter[J]. IEEE Journal of Quantum Electronics, 2010, 46(9): 1313-1319.

[29] Kubena R L, Nguyen H D, Perahia R, et al. MEMS-based UHF monolithic crystal filters for integrated RF circuits[J]. Journal of Microelectromechanical Systems, 2016, 25(1): 118-124.

[30] Liu B, Lin J, Wang J, et al. MEMS-based high-sensitivity Fabry–Perot acoustic sensor with a 45 angled fiber[J]. IEEE Photonics Technology Letters, 2016, 28(5): 581-584.

[31] Liu Y M, Xu J, Zhong S L, et al. Variable optical attenuator based on MEMS micromirror[J]. Journal of Optoelectronics. Laser, 2015, 23(12): 2287-2291.

[32] McGinty C, Reich R, Clark H, et al. Design of a sensitive uncooled thermal imager based on a liquid crystal Fabry–Perot interferometer[J]. Applied Optics, 2018, 57(28): 8264-8271.

[33] Zhang H, Muhammad A, Luo J, et al. MWIR/LWIR filter based on Liquid–Crystal Fabry–Perot structure for tunable spectral imaging detection[J]. Infrared Physics & Technology, 2015, 69: 68-73.

[34] Hsieh P Y, Chou P Y, Lin H A, et al. Long working range light field microscope with fast scanning multifocal liquid crystal microlens array[J]. Optics Express, 2018, 26(8): 10981-10996.

[35] Kurochkin O, Buluy O, Varshal J, et al. Ultra-fast adaptive optical micro-lens arrays based on stressed liquid crystals[J]. Journal of Applied Physics, 2018, 124(21): 214501.

[36] Zhang Z, Chang J, Ren H, et al. Snapshot imaging spectrometer based on a microlens array[J]. Chinese Optics Letters, 2019, 17(1): 011101.

[37] Mao H, Tripathi D K, Ren Y, et al. Large-area MEMS tunable Fabry–Pérot filters for multi/ hyperspectral infrared imaging[J]. IEEE Journal of Selected Topics in Quantum Electronics, 2017, 23(2): 45-52.

[38] Chen Y H, Wang C T, Yu C P, et al. Polarization independent Fabry-Pérot filter based on polymer-stabilized blue phase liquid crystals with fast response time[J]. Optics Express, 2011, 19(25): 25441-25446.

[39] Isaacs S, Placido F, Abdulhalim I. Investigation of liquid crystal Fabry–Perot tunable filters: design, fabrication, and polarization independence[J]. Applied Optics, 2014, 53(29): H91-H101.

[40] Lin J, Tong Q, Lei Y, et al. An arrayed liquid crystal Fabry–Perot infrared filter for electrically tunable spectral imaging detection[J]. IEEE Sensors Journal, 2016, 16(8): 2397-2403.

[41] Lin J, Tong Q, Lei Y, et al. Electrically tunable infrared filter based on a cascaded liquid-crystal Fabry–Perot for spectral imaging detection[J]. Applied Optics, 2017, 56(7): 1925-1929.

[42] Algorri J F, Urruchi V, Bennis N, et al. Integral imaging capture system with tunable field of view based on liquid crystal microlenses[J]. IEEE Photonics Technology Letters, 2016, 28(17): 1854- 1857.

[43] Lee Y H, Peng F, Wu S T. Fast-response switchable lens for 3D and wearable displays[J]. Optics Express, 2016, 24(2): 1668-1675.

[44] Loktev M Y, Belopukhov V N, Vladimirov F L, et al. Wave front control systems based on modal liquid crystal lenses[J]. Review of Scientific Instruments, 2000, 71(9): 3290-3297.

[45] Algorri J F, Urruchi V, Bennis N, et al. Tunable liquid crystal cylindrical micro-optical array for aberration compensation[J]. Optics Express, 2015, 23(11): 13899-13915.

[46] Nose T, Sato S. A liquid crystal microlens obtained with a non-uniform electric field[J]. Liquid Crystals, 1989, 5(5): 1425-1433.

[47] Ren H, Fan Y H, Wu S T. Polymer network liquid crystals for tunable microlens arrays[J]. Journal of Physics D: Applied Physics, 2004, 37: 400-403.

[48] Kao Y Y, Chao P C P, Hsueh C W. A new low-voltage-driven GRIN liquid crystal lens with multiple ring electrodes in unequal widths[J]. Optics Express, 2010, 18(18): 18506-18518.

[49] Kang S, Qing T, Sang H, et al. Ommatidia structure based on double layers of liquid crystal microlens array[J]. Applied Optics, 2013, 52(33): 7912-7918.

[50] Schadt M. Nematic liquid crystals and twisted-nematic LCDs[J]. Liquid Crystals, 2015, 42(5-6): 646-652.

[51] Saito M, Maruyama A, Fujiwara J. Polarization-independent refractive-index change of a cholesteric liquid crystal[J]. Optical Materials Express, 2015, 5(7): 1588-1597.

[52] Matsuyama A, Kan T. Helical inversions and phase separations in binary mixtures of cholesteric liquid crystalline molecules[J]. Liquid Crystals, 2019, 46(1): 45-58.

[53] Varanytsia A, Chien L C. Photoswitchable and dye-doped bubble domain texture of cholesteric liquid crystals[J]. Optics Letters, 2015, 40(19): 4392-4395.

[54] Meiboom S, Sammon M. Structure of the blue phase of a cholesteric liquid

crystal[J]. Physical Review Letters, 1980, 44(13): 882.

[55] Lee C T, Li Y, Lin H Y, et al. Design of polarization-insensitive multi-electrode GRIN lens with a blue-phase liquid crystal[J]. Optics Express, 2011, 19(18): 17402-17407.

[56] Ghosh G. Dispersion-equation coefficients for the refractive index and birefringence of calcite and quartz crystals[J]. Optics Communications, 1999, 163(1-3): 95-102.

[57] Barbero G, Evangelista L R, Rosseto M P, et al. Elastic continuum theory: towards understanding of the twist-bend nematic phases[J]. Physical Review E, 2015, 92(3): 030501.

[58] Shiyanovsk II S V, Simonário P S, Virga E G. Coarse-graining elastic theory for twist-bend nematic phases[J]. Liquid Crystals, 2017, 44(1): 31-44.

[59] Alageshan J K, Chakrabarti B, Hatwalne Y. Elasticity of smectic liquid crystals with in-plane orientational order and dispiration asymmetry[J]. Physical Review E, 2017, 95(2): 022701.

[60] Teixeira-Souza R T, Chiccoli C, Pasini P, et al. Nematic liquid crystals in planar and cylindrical hybrid cells: Role of elastic anisotropy on the director deformations[J]. Physical Review E, 2015, 92(1): 012501.

[61] Wang Q, He S, Yu F, et al. Interactive finite-difference method for calculating the distribution of the liquid crystal director[J]. Optical Engineering, 2001, 40(11): 2552-2558.

[62] Ye M, Wang B, Sato S. Driving of liquid crystal lens without disclination occurring by applying in-plane electric field[J]. Japanese Journal of Applied Physics, 2003, 42(8R): 5086.